《深圳市中心区城市设计与建筑设计1996-2002》系列丛书

Urban Planning and Architectural Design for Shenzhen Central District 1996-2002

深圳市中心区文化建筑设计方案集

A Collection of Cultural Building Designs in Shenzhen Central District

丛书主编单位：深圳市规划与国土资源局

Editing Group: Shenzhen Planning and Land Resource Bureau

中国建筑工业出版社

China Architecture & Building Press

《深圳市中心区文化建筑设计方案集》荟萃了中心区1996-2000年由政府投资建设的5个文化建筑的设计招标成果。其中深圳文化中心(包括音乐厅和图书馆两个建筑)项目的方案国际设计竞赛吸引了国内外许多著名的设计机构,日本著名的矶崎新建筑事务所的方案在强手如林的竞赛中拔筹;而深圳市少年宫和电视中心方案的确定则是经过多轮的方案征集和招标,最后由本地建筑师中标,这表明国内设计单位和建筑师在国际设计招标中也不落下风。所有这些投标设计方案无论是国外的还是国内的,中标的或是落选的,都各具精彩之处,值得研究和借鉴。

"A Collection of Cultural Building Desighs in Shenzhen Central District" assembled the toatl 5 bidding design production for cultural architecture projects that invested by government from 1996 to 2000. The international competiton of Shenzhen cultural center attracted a lot of famous design institution at home and abroad , and the ISOZAKI Arata Atelier gained the final victory among many competitive opponents; but the confirmation of Shenzhen Children's Palace design had passed through repetitious bidding and collection, and the native designer got the final victory, indicating that the inland architects and institutions are not in disadvantageous position absolutely in international competition. All of those bidding projects are very splendid, researchable and recommendable, no matter abroad or inland, and been chosen or not.

	1986年确定中心区选址范围	Select the Site of the New Centre District in 1986
1996年 之前的中心区规 划研究 Planning before 1996	1989年四个概念方案	Four Conseption Schemes in 1989
	1991年综合规划方案	Integration Planning Schemes in 1991
	1992年《控制性详细规划》《交通规划》	The Control Planning in 1992
	1994年《中心区城市设计》	The Urban Design in 1994

1996年
核心段城市设计
国际咨询
International
Consultation for
Urban Design of Core
Area in 1996

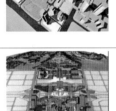

美国李名仪／廷丘 勒建筑师事务所 John M.Y.Lee/ Michael Timchula Architect,USA	法国建筑与城市规 划设计国际公司 Architecture and City Planning LLP, France	香港华艺设计 顾问有限公司 Huayi Designs Consultant, Hongkong	新加坡雅科本建筑 规划咨询顾问公司 Archurban Designs & Managent Swrvices,Sg

1997年
中轴线公共空间系
统规划
Urban Design of the
Public Space System
along the Cenral Axis
(PSSCA) in 1997

优选 winner

日本黑川纪章 设计事务所 Kiso Kulokawa Architect,Jappan	交通规划研究 地铁选线研究 Researching of Tranportation and Subway Line	市民中心及 广场设计 Design the City hall and Square	购物公园设计 Design of Commercial Park
		市政设计调整 Infrastructure Design Adjustment	文化设施设计 Four Cultural Facilities Design

1998年
22、23-1街坊城市
设计
Urban Design
Guideline of Blocks
22 and 23-1 in 1998

美国SOM 设计公司 Skidmore Owings & Merrill LLP,USA	编制法定图则 Work out the Statutory Plan (SP) (Draft)	行道树规划 设计招标 Planning of the Street tree	岗厦村改造 策略前斯研究 Renovation Study of Gangsha Area

1999年
城市设计、交通、地
下空间综合规划国际
咨询
International Consulta-
tion for Urban Design,
Traffic and the
Underground Space

德国欧博迈亚 工程咨询公司 OBERMEYER Planen +Beraten,Germeny	美国SOM 设计公司 Skidmore Owings & Merrill LLP,USA	日本 日本设计 公司 NIHON SEKKEI, Inc.Japan	岗厦改造规划 Renovation Planning of Gangsha Area

优选 winner

2000年
深圳会议展览中心重
新选址研究
Researching of the site
sellection for the
Shenzhen Confrence
and Exhibition Center
(SCEC) in 2000

会展中心在 南中轴尽端选址 并设计招标 SCEC Located in S End of PSSCA and designed	南中轴两侧水 系可行性研究 Feasibility Study of the Water System beside the South of PSSCA	福华路地下街 研究与设计 Study and Design of Fuhua Underground Street	城市电脑仿真 系统的应用 Apply the Urban Computer Simulation
			建筑单体设计 Architecture Design

2001年
深化完善中心区
城市设计
Improvement the
Urban Design
in 2001

中心广场及南 中轴项目研究 Primary Study of Centre Square and South PSSCA	二层步行系统 完善研究 Improvement of the Skyway Sytem	街区城市 设计深化 Urban Design Guideline of Some Blocks	城市雕塑规划 Planning of the City Sculpture
			莲花山生态 资源调查评估 Eco Evaluation in Lianhua Mt.

2002年
深化和实施
Improvement and
Implement in
2001

中心广场及南 中轴项目设计 Design of Centre Square and South PSSCA	法定图则修编 详细蓝图研究 The SP Update and Detailed Blueprints Study	街道环境 景观设计 Street's Furniture and Landscape Design	莲花山公园 规划设计 Planning of Lianhua Park

本册内容在深圳市中心区城市规划设计体系及历程中的示意
System and Evolution of the ShenZhen Central District Planning

目　录

CONTENTS

深圳市文化中心

一、深圳市文化中心设计方案国际设计竞赛须知

(一)概述

深圳市自20世纪70年代末建立以来,经济发展和城市建设取得了举世瞩目的成就,在迈向现代化国际性城市的进程中,市政府决定在未来的城市中心区——福田中心区显要地段兴建一座文化中心,该中心由一座独立的音乐厅和一座独立的中心图书馆组成。为保证文化中心的高水平设计,决定邀请有限的国际建筑设计单位参加设计竞赛。

(二)甲方

深圳文化中心的甲方为深圳市文化局,该项目由市政府投资兴建。

(三)国际设计竞赛评审工作主持单位

深圳市规划国土局。

(四)设计依据

1.深圳文化中心设计方案国际设计竞赛须知
2.深圳音乐厅设计任务书
3.深圳中心图书馆设计任务书
4.深圳市中心区规划设计要点——深圳市音乐厅;深圳市中心区规划设计要点——深圳市中心图书馆
5.附件1:与该项目有关的水文、气象、地质勘察等基础资料
6.附件2:基地户外噪声测试报告
7.附件3:深圳市福田中心区规划图
8.附件4:深圳市政厅剖立面

(五)设计成果要求

1.工程设计要求
(1)方案设计:包括总体设计、建筑设计、交通设计、环境和园林设计及音乐厅的声学方案设计。
(2)工程设计构思和创意、概况、功能、结构和设备系统要点的中英文说明。
(3)工程造价估算。

2.方案具体成果要求
(1)设计方案图纸一套,全部为A0图纸(840mm×1190mm),其他均采用缩小成A3(297mm×420mm)开本共15份,文件和说明要求符合中国建筑设计规范的设计深度要求。
(2)总平面图(彩色)比例1:400。
(3)城市设计、环境、交通、功能等方面分析图。
(4)主要室外空间(入口广场式庭院)设计,建筑设计平、立、剖面比例1:200。音乐厅和图书馆图纸各包括四个方向立面和两个主要剖面,分开成图。
(5)主要室内空间设计(观众厅、门厅、大型公共空间)。
(6)灯光夜景至少1幅。
(7)其他表现图纸及方式不限。

3.以上成果及照片全部装订成册,每份应配有彩色透视效果图(至少二幅),比例不限,但图纸必须与展示图相符,清晰完整,尺寸齐全、准确。

4.提供模型一个,比例为1:300(如考虑到运输困难,可拆为两个单体模型,到达深圳后再行拼装)。

5.提供有设计成果的电脑磁盘一套。

(六)发送设计方案竞赛文件书和实地察看时间

定于1997年10月15日(北京时间)在深圳市五洲宾馆发送设计方案竞赛文件书并组织实地察看,参加设计竞赛单位带法人签字有效证件以及1000美元押金(国内设计单位人民币8000元)领取有关文件。押金在方案评选后退回。若参加设计竞赛者未按规定报送设计文件,押金不退。

(七)竞赛原则

本设计竞赛为有限邀请赛,被邀请单位不超过8个,非邀请单位不予接受。

(八)交图及模型时间

参加设计竞赛的单位应于1998年1月9日下午4:00(北京时间)前将有关设计资料送交深圳市文化局基建办公室。

送标地点:中国深圳市深南中路15号,邮编518031;

联系人:杨子江,电话:755-2062304,
传真:755-2273246。

模型应同时送达。未按规定时间送交设计资料者,除非因海关和货运等非设计方的原因并有证明材料可酌情处理,否则参赛文件无效。

(九)评审办法

1.评标委员会由7人组成。其中国内评委3人,国外评委4人,他们都是著名的建筑师。

2.技术委员会由声学专家(2人)、图书馆专家(2人)、深圳市规划国土局(1人)、消防局(1人)和文化局(1人)共7人组成,技术委员会对方案的技术要求是否符合设计方案竞赛文件书要求进行初审,满足基本要求的方案(无严重声学缺限,无严重功能流线问题,基本符合消防法规等)给予技术审查,基本合格,送审委员会评审。在评审期间,技术委员会成员加上结构、机电、空调等专业顾问在评审场地之外指定地点,提供咨询服务,协助评审。

3.评选原则:
(1)方案必须符合竞赛文件书的规定。
(2)总体和谐统一,主体清晰、突出。
(3)平面及使用功能合理,音乐厅要保证音质,图书馆要适应现代化管理。
(4)建筑要反映时代特色和文化特色,造型要美观。
(5)建筑结构方案经济,音乐厅单体造价控制在4亿元人民币左右,中心图书馆单体造价控制在3亿元人民币左右。

4.评选程序:
(1)7位评委中至少有5人参加才有效。
(2)由评委推选一名主任委员。
(3)只有评审委员才有评定名次的投票权。
(4)评委投票以简单多数计,当奖次有并列或三等奖的候选者出现四位时则要第二次投票,如二投后又有并列情况,评委交换意见后进行三投。依此类推,直到优胜者选出。
(5)评审工作完成后,由评审委员会撰写"评审报告书",由全体评审委员签名后交予评审工作主持单位。
(6)奖励及成本补偿费:
方案评比设一等奖一名;二等奖一名;三等奖三名,得奖单位税金自理。
所有被邀请参赛单位,凡提交的设计成果资料符合设计竞赛文件书的要求但未

获奖者，均可获得补偿费。已经获奖的单位不再领取补偿费。

(十)提问和咨询回答

领取设计竞赛文件书后三周内用书面以传真发至甲方，Fax：755 2273246，甲方将在提问截止日期后一星期内以传真件答复。

(十一)差旅费

参加竞赛的设计单位，到深圳领取设计竞赛文件书和报送设计成果的旅费由参赛者自负，在深圳食宿由甲方负责1～2人共2天。

(十二)评选结果

评委评标会将于1998年1月14日至15日举行，评选结果将于评选会结束后的4天内以传真加信函发出，通知给各参赛单位。

(十三)关于获准采用实施方案的规定

1.获奖方案或方案中的某一单体(音乐厅、中心图书馆)被甲方选定为实施方案的，由甲方与设计单位签订设计合同。

2.设计费，国外设计单位完成全部设计，按总投资5.5%计算(若方案中的某一单体被选中，则深圳音乐厅按总投资6%计算，深圳中心图书馆按总投资5%计算)；国内设计单位完成全部设计，按国家有关规定另议(均包括获奖奖金)。

3.由国外设计单位负责施工图设计的，必须聘请国内甲级设计单位为顾问，顾问费用由设计单位与顾问单位自行商定。

4.设计内容包括建筑、结构、设备、室内、环境、声学设计等全部设计内容。设计内容必须符合中国及深圳市现行各项设计规范。施工图设计深度必须达到中国现行的民用建筑施工图设计深度的要求。

(十四)设计进度要求

为争取在2000年完工，要求1998年6月完成初步设计并出桩基图，1998年9月完成地下室基础施工图，1998年12月完成土建施工图，1999年2月完成室内设计、环境设计等全部施工图。

(十五)有关竞赛的法律诉讼

国际设计竞赛将在公正、公平的原则下进行，若有纠纷，应运用中国法律规范，通过诉讼程序解决。

(十六)设计竞赛文字

1.若对设计方案竞赛文件书中的中、英文理解有矛盾时，以中文为准。

2.所有设计文件中的文字说明为中英文对照。

(十七)著作权所有

参与本设计竞赛的作品，其著作权除署名权外均属甲方所有。

(十八)其他

1.参加设计竞赛方案设计不符合本竞赛文件书要求的作废标处理，投标资料也不退回。

2.所有设计成果禁止标注设计单位或个人，必须在A3本封底用不透明纸封住设计者名称。评委会议评出结果后方可揭开封纸，确认中标设计单位。

3.参加设计竞赛的方案评选后不退回。

二、深圳市音乐厅设计任务书

深圳音乐厅是深圳市政府投资兴建的大型公益性文化设施,地处未来深圳市中心的显要地段,与中心图书馆共同构成深圳文化中心。市政府提出力争将深圳音乐厅建成深圳的标志性精品文化设施,并决定其建筑设计实行国际投标。

深圳音乐厅建成后应能为深圳接待国际大型交响乐团演出的团体,举办大型国际音乐赛事、作品展演、艺术交流、国际性文化艺术节等提供符合国际标准的活动场所;深圳音乐厅还应兼顾国内民族音乐、声乐交流演出活动和深圳地方群众性文化活动的需要,充分考虑深圳市民的文化消费水平和欣赏品位。

深圳音乐厅应有一流的音质标准和室内外设施,适应高品质音乐演出和文化交流的需要,同时音乐厅建筑本身与中心图书馆一起将成为深圳市有标志性、有时代特色和文化特色、环境优美、市民和访客喜爱的公众文化休闲场所。

(一)建设规模

深圳音乐厅总建筑规模控制在20 000m²左右,音乐厅的观众厅席位取1800~2000座。

(二)建设内容

音乐厅基本建设内容包括演奏大厅、观众休息厅、后厅、前厅和相关的辅助区,要求各类建筑空间布局合理,观众、演员、道具、工作人员流线组织协调。

A. 演出大厅:

1. 演出区(演奏大厅)2项,演奏大厅设管风琴。

(1)观众席区:建议座椅宽为55cm,排距为85~115cm,每座位容积8~10m³。

(2)演奏台:能容纳120人乐队和160人的合唱队同台演出,合唱队区域在无合唱队时可作观众席。

2. 辅助区4项

(1)演出灯光控制室;

(2)演出音响控制室(包括录音设备);

(3)演出区建声设备(反射板、吸声屏等)调控室;

(4)演出舞台机械控制室,根据乐队各声部要求,进行舞台升降。

B. 门厅、前厅和侧厅:

1. 门厅:音乐厅的门厅要求典雅气派,能满足较高级的礼仪活动要求(可与观众休息厅统筹考虑)。

2. 观众休息区2项

(1)观众休息厅:满足音乐厅观众中场休息,附设展览功能,设咖啡厅、卫生间等(可与门厅结合)。

(2)贵宾休息厅不少于两个厅,分别接待各类尊贵客人,约600~800m²,贵宾通道和普通通道要有所分开。

3. 辅助区不少于14项

(1)音乐厅管理办公用房;

(2)音乐资料库、音乐信息及音乐科技室;

(3)音乐学术交流研讨兼音乐家俱乐部;

(4)演出规划、业务接待室;

(5)广告美术宣传制作室;

(6)票务室、票库及售票处;

(7)包、伞大件衣物存放处;

(8)节目单演出宣传品发放间;

(9)商务室(能满足国际通讯要求);

(10)公共吸烟间;

(11)自助餐厅、小卖部;

(12)音乐书店、名牌琴行等相关经营服务用房;

(13)保安及值班人员工作间;

(14)公共饮水处。

C. 后厅:

1. 演出区(后台)不少于12项

(1)演奏员室,分大、中、小共32间,其中,大间每间30~40m²,共6间;中间每间20m²,共10间;小间每间10m²,共16间;供四管制演奏员排练、休息、化妆用,各室使用内容为分部练习琴房、化妆室、服装间、乐器盒存放间等;

(2)演唱员室,160人合唱团按声部分大、中、小各4间,面积同前,供160人合唱团演员用,使用内容参考演奏员室,原则上排练、化妆、服装、休息合在一起;

(3)小型多功能排练厅,要求拥有优质建声效果,供乐队和合唱队集体排练用及音乐欣赏视听用,面积约600m²,容积约4000m³,兼作录音棚,同时用来举办小型音乐赛事,音乐人才考评等,设活动座位400个;小型多功能排练厅应连接一个面积约400m²的门厅及对外出入口;

(4)指挥室,包括钢琴间、电声放像间、化妆、服装间、客厅及休息室;

(5)主要演员室6~8间,包括独奏演员室、独唱演员室、首席室等;

(6)谱台及演奏座椅保管室;

(7)双钢琴保管室;

(8)后台会见室,兼作采访室、演出团领导工作室、演出监督室;

(9)公共吸烟区;

(10)医务室;

(11)设4m×2.5m货梯,以供搬运超大件物品用;

(12)公共饮水间。

2. 辅助区不少于7项

(1)配电房;

(2)空调房;

(3)总控制房;

(4)消防水池及泵房;

(5)保安及值班工作间;

(6)技术维修;

(7)其他服务用房。

D. 地下或半地下停车位:见"深圳市中心区规划设计要点——深圳音乐厅"。

(三)建声和室内建筑设计

1. 设计原则

(1)音质第一的原则。

(2)专业为主兼顾多功能的原则。演奏大厅是交响乐演奏的专业厅堂,但考虑国情、市情,为了提高音乐厅的使用效率,演奏大厅的使用功能在满足交响乐不用电扩声系统演出的前提下,应同时兼顾民族乐、声乐、音乐剧等演出的需要。

(3)突出精品意识。作为一座精品文化设施,音乐厅堂的室内设计要处处体现精品意识。如演奏大厅的设计在保证一流音质的前提下,还必须给听众以良好的视线和视野,合适的灯光照明,吸引人的大厅空间,创造一个优美舒适的音乐欣赏环境。除演奏大厅外的其他部分和细部的设计也要力求精致美观。

2. 建声设计要求

(1)深圳音乐厅的音质设计主观感受达到清晰、圆润、均匀的优质建声音响效果。

(2)深圳音乐厅的主要建声技术参数应达到:

①中频混响时间满场控制在1.8~2.0秒,并根据不同的演出需要在一定的范围内可调,以满足交响乐演奏要求为主,同时兼顾其他声乐、器乐演奏的需求;

②保证有明显的早期侧向反射声,以增强音乐的空间感;

③要求声场均匀;

④空场背景噪声最好小于25dB,为此,观众厅的送风方式和建筑结构须作特殊考虑。

除以上主要建声指标外,要求中标设计单位须聘请知名的声学顾问,声学顾问应自始至终参与从设计到施工、调试的各阶段工作。作为方案阶段,要保证声学设计正确,为将来建成一个明亮度、丰满度、亲切度、响度、环绕感、均衡度都达到优良的音乐厅打好一个基础。

此外,鉴于音乐厅四周交通比较繁忙,未来中心区规划的地铁亦从附近穿过(见附件地铁位置示意图),因此音乐厅的设计要对背景噪声和地铁产生的振动和噪声予以足够的重视,采用可靠的隔声技术,保证音乐厅的音质。

3.演奏大厅形体和其他设计

(1)形体设计

深圳音乐厅的演奏大厅的形体设计不拘泥于某种既定的模式,在满足观众容量和保证大厅取得优良音质的前提下,建筑师可以充分发挥自己的创造性。但为确保音质,少走弯路,建议可以参照国外音质效果好的某些音乐厅演奏大厅的形式作范本,演奏大厅的形体设计应满足以下要求:

①保证大厅的各个部位都应有足够的响度,声能均匀分布,因此形体设计应使听众尽可能靠近声源,控制大厅的纵向长度,以减少因声能传播距离过大所产生的衰减。

②有利于减少声波以掠入射的方式掠过观众吸收声能;保证入射声能充分扩散,有利于避免回声、声聚焦、颤动回声、声影、耦合空间等声学缺陷。

③能保证8~10m³/座的容积率,和1.8~2.0秒的满场混响,为适应不同风格的音乐和中外音乐,通过扩散体、反射面、吸声板的配置及可变吸声装置达到混响适当可调。

④为有利于演奏大厅演出时形成亲切热烈的共享气氛,应尽量保证任一观众席和演奏台之间都有流畅的视觉通道,最长视距不能过大。

⑤观众厅席考虑20个残疾人观众席。

(2)其他设计

①除了演奏大厅外的其他区域的结构设计应考虑灵活性,以适应长期使用中可能的功能变动。

②公共通道必须有无障碍设计,用以方便残疾听众。

③空调与通风设计必须严格控制噪声,为此应选择集中冷源方案,制冷设备(冷水机组、水泵、冷却塔)宜采用低噪声优质产品且在空间布局上要远离演奏大厅,空调器产生的机械噪声和送风气流动力噪声,也要设法控制,如演奏大厅可采用椅背送风或侧向送风、空调器及通风机设减振器、风管设减振支架、合理控制送风速度等。

④录音、录像设备,交响乐演奏大厅应设现场录音和录像设备,做到能当场出录音录像带,观众休息厅应设闭路电视系统,对演出作实况转播,供迟到听众收视。

(四)环境设计和建筑形式

1.环境设计

(1)深圳音乐厅的环境设计要和中心图书馆统筹考虑,以保证地块的使用效率和建筑相互的协调统一。

(2)作为未来的文化中心要拥有足够的绿化覆盖率。

(3)音乐厅的观众层次较高,建设中必须考虑足够面积的停车场,建议停车场应和中心图书馆及周边建筑统一考虑,采用地下和半地下及少量地面停车场的形式,与图书馆统一考虑,停车位不少于规划设计要点要求的315辆,停车场的面积不计算容积率。

2.建筑形式

深圳音乐厅应考虑功能的完美,在不损害音乐厅自身功能的前提下,建筑外观优美,有个性、时代性和文化性,要与福田中心区协调,能体现深圳21世纪现代化国际性大都市风范。

(五)投资估算

深圳音乐厅的投资总额初步估算约40 000万元人民币。

三、深圳市音乐厅规划设计要点

(一)设计总则

为配合深圳市建设现代化国际性城市的发展战略,体现21世纪深圳的城市面貌和建设水平,深圳文化中心(包含深圳市音乐厅和深圳中心图书馆)工程建设必须是高水准的设计、高质量的施工和先进的管理的有机结合。

(二)设计依据

1.用地规划设计必须与"深圳市中心区城市设计国际咨询"选用的实施方案相协调。

2.开发建设所涉及到的各项技术标准应符合国家和深圳市的规定,当与我国的规定不相矛盾时,可以参照国际相关的先进标准。

3.开发建设必须符合深圳市社会经济文化的现状及未来发展的需要,可参照国际相关的先进标准。

(三)用地性质

用地性质为文化设施用地。

(四)地块面积

总用地面积为26 234m²(确切面积以地图为准),地块编号暂定为28-1。

(五)用地指标

1.用地容积率不大于0.8。

2.建筑高度一般不超过40m,建筑色彩要求明快高雅,相互协调统一。

3.总建筑面积不大于2.0万m²。

4.停车位配套标准为3.5车位/100座。

5.绿地占总用地面积不低于45%,园林绿化、环境景观必须高度重视并有初步的规划设计。

6.建筑退红线要求。

用地北侧建筑须后退道路红线6m,用地东侧建筑须后退红线不小于10m。

7.车辆出入口:在该用地南侧和东侧公用道路上设置。

(六)设计要求

1.项目要求设计成一个功能布局合理、声学设计科学、环境优雅、文化氛围浓厚的市级文化设施。

2.用地整体的城市设计,包括空间形态、边缘界面、风格特色等方面必须与中心区整体环境和城市设计概念相协调。

3.项目作为红荔路南侧的标志性建筑,其体形和高度要通过深入分析研究来确定,并要和市政厅的独特造型保持良好的协调关系。

4.项目在红荔路上的街景立面也必须高度重视,音乐厅必须和其他建筑一起形成协调优美的街景。

5.音乐厅的人流活动须精心组织,其外部空间与步行系统必须与东边的中央绿化带以及南边的中心图书馆有整体的考虑和方便的联系。

6.合理的交通组织,包括各种出行方式的分析、出入口安排、停车空间、内部人车分流等方面。

7.规划设计观念要新,以人为本,注重环境与发展的和谐。

8.鼓励采用新的技术成果。

9.考虑未来技术和信息发展对人们工作生活的影响,规划设计应有预见性以适应将来人们工作生活以及音乐演出和欣赏方面的可能变化。

(七)市政设施要求

该用地周围市政主次道路和各种市政管线均已建成。用地所需的给水、雨水、污水、电源、通讯等市政管线可就近接自市政道路下相应管线。

(八)注意事项

1.建筑物基础、地下室、专业道路及各种管线除与市政道路及市政管线连接段外,其余必须在红线内布置,不得超红线建设。

2.消防、环保、绿化管理、卫生防疫均应按有关管理部门的要求进行设计。

3.按上述要求进行的规划设计方案须报送市规划国土局审定。

四、深圳市中心图书馆设计任务书

深圳市现有图书馆已无法满足读者需求，同时，深圳市信息化建设和图书馆网络建设，以及深圳地区各行各业的发展，都迫切需要一座新图书馆。因此，市政府决定在深圳市中心区兴建深圳中心图书馆，并与深圳音乐厅一起，共同组成深圳文化中心。该项目将通过国际设计竞赛征集设计方案。为此编制深圳中心图书馆(以下简称为中心图书馆)设计任务书。

(一)中心图书馆的任务与目标

为配合深圳市社会和经济发展的长远目标，中心图书馆应达到如下要求：

1 馆藏多样化，形成多载体的馆藏体系，使之成为深圳市各类文献信息收藏最全面的图书馆。

2 适应社会信息化和图书馆网络化建设的需要，使深圳中心图书馆成为深圳地区图书馆网络建设与协调的中心、文献信息深度加工和服务的中心及文献信息保存和流通的中心。

3 充分利用现代技术和设备，建设一个服务手段自动化、网络化的功能强、设施先进的中心图书馆，成为中国图书馆自动化技术设备最先进的图书馆之一。

4 中心图书馆应以读者为中心，建设一个符合各种读者需求及其未来变化趋势的现代化图书馆。中心图书馆将对社会实行开放式服务，85％左右的图书馆资料将向读者开放。

5 中心图书馆的建设，应符合可持续发展的要求，对未来图书馆发展趋势作出敏感的回应。

(二)工程规模

1.建筑规模

中心图书馆建筑面积35 000m²。

2.馆藏规模

中心图书馆馆藏设计为400万册。普通服务文献资料、专题服务文献资料、参考服务文献资料、储备文献资料的馆藏数量比例为4：3：2：1，设阅览座位2 500个，其中大众服务区1 200个，参考服务区300个，专题服务区1 000个，日均接待读者能力8 000人次，借阅文献50 000册次，设网络节点约3 000个。

(三)建设场地情况

建设场地情况详见"深圳中心区规划设计要点——深圳中心图书馆"。

本场地用地性质为文化设施用地。目前中心区的道路及市政管线设施已施工完毕。场地内地势平坦，无需要拆迁的设施。

(四)中心图书馆的空间组成及面积分配

中心图书馆建筑面积35 000m²。藏书量(包括光盘、音像、多媒体等非书资料)、阅览座位及建筑面积(已包括各区的交通面积、结构面积)规划如下：

1.普通文献服务区

用途：一般藏书的储存、阅览及其配套用房。

面积：10 000m²，藏书量150万册，座位1 200个。

2.专题文献服务区

用途：包括微电子、新材料、通讯等专题文献的储存及服务用房。

面积：7 000m²，藏书量120万册，座位1 000个。

3.参考文献服务区

用途：参考咨询处、参考藏书的储存、阅览及其配套用房。

面积：3 400m²，藏书量80万册，座位300个。

4.文献储备区(密集书库)

用途：过期报刊库、储备库及其配套用房。

面积：2 000m²，藏书量40万册。

5.研究开发区

用途：文献信息开发及其辅助用房。

面积：1 500m²，藏书量10万册。

6.读者活动区

用途：总门厅、总服务台、报告厅、展厅、培训课室、读者休息厅。

面积：4 500m²。

7.新技术应用开发区

用途：图书馆自动化研究中心、计算机网络中心、计算机室。

面积：1 500m²。

8.业务办公区

用途：馆藏发展部、文献编目部、读者工作部、参考咨询部、信息开发部、设备技术部、计算机部、研究辅导部、会议室、教育培训部、美工室、业务资料室。

面积：1 400m²。

9.行政办公区

用途：包括馆长室、馆长办公室、行政科、财务科、人事科、保卫科、会议室、档案室、打字室、接待室、馆史室、值班收发室、馆员休息室、储藏室、茶水间。

面积：800m²。

10.辅助用房

用途：材料仓库、清洁工具房、图书消毒用房、值班、职工宿舍、职工食堂；防灾系统中央控制室、变配电室、空调机房、消防泵房及水池。

面积：2 900m²。

(五)中心图书馆建筑设计要求

1.设计总则

中心图书馆设计必须符合深圳市中心区总体规划要求，与周围环境相协调；建筑设计应以高效、安全、舒适为基本原则，造型要美观。

中心图书馆设计对其未来的发展应有足够的估计，注重建筑节能及室内外生态环境的创造，建设一个符合可持续发展要求的现代图书馆。

中心图书馆设计应提供以人的需求为前提的高效率且具有可识别性的建筑空间。

2.总平面布局要点

A.中心图书馆是一个功能全面，活动内容较多的公共文化教育活动场所。总平面布置要求功能布局合理，精心组织交通，满足各种人流、车流及消防、安全、疏散的要求，合理安排自行车及机动车停放场地。

B.注重场地环境设计。

3.建筑设计要点

中心图书馆设计，首先应为读者提供一个知识的殿堂，体现高雅大方的建筑格调，激发读者求知的热情；同时，中心图书馆应成为一个有吸引力的、舒适惬意的公共场所，为读者在学习、研究之余提供一个面对面交往空间。

中心图书馆建筑应体现文化建筑特点，有时代特色和深圳特色。在充分满足图书馆功能的前提下，结合中心区总体规划要求，突出其建筑风格的鲜明个性，配合良好的环境设计，形成高雅的建筑格调。建筑设计的主要要求如下：

A.功能分区

中心图书馆的功能体系可分为两大模块，即外部功能体系和内部功能体系。外部功能体系主要是面向读者和社会的服务功能体系,包括文献服务区(含文献储备区)和读者活动区两大部分;内部功能体系,主要包括业务办公区和行政办公区;设备服务区同时保证两大功能体系的运作。各区在空间规划中保持相对独立又联系密切。

B.平面布局及流线设计

中心图书馆平面布局要紧凑,且与图书馆管理方式及服务手段相适应。各入口及流线处理,能吸引读者便捷地进入中心图书馆,打破藏书、阅览的空间界限,建立一体化的藏、借、阅区,使藏书尽量接近读者,方便使用。保证藏书、读者和工作人员流线顺畅、便捷,互不干扰。

C.高弹性的使用要求

适应未来社会发展的需要,中心图书馆建筑空间应具有高度的灵活互换性,建筑设计要求能提供大而开放,可灵活分隔使用的空间,提高空间利用效率,并有利于中心图书馆及时调整、增设新的服务功能、技术设备和馆藏载体。建议以统一柱网、同一荷载、分层统一层高提供可灵活分割的藏、借、阅一体空间。

D.舒适的环境设计

应本着"读者第一,服务至上"的原则,从方便读者出发,使馆藏易于接近读者,创造舒适的学习、研究、休息和工作环境。

E.各区设计原则

a.文献阅览区(含文献储备区)

(a)合理组织读者、馆员及图书流线。使读者获得明确的方向感,辨别并迅速找到所需资料;同时,馆员亦能有效地运送及处理资料,避免馆员工作和读者阅览相互干扰。

(b)读者、馆员及资料出入口应分别设置。

(c)各阅览区内宜采用开架式阅览,各阅览区的图书流通集中在总服务台办理,各阅览区宜配备相应的办公区,参考服务咨询区、研究室、复印室、讨论室、饮水机、洗手间等,咨询服务台应能通视全区,并临近办公区及参考书库,服务咨询活动应避免影响其他读者利用资料。

(d)特殊文献资料应设特藏库收藏保管,善本书库、特区文献书库应单独设置,并根据资料特点,考虑其管理、展示、阅览、保存、防火及疏散等要求。

(e)文献储备区宜设置密集书库,以保存较少利用的资料。库区宜设工作人员更衣室,清洁卫生间和专用厕所,但不得设于库内。

(f)阅览室的柱网尺寸应考虑开架阅览室家具设备合理布置的要求。

(g)各阅览室宜设置读者浏览新书及其他非书资料区。

(h)提供足够的个人阅览和集体研究室(含电子设备单元)。

(i)图书馆的缩微、视听、多媒体等非书籍资料宜自成单元,便于单独使用和管理。所在位置要求安静,与其他阅览室互不干扰,并有利于安全疏散。规模较大的视听室可与报告厅合用,独立设置。

b.读者活动区

(a)入口区

入口区包括入口门厅、存物(雨具、书包)室、展示陈列区、总服务台、出入管制口、公共目录检索区。

(a1)读者及工作人员入口处均须有平面图及空间分布图,标示系统要求简单明确易懂。

(a2)入口大厅应有足够尺度,能容纳读者咨询、休息及交往空间并与展示陈列区、总服务台、主要楼梯等相配合,使入口区活动有高度互动性,并成为图书馆的一个引人入胜的公共交往场所。

(a3)存物室应放在管制口之外,并紧邻管制口,面积约100m²。

(a4)总服务台包括借书与预约、还书与续借、办证、馆际合作、咨询服务等多项服务。总服务台可跨越出入管制口内侧和外侧,使部分读者在管制口外即能办理还书、续借、办证等事项,方便读者,并减少出入管制口人流量。

(b)展示陈列厅(400~500m²)

空间设计考虑可弹性使用,与报告厅相连接,可兼作报告厅的休息厅。

(c)培训课室(6间教室,共300座位)

培训课室出入口应与全馆主要出入口分开设置,宜有安全监控措施。

(d)读者休息区(250m²)

休息区宜环境安静,宜集中设置为读者服务的快餐厅、咖啡室及小卖部,公用电话,复印等服务设施,设置足够的休息座位。

(e)阅报室

宜邻近读者休息室,并设单独出入口。读者可自由进出浏览报纸,亦便于图书馆闭馆期间可单独开放,考虑自然采光和通风。

(f)报告厅规模为300~400座。

c.业务办公区

(a)业务办公室组织应配合业务工作流程,保持各工作环节畅通。

(b)业务办公区与各层文献服务区及书库间,宜配备专用楼梯或电梯。

(c)业务办公区应充分预留电脑及通讯管线,适应图书馆未来业务的发展。

(d)计算机房按计算机房规范设计,机房设置和室内环境应与所选用机型及工艺相配合。

(e)美工用房要求光线充足,用水方便,便于版画绘制和搬运,使用面积不宜小于30m²,并宜另设材料存放间。

(f)业务技术设备用房由电子计算机、缩微、照像、静电复印、声像控制、装裱修整及消毒用房组成,其设计应参照中国《图书馆建筑设计规范》(JGJ38-87)的相关标准。

(六)结构设计要求

中心图书馆藏、借、阅空间楼地板的承载力计算应配合书架空间的弹性使用。

中心图书馆精密性要求很高,为达到控制建筑造价,降低建筑成本的目的,在方案设计阶段就要考虑提供简捷的施工方法,协调精密设计与快捷施工的要求。

中心图书馆结构体系设计应与建筑设计有机结合。

(七)安全系统设计要求

1.消防疏散要求

中心图书馆的消防设计应符合中国建筑设计防火规范及中国图书馆建筑设计规范。按一类建筑,一级耐火等级考虑。

2.书刊资料防护要求

中心图书馆书刊资料防护要求包括外围护结构保温、隔热、温度及湿度要求、防湿、防潮、防尘、防有害气体、防阳光直射及紫外线照射、防虫、鼠害等,应按照中国《图书馆建筑设计规范》(JGJ38-87)采取相应措施。

3.防盗安全要求

中心图书馆应有周详的防盗安全设计。馆内应设安全防盗装置,由总值班室监控。各阅览区应合成系统,区内应避免无法通视的死角,门窗及出入口设计宜考虑防窃问题,尤其是善本书等珍贵书刊资料的安全应予以重视。

(八)噪声控制设计要求

总平面布局应精心处理,以创造宁静的阅览环境。建筑设计应考虑噪声控制,阅览室内可闻室外噪声应在45dB以下。阅览室内可考虑设置背景音乐系统。电脑室须有完善的隔声设计。

(九)采光设计要求

中心图书馆的建筑布局,应结合深圳气候特点,充分利用自然采光和通风。并注重光线品质及节约能源,阅览环境光线宜柔和均匀,避免自然光线直接照射损坏书刊,东西向开窗时,应采取相应遮阳措施。

善本书、舆图、缩微、视听阅览和资料室的窗户应有遮光设施。

(十)空调及通风设计要求

中心图书馆对室内环境要求较高。阅览空间不仅要求有舒适的温湿度,而且空气品质要高,以提供舒适的阅览环境并有利于书籍的维护。宜采用中央空调系统,并考虑可分区单独调节,以节约能源及降低维护费用。同时,下列空间有特殊需求。

1.善本书及普通本线装书区、装裱室、电脑室及视听资料室等需全年每天24小时空调并有湿度调节及防尘装置。

2.密集书库在无空调时,应有抽风,防潮设施。

3.研究小间等使用频率较少场所,应有可单独使用的空调开关。

4.密集书库、阅览区应保持气流均匀。采用机械通风时,阅览和工作空间的空气流速不得超过0.5m/s。

5.馆内各主要用房宜有自然通风。

6.图书馆室内温度应经常维持20~24℃

±2℃,相对湿度应维持50%~60%±5%,善本室温度宜保持10~16℃,相对湿度维持50%以下。

(十一)电气设计要求

1.中心图书馆用电等级不低于2级。

2.电气设计应体现各藏阅工作空间灵活互换的可能性。

3.中心图书馆应设事故照明、值班警卫照明。

4.文献阅览区照明应分区控制,灯管排列应考虑未来可能会移动书架的方向或位置。

5.中心图书馆宜设事故紧急广播及开、闭馆音响讯号装置。

6.外借量较大的总服务台,可按需要设信号或屏幕显示装置和对讲设备。

7.中心图书馆宜装设电话系统和电视系统。各读者活动场所或交通中心均应设有供读者使用的公用电话;与电子计算机联机使用的数据网络通讯系统应单独设置;电视系统包括闭路电视监视系统和共用天线电视接收系统。

(十二)图书馆网络及布线设计要求

为适应未来信息化社会的需要,图书馆网络及布线设计应考虑预留充分的发展余地。宜采用智能化网络及先进的综合布线系统,使中心图书馆成为智能化建筑,各种管道的预留,电源的供应,地板、墙壁的出线口及插座布置均需整体考虑,并可随时调整;同时,由于电子设备更新换代速度很快,未来对图书馆设备的经常性维护及更换将较为常见,因此,必须考虑提供未来设备室内维修的便利。

建筑设计宜为各功能区域提供专用的计算机操作空间,如服务区终端工作站、借

阅管理站、业余工作区站、参考咨询站等。其空间计划应从人体工程学出发,为使用者创造最佳的环境条件。工作站的位置应根据图书馆功能和读者使用行为来规划确定。

(十三)无障碍设计要求

中心图书馆设计从室外总体环境、交通流线到室内空间布局及设施配备,都应充分考虑老弱残疾读者的特别需求,体现对他们的关怀和尊重。如提供完整的残疾人进馆专用通道、垂直交通系统,设置残疾人借阅空间及专用卫生设施等。

(十四)建筑设备设计要求

设备用房设置应确保安全及防止噪声干扰。

(十五)工艺设计要求

根据图书馆的未来发展要求,合理组织中心图书馆内部工作流程。工艺设计应符合经济性、灵活性、高效便捷的原则,满足图书馆网络化建设的需要,建设一个高效率、服务品质专业化、服务手段自动化、网络化的现代化图书馆。

(十六)投资估算

中心图书馆的投资总额初步估算为30 000万元人民币。

(十七)其他要求

方案设计内容及时间要求详见《深圳文化中心设计方案国际竞赛须知》。

建筑设计应遵循中国现行的有关工程建设标准及设计规范,当与中国及深圳市的规定不相矛盾时,可参考执行相关的先进标准,但需加以说明。

五、深圳市中心图书馆规划设计要点

(一)设计总则

为配合深圳市建设现代化国际性城市的发展战略,体现21世纪深圳的城市面貌和建设水平,深圳文化中心(包含深圳市音乐厅和深圳中心图书馆)工程建设必须是高水准的设计、高质量的施工和先进的管理的有机结合。

(二)设计依据

1.用地规划设计必须与"深圳市中心区城市设计国际咨询"选用的实施方案相协调。

2.开发建设所涉及到的各项技术标准应符合国家和深圳市的规定,当与我国的规定不相矛盾时,可以参照国际相关的先进标准。

3.开发建设必须符合深圳市社会经济文化的现状及未来发展的需要,可参照国际相关的先进标准。

(三)用地性质

用地性质为文化设施用地。

(四)地块面积

总用地面积为29 612.1m²(确切面积以地图为准),地块编号暂定为28-3。

(五)用地指标

1.用地容积率不大于1.2。

2.建筑高度一般不超过60m,建筑色彩要求明快高雅,相互协调统一。

3.总建筑面积不大于3.5万 m²。

4.停车位配套标准为:0.7车位／100m²。

5.在建筑物临街处设一座附建式公共厕所,建筑面积不小于60m²。

6.绿地占总用地面积不低于45%,园林绿化、环境景观必须高度重视并有初步的规划设计。

7.建筑退红线要求:

用地南侧建筑须后退道路红线不小于30m,用地北侧建筑须后退道路红线不小于6m,东侧建筑须后退道路红线不小于10m。

8.出入道路(或车辆出入口),在该用地东侧及北侧的公共道路上设置。

(六)设计要求

1.项目要求设计成一个功能布局合理、交通便捷、环境舒适优美、文化氛围浓厚的市级中心图书馆,并充分考虑其远期发展与扩建的可能。

2.用地整体的城市设计,包括空间形态、边缘界面、风格特色等方面必须与中心区整体环境和城市设计概念相协调。

3.图书馆与位于其南侧的市民广场相邻,因此图书馆须重点考虑与其南侧建筑的协调配合,特别是外部空间的有机联系。

4.应重视夜景灯光效果的环境设计,使之能与中心其他街区相配合。

5.不设围墙,保证区内道路的畅通和绿地的共享。

6.合理的交通组织,包括各种出行方式的分析、出入口安排、停车空间、内部人车分流等方面。

7.规划设计观念要新,以人为本,注重环境与发展的和谐。

8.鼓励采用新的技术成果。

9.考虑未来技术和信息发展对人们工作生活的影响规划,设计应有预见性的适应将来人们工作生活的变化。

(七)市政设施要求

该用地周围市政主次道路和各种市政管线均已建成。用地所需的给水、雨水、污水、电源、通讯等市政管线可就近接自市政道路下相应管线。

(八)注意事项

1.建筑物基础、地下室、专业道路及各种管线除与市政道路及市政管线连接段外,其余必须在红线内布置,不得超红线建设。

2.消防、环保、绿化管理、卫生防疫均应按有关管理部门的要求进行设计。

3.按上述要求进行的规划设计方案须报送市规划国土局审定。

六、投标方案

（一）日本株式会社矶崎新设计室方案

（中标方案、一等奖）

1.设计构思

深圳文化中心是深圳市未来的城市中心区——福田中心区的重点建筑工程之一。本设计方案的宗旨是要把深圳文化中心建设成为深圳中心区这个大剧场中的一个重要舞台。由深圳中心图书馆和深圳音乐厅构成的统一整体，形成了一个面向宽广的中央绿化带的开放空间。在这里，市民可以自由自在地从事各种文化娱乐活动。

城市＝剧场

文化中心＝舞台

市民＝演员

节目＝文化活动

构成了本设计方案的基本设计构思。

基地被六号路分割成两部分。跨越六号路上空的架桥的公共文化广场，把中心图书馆和音乐厅连成一体，形成了一个面向以市政厅—中央绿化带—莲花山为城市视觉轴线的开放空间。广场正面的流水垂幕和曲线玻璃垂幕引导来宾进入文化中心"舞台"。公共文化广场上的黄金玻璃"树"分别构成了图书馆和音乐厅的进厅，寓意着"文化森林"。相互独立的图书馆和音乐厅通过公共文化广场形成了一个统一的整体。

地下停车库设置在六号路的正下方，以便能为两个利用时间不同的设施提供有效的使用空间。公共文化广场下方的道路两侧分别设置了停车门廊和通往地下车库的进出口，能有效地保证车辆交通流畅。这种人车分流的设计思想体现了深圳中心区规划方案的基本要求，特别是与中心绿化带和立体交叉道路的有机结合的整体规划设计形成了良好的对应。六号路上空公共文化广场的设计也充分反映了深圳中心区规划方案的基本精神。

文化中心后方40m高的两幢黑色楼体构成了文化中心"舞台"的后台。它既是中心图书馆的藏书库，也是通往音乐厅的主要通道。黑色楼体与市政厅西端的屋檐并行，共同构成了一个以中央绿化带为轴心的文化设施基地群。黑色楼体护墙顶端设有蓝色荧光灯群，将会为文化中心的夜景增添色彩。前方的玻璃垂幕采用白色框体，红色光筒是垂直电梯。蓝、白、红、黑

和黄色的墙壁采用国产花岗石。这五种颜色寓意着中国传统的阴阳五行的青龙，白虎、朱雀、玄武和位于中心的人。

图书馆以能容纳400万册藏书为主要条件进行了设计。因为这一规模，以计算机网络及图书自动搬运系统为中心的智能化图书馆网络系统是不可缺少的。图书馆的通讯及物流网络在进行系统化设计的同时，能与建筑形体及空间设计很好地融合在一起。空间设计也充分考虑到能为读者创造良好的阅读环境。

在音乐厅的设计上，突出了以"葡萄园式"为中心的空间设计。考虑到大型空间的音响效果，将观众席分割成几个区域，并对每个

区域的外形及空间配置进行了精心的考虑。每个观众区域都针对舞台形成了一个小剧场。

2.构成要素

面向中央绿化带的两块黑色墙体，前面的流水垂幕及跨越六号路上空的公共文化广场构成了文化中心的基本要素。两块黑色墙体分别长106.8m，宽7.8m，高40.0m，内部既是图书馆的藏书库，又构成了通往音乐大厅的主要进路。同时，图书馆侧黑色墙体的端部另设了三幢翼状的辅助楼，形成了一个扇形，用作藏书库。在音乐厅侧黑色墙体的端部也设置了黄色的楼体作为演出大厅的辅助后厅，与图书馆侧的辅助楼形成了呼

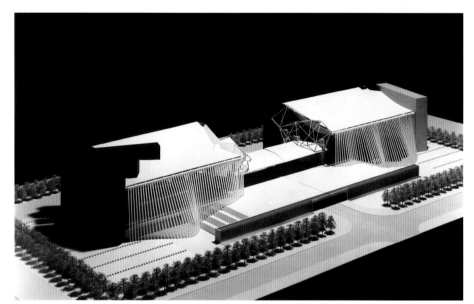

模型照片／文化中心全景

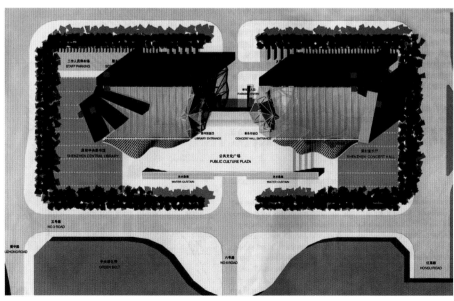

总平面图

《深圳市中心区城市设计与建筑设计 1996-2002》系列丛书

应。这些辅助楼分别通过红色玻璃垂直电梯连接成一体。

公共文化广场前面的流水垂幕长约180m,与沿着三号路的林荫绿道共同构成了环境优美的休闲场所。流水垂幕在夜晚将会发散出蓝色光线。六号路上空的公共文化广场距地表面高6.6m,不仅是面向市民开放的公共场所,也是通往图书馆和音乐厅的共有空间。在流水垂幕的两端分别设有通往公共文化广场的大型阶梯。由各种形状的多面体构成的黄金"树"下是图书馆和音乐厅的进厅,树干支撑着它的玻璃表面。

屋面与前方的垂幕通过悬链梁,大跨度弦梁,线织型玻璃垂幕三种结构要素,构成了巨大的内部空间。屋顶由并列悬链梁组成,以其自然的悬垂形状形成了内部天顶。前面是线织型密集梁结构,曲线表面由玻璃覆盖,形成了一个与流水垂幕相呼应的曲面体。由屋顶系统构成的大跨度内部空间内设有演出大厅,多功能排练厅,黄金"树"和阶段形楼板构成的图书馆阅览区。

3.总体布局／交通流线

被40m高的黑色墙体和跨越六号路上空的公共文化广场包围的文化中心,提供了一个清晰的人行和车行流线。

距地表面6.6m高的公共文化广场是来自中央绿化带方向的人行流线的主要轴线。同时,六号路的正下方的地下停车库能有效地解决西侧益田路方向的行车流线。公共文化广场的下方,设计上可以容纳各种车辆的通行。停车门廊是用来接纳图书馆和音乐厅的来访之客。地面层的椭圆形进厅与停车门廊直接,以诱导来宾顺利地进入上层主要大厅。此外,还设有与停车门廊相接的通往地下停车库的进口和出口。

地下停车库设在六号路的正下方,以便能为利用时间不同的图书馆和音乐厅提供高效率的使用空间。由于六号路的正下方铺设有各种市政管线,地下停车库设计在这些管线的下方,并在地下二层将图书馆和音乐厅连接成一体。地下两层的停车库总共可以停放313辆车。

为能给图书馆和音乐厅提供良好的工作服务环境,沿着益田路方向设计了宽广的服务院、工作人员停车场(图书馆侧可停42辆,音乐厅侧可停40辆),此外还有12辆大型汽车的停车位。货物搬入口和工作人员出入口直通服务院。设计上,黑色墙体的后方空间是专门为图书馆和音乐厅

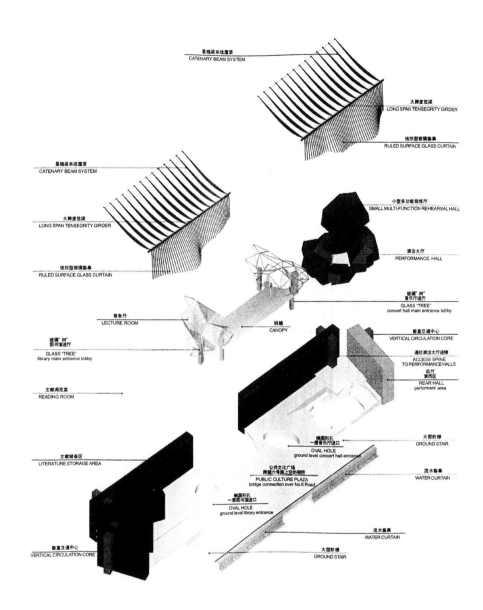

等角投影／建筑的构成要素

的物流及各种后方服务的空间。

4.色彩／光线／材料

每一个建筑构成要素都是根据中国传统的阴阳五行的"五种颜色"而来的。

五种颜色	四神	建筑构成	材料
蓝色	青龙	黑色楼体护墙顶端	荧光灯
		流水垂幕	荧光灯
红色	朱雀	垂直电梯	玻璃
黄色	人	"文化森林"(进厅)	金属
		后厅	国产花岗石
白色	白虎	玻璃垂幕框体	金属
黑色	玄武	黑色楼体(藏书库)	国产花岗石
		演出大厅	国产花岗石
		多功能排练厅	国产花岗石

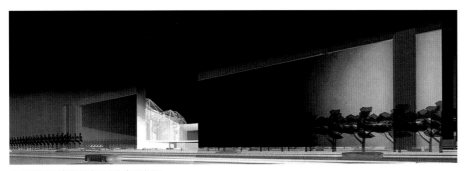

外观透视图（自益田路看文化中心夜景）

外观透视图（跨越六号路上空的公共文化广场）

室内透视图（音乐厅门厅）

以上采用的色彩和光线使文化中心成为一个面向深圳市的醒目的标志，一天24小时不间断地发出各种文化信息。上述的色彩和光线将在文化中心建筑的很多方面得到广泛的应用。

5.跨越六号路上空的公共文化广场

跨越六号路上空的公共文化广场是用来引导从中央绿化带的来宾进入文化中心。在另一方的绿化带上，根据城市规划将设有地铁站，因此预计主要来宾将经由中央绿化带进入公共文化广场。同时，沿着三号路方向还设有林荫道和流水垂幕。林荫道的一方与三号路共同通往市政厅，另一方则与莲花山相接。中心广场外的南北角是草坪绿地。在文化广场前面的两侧设有通往广场的大型阶梯。透过曲线玻璃垂幕，人们可以观赏到图书馆和音乐厅大厅内的景色。公共文化广场是一个拥有5 200m²的广大空间。它面向着中央绿化带，仿佛是剧场中的一个大舞台，各种各样的文化活动将在广场上举办。夜晚，流水垂幕将会发出蓝色水线。在广场的另一端，宽大的挑檐形成了遮盖着进入图书馆和音乐厅的通道。两侧的黄金"树"将成为引导来宾进入深圳文化中心的路标。

6.进厅／休息厅

宽广的进厅和休息厅由悬链梁屋顶结构及线织型玻璃垂幕构成。这种打破传统的大跨度空间构架造成了一个完全的无柱空间。构成屋顶的并列悬链梁，以其自然的悬垂形状形成了内部天顶。在这个空间里，设置了以演出大厅和多功能排练厅为主的巨大的黑色建筑体。建筑体的各个方向都设有进入天桥和人工扶梯。内部的移动引导系统，可以避免演员和观众迷失方向。靠近曲线玻璃垂幕的内部大厅还设有咖啡厅，来宾在这里可以欣赏到中央绿化带的优美风景。

黄金玻璃"树"象征着"文化森林"。自然光线可以透过树林，照射到大厅内部。在树根部有通往地面一层的大型椭圆开口，外部可直通停车门廊。树干构成了连接地下停车库与上层大厅的垂直电梯和楼梯。

7.音乐厅

演出大厅
1)基本形体构成——葡萄园式（中央舞台式）

深圳音乐厅的形体设计考虑了两种形式：葡萄园式（中央舞台式）或是鞋盒式。葡萄园式（中央舞台式），外形是由几个观众区像葡萄藤似的围绕着舞台设置；鞋盒式，外形是由简单的长方形构成的。经过反复研讨，发现鞋盒式构成有多方面问题得不到有效的解决。例如要满足容纳1 800～2 000观众的设计要求，长方形将不得不变得很长很窄，会导致后方位置视野不良。因此，我们选择了葡萄园式作为深圳音乐厅的基本形体构成。

2）建声设计

早期反射声

早期反射声（直达声到达后80ms之内到达的反射声）是根据丰满度，亲切度，明亮度三种决定音质的基本要素综合考虑的。音乐厅的结构设计，决定了能否保证早期反射声与直达声在听众的耳中成为一体音声。这需要反射声在直达声到达后80ms之内到达听众的耳中。要满足这一条件，考虑了以下的建声设计。

为保证天顶反射声有效地扩散到全场，并使直达声与反射声的到达时间差控制在40～50ms，天顶声反射板采用了三级曲面结构。

3）主要计划表及室内装修表

计划表

观众席总数 2 034席（下层867席，上层1 167席）

总容积 25 043.0m³

单位容积率 10.1m³／座

满场混响 1.8～2.0秒

舞台设备 演奏升降台，钢琴升降台

室内装修表

地板 木制地板

主要楼层墙壁 木制板块 橡木

楼座包厢区墙壁 灰泥粉刷

天顶 玻璃纤维钢筋混凝土块

反射板 玻璃纤维钢筋混凝土块

多功能排练厅

多功能排练厅设在六层，经由通往演出大厅进楼的楼梯及自动扶梯可以到达。大型货梯也经由排练厅层。排练厅内部所有的墙壁和屋顶都微有倾斜，没有一个完全平行的面。这种设计方法可以避免颤动回声。同时，还可以通过可移动墙壁及屋顶来调节混响。通过调节反射声可以满足多功能表演的需要。多功能排练厅最大拥

有400个座席，座席可根据需要自由移动。排练厅的舞台与演出大厅的正式舞台大小相同。考虑到背景噪声，排练厅的噪声基准也控制在20NC以内。

观众休息厅

与"文化森林"进厅相接的观众休息厅，可直通公共文化广场。休息厅里设有售票处、音乐书店、咖啡厅、衣物寄存处等有关服务设施。休息厅不仅用于观众休息，还适合与下层椭圆形进厅共同作为多功能性的广泛使用空间。

贵宾休息厅

在与普通观众休息厅不同的层上设置了独立的贵宾休息厅。贵宾休息厅在空间关系上与一般观众休息厅共同形成了巨大的内部空间，可以很好地体验到音乐厅的总体气氛和空间感觉。贵宾休息厅被可移动墙壁分割成2～3个房间，并可通往多功能排练厅。通往贵宾休息厅设有专门的电梯和通道。

通往演出大厅进楼

在这里，为通往演出大厅及多功能排练厅设置了一条从地面层开始的直线形的进厅阶梯。来自33m高的天顶的自然光线可以在演出开始前提高观众的情绪。

演奏员室（后厅）

音乐厅后厅设置在建筑整体的北端，连接着演出大厅和排练厅。同时，在演出大厅和排练厅都设置了从更衣室通往舞台的通廊。每一间更衣室都设有窗户以保证良好的通风，为演奏员提供舒适的休息空间。

音乐厅管理办公用房

为提高工作效率，音乐厅管理办公用房设置在与服务院相接的地面层。同时，演出大厅的舞台也设置在地面层，物品的搬运可以直接通过搬入口，使工作环境简便明了。

8. 中心图书馆

空间构成

中心图书馆主要由三大部分构成：

1）从基地南西角开始的放射状的四幢楼体构成了图书馆的藏书库

2）图书阅览室分布在地面层，广场层

室内透视图（音乐厅演出大厅）

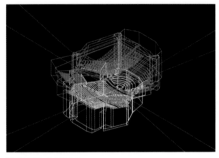
等角投影／音乐厅

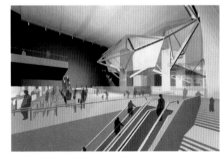
室内透视图（中央图书馆主要阅览区）

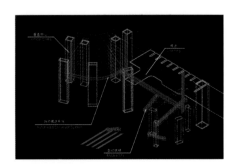
等角投影／流线系统图

(地上6.6m)和四层(地上13.2m)三个不同的水平层

3)读者活动区设置在图书馆的进厅的"文化森林"之中

藏书规模

总藏书数400万册中,100万册开架式藏书设在阅览室中,剩余的300万册存放在密集式藏书库里。藏书库与阅览室间设有图书自动搬运系统,能为读者提供高效率的服务。设计上采用了6.6m的基本间隔,是考虑到开架式书架间需要2.2m的间隔,以保证读者拥有宽敞的阅读空间及残疾人轮椅车的顺利通行。

图书馆的藏书量及座位数如下:
普通文献服务区
位置 一层及二层的普通文献阅览区
开架式藏书 50万册
座位数 1 400席
闭架/密集式藏书 100万册
专题文献服务区
位置 四层的专题文献阅览区
开架式藏书 25万册
座位数 500席
闭架/密集式藏书 95万册
参考文献服务区
位置 二层的参考文献阅览区
开架式藏书 25万册
座位数 300席
闭架/密集式藏书 55万册
文献储备区
位置 藏书楼
闭架/密集式藏书 40万册

研究开发区
位置 藏书楼
藏书间 31 间
闭架/密集式藏书 10万册
图书馆服务设施
1)图书自动搬运系统

考虑到能有效地为读者提供图书服务,采用了图书自动搬运系统。藏书楼的三条垂直图书自动搬运线与各层的水平图书自动搬运线相互连接,构成了一体化的搬运系统。通过各层的工作区,藏书楼与各阅览区内设置的咨询服务台联成一体。

2)图书馆间网络系统

作为深圳市的中心图书馆,考虑到与其他图书馆之间的物流,在整体设施的西南角设有大型物流搬送区(服务院)。同时,还配置了图书收集,分类,修整,清洁消毒等辅助工作间。

3)馆外借书和还书

通往阅览室的检查口处,设有长达25m的大型服务台。服务台内设有连接图书自动搬运系统的工作区,可以提供各种咨询,馆外借书和还书等服务,并可对馆内藏书进行综合管理。

图书阅览室

由藏书楼与"文化森林"之间的大跨度弦梁构成的屋顶及线织型玻璃垂幕共同形成了图书阅览室的巨大空间。一般来说,不管是大空间分布,还是根据用途的分割空间分布,很容易导致迷宫式的空间。在这里,通过阶段状三层楼板的结构设计,创造了视野良好的阅读环境。阅览室的层与层之间设有自动扶梯及残疾人专用电梯。阅览室层高6.6m,中间插有3.3m高的藏

书层,以确保空间的有效利用。作为中间层的藏书层也设计成为图书阅览室,形成了一个连接下层大空间阅览室的独立的阅览环境。

通往阅览室的检查口处的服务台与广场在同一水平层(地上6.6m)。阅览室与进厅之间在不影响空间连续性的前提下,设置了低层书架。总服务台位于两者之间,连接阅览室侧设有阅览咨询服务台及借书处,连接进厅侧设有图书馆综合咨询服务台及还书处。

图书馆进厅

图书馆侧"文化森林"下方的进厅构成了读者活动区。进厅入口设置在地上广场层(地上6.6m)。同时在地面层设有与进厅相接的入口,为乘车的来宾服务。这两个入口通过环绕着树根的椭圆形进口连接成一体。图书馆的进厅里设有通往阅读区的检查口,咨询服务台,报纸阅览室,咖啡厅及衣物存放室等服务设施。

"文化森林"的上部设有可容纳300人的报告厅。报告厅位于图书馆的六层,并有从进厅的直通自动扶梯。此外,由"文化森林"的"树干"构成的电梯和楼梯,为读者的自由移动提供了方便。

计算机网络系统

图书馆内设有计算机终端,通过这些终端,读者可以在阅览室及咖啡厅等各处查阅所需文献资料。藏书库里的工作区及阅览室的咨询服务处都与计算机网络系统相接,可以及时地控制图书搬运流程。同时,每天更新的图书阅览检索数据库系统不仅为来馆者提供服务,还可以通过国际网络(Internet)进行查询。

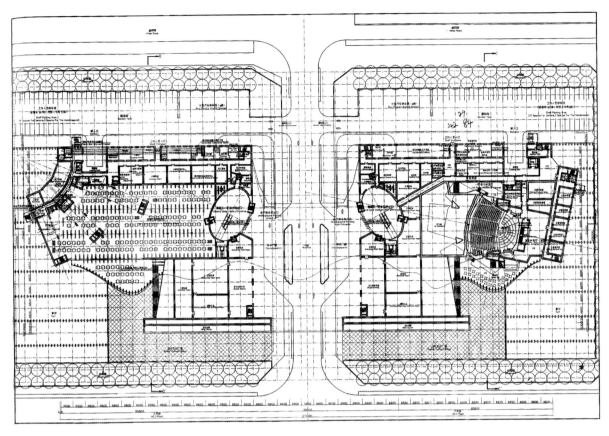

一层平面图(±0.000)

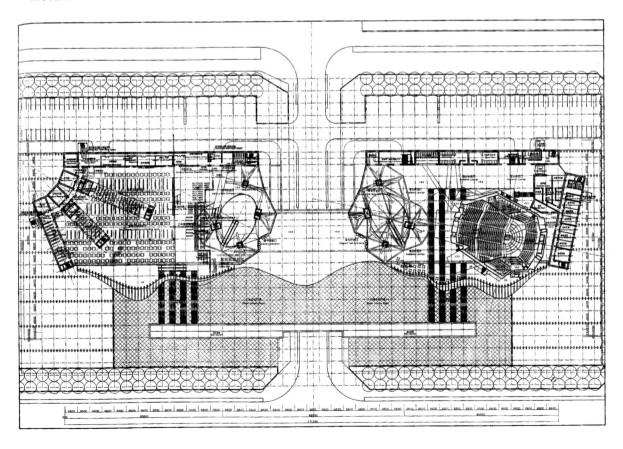

二层平面图(+6.600)

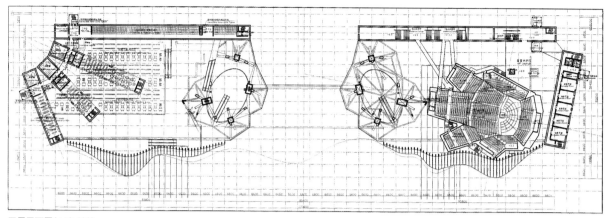

四层平面图(+13.200)

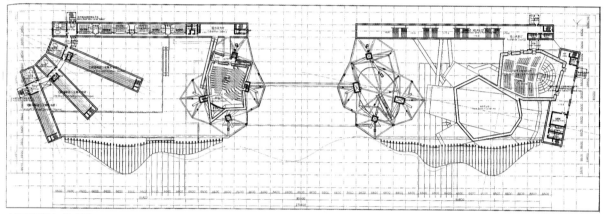

六层平面图(+19.800)

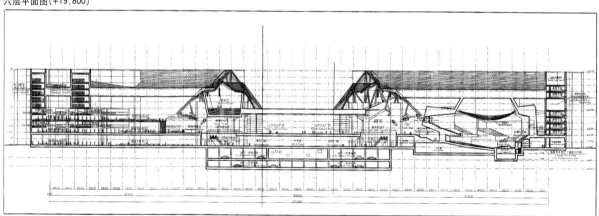

横向(A-A')剖面图

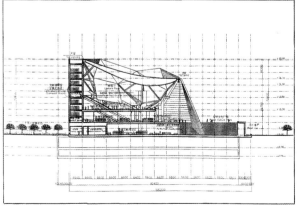

纵向(B-B')剖面图

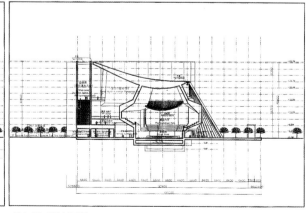

纵向(C-C')剖面图

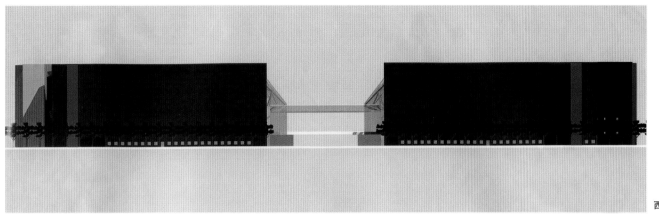

西立面图

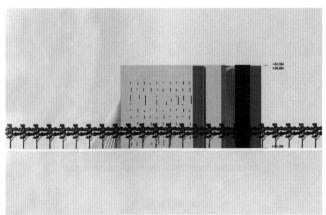

音乐厅北立面图

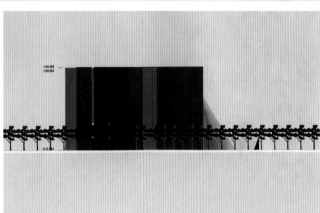

图书馆南立面图

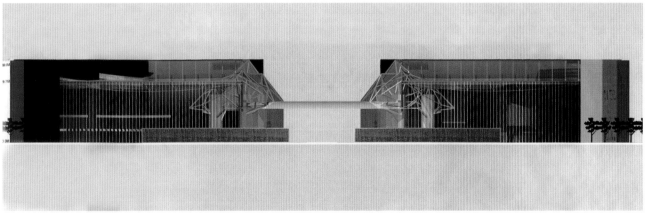

东立面图

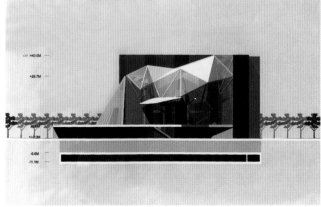

图书馆北立面图

音乐厅南立面图

(二)加拿大沙夫迪建筑设计公司方案 (二等奖)

城市设计概念

1.共生学关系

这两座建筑并肩而立,沿城市中心公园形成一种城市界面。此公园被城市重要公共建筑环绕,并止步于市政厅,形成城市景观中心。

它们不仅有助于对城市中心公园的界定围合,而且为周围的行人与乘客提供了丰富多变的景观立面。来自西北部的车辆可以感受到两面巨大的曲墙发出的问候,一旦接近并环绕建筑,便可真切地感受到建筑内部及四周公共空间中的生活。

建筑平面规划意识到基地街角作为入口的重要性,力求在此为两个建筑创建一个公共交流区域即入口广场,主要作为步行空间,使两个建筑的访客能够形成某种对话与交流,从而形成一种共生关系。

两座建筑是围绕各自的弧形曲墙来设计的,两片弧墙相向演展,并被位于两建筑之间的林荫道断开,而商店及一些公共服务则被布置在弧墙的内部空间中。由基地西边环路观之,音乐厅与图书馆沉浸在一片景观水面及人工树林之中。

2.巨型城市空间体

入口广场仅作为序曲,引导访客进入音乐厅及图书馆各自的焦点,即两个巨大的城市空间体。

就图书馆而言,读者可以从东南及西南两个方向进入此空间。整个大厅顶部覆盖高耸的玻璃天窗,其侧面一边由内含有商店、咖啡馆及多层的阅读廊的巨型弧墙来界定,另一边则为7层高的书库。中庭与图书馆主体之间通过玻璃幕墙得到声学隔离,从而能够成为一个繁忙热闹非常重人际交流的城市空间体。

同样,音乐厅外部的入口广场引导听众沿设计成螺旋状的建筑空间进入一个巨型空间,相当于休息大堂。在弧墙内部空间则布置了有关音乐制品及钢琴商店,并有会议室、酒吧及咖啡馆。弧墙内上部空间有图书室,公众室及贵宾室以及一些管理用房。从位于弧墙以内的公众室及两座塔体的顶层平台上,可以俯视休息大厅及其对面的音乐厅看台入口回廊。大厅玻璃天顶高耸入云,白天阳光明媚,夜晚灯火通明,成为城市天际线一景。

3.文化标志性(统一的几何形态)

音乐厅与图书馆的主体形态来自与同一个巨大虚拟的几何旋转体的表面界定并生成的,其旋转轴悬浮在空中,而其旋转后的凹曲面构成了两座建筑起伏的屋顶形态。而每座建筑的平面则是各自功能最佳布局的体现。

其中图书馆主体为1个7层的长方体(60m × 43m),有三面蕴涵于椭圆形的多层阅览廊体中,第四条边则被外部的弧墙围合,墙内为零售业与其他城市服务空间(墙体上部空间成为阅览廊厅的延伸部分)。

音乐厅由一面内含空间的螺旋状弧墙围合成休息大厅,音乐厅主厅,巨型弧梯,朗诵厅及其辅助用房。整个建筑主体被旋转体切割,而形成曲面屋顶,其起伏的轮廓使人联想起远处的群山。音乐厅与图书馆由统一的几何形式,一分为二,各自有不同的形态,构成深圳城市景观的一对孪生体。

4.停车

停车被安排在建筑椭圆主体结构基础以外的靠边部分,以避开柱网干扰,从而获取最大的经济性。同时,也有助于未来的停车场扩建。随着城市的不断发展,很可能需要更多的停车位,我们的设计将使

扩建工程很容易实施。在停车库的顶部为景观水池,沿着弧墙布置,有些护城河的意味。从西面远观,弧形曲墙便会投影在水面之中。

中心图书馆部分

1.城市空间体

此空间体是位于图书馆内部,而又独立于图书馆主要功能空间的单独一部分,它独立于图书馆控制区域以外,并通过玻璃幕墙与图书馆主体形成声学分离。此空间约几层高,一楼有很多公共服务设施,包括商店与咖啡馆。其上面几层成为图书馆功能空间的延伸部分,主要布置更多的阅览桌和阅读隔断,它们通过桥体与图书馆主体相连并可到达。相对而言,这些阅览空间没有图书馆主体内部的阅览室那么封闭安静。

图书馆主体有7层:一层标高位于主要街道以下,五层在街道以上,另有一层为地下室用作设备层。图书馆主要的功能空间就布置在这7层的长方体中(60m × 43m),内设咨询处、电梯、自动扶梯、书库区及一些带滑轮的重型组合书架,在周边另有阅览书桌。每一部门的管理部分与服务电梯、书梯同在一边。多座天桥从图

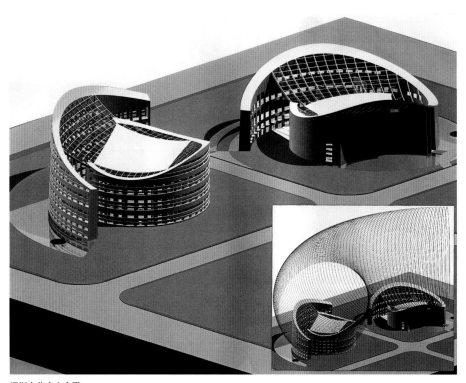

深圳文化中心鸟瞰
曲面旋转体与建筑几何形态示意

《深圳市中心区城市设计与建筑设计1996—2002》系列丛书

书馆长方形主体延伸至四周围合于椭圆形曲墙之间的阅览厅廊。这里聚集了一些个人或集体工作空间以及一些小型会客室，从这里可以回望主体书库，并向外远眺城市。充足的自然天光从天窗倾泻而至，将图书馆长方形主体与椭圆形阅览大厅分离开来。

19世纪大多数传统图书馆的特点是将一个巨大的中心阅览厅置于书库环抱之中，缺乏私密性，很难适合电脑时代的读者。在本设计中，中心阅览大厅将被一系列线性分布的阅读廊厅替代，读者享有较高的私密性，同时亦能感受到周围的读者群体的存在，并一起相处于一个既能回望书库，又可远眺城市的共享空间内。

2. 可识别性（认路性）

大型公共图书馆的复杂空间往往使人迷路，我们的设计力求让建筑本身向来访者解释并作引导，使游客随时明白建筑中各部门，各设施的方位，所以，当读者一旦进入前面所谓的巨型城市空间体，将面向7层高的玻璃体，其中各层部门、书库陈列、咨询服务及电梯、自动扶梯等即刻尽收眼底。

3. 屋顶花园

图书馆屋顶将设计成一个公众性的花园，白天成为中小学生活动的良好场所，同时兼作接待、休憩、阅读及城市观景之用。位于旋转体屋面与顶层楼板之间的高度是不尽相同的，利用它布置一个大型的半圆形露天剧场，同时亦铺设土层，种植树林灌木。另外，在建筑外围巨型弧墙顶上，布置了类似城墙瞭望哨之类的步道，市民可以在此尽览城市胜景，同时隐喻了中国的万里长城。

4. 结构系统

1）楼板夹层

图书馆长方体结构部分施工采用现浇混凝土（现场作业）。其圆形柱子按9m×9m柱网排列，支撑的楼板微呈拱形，每层楼板上面设60cm高夹层，顶部敷设60cm×60cm可移动地板，并通过钢斜撑进行支撑，其内部用作设备空间，包括空调送回风系统，强弱电与电脑系统及重型组合书架的基座，所以其应付将来的变化具有很强的灵活性，管线及电脑通讯系统皆可改线甚至更新重布。这些60cm高的设备空间透过外罩的玻璃幕墙，隐约可现，公众可以掠视这些技术设备在建筑中的运作。

2）预制模板（用于椭圆形及弧形墙体）

椭圆形弧墙是用预制酸蚀混凝土构件建造而成。酸蚀混凝土通过与天然石骨料与石细料相混合，经过酸蚀作用而使石料显现，从而具有天然石材的色泽。但与预制混凝土相比，缺乏可塑性，也不够经济。大型的酸蚀混凝土构件在工厂（或现场）用钢模预制而成，然后在拼装台上进行拼装，一旦固定到位，便成为现浇混凝土的模板。垂直方向每两层为一单元，内置钢筋，浇入混凝土。水平方向构件以类似的方式进行拼装固定，并同样起到模板的作用。这样，我们在拥有预制酸蚀混凝土的诱人外观后，也拥有了钢筋混凝土建筑的经济与坚固。

3）设备通风循环再利用系统

新风是通过地板来供给长方形图书馆主体的。楼板夹层作为风道，将新风均匀分配，并通过小通风口进入室内，整个过程专业上称之为空调位移系统：低速新风由楼板进入室内，上升至顶棚上的回风口，再经过上面一层楼板夹层的回风管进入建筑主体四角的竖井，然后再回到位于地下室的设备机房。这些竖井贴着消防梯，镶上玻璃从而成为采光井，同时亦减少对图书馆主体内部的视线阻挡。部分回风进入大堂，有助于其冬暖夏凉之用，大大降低能耗，节约了运行成本。所有管线系统设计上绝不穿越结构部件，从而完成了结构系统与设备系统的完全分离。

音乐厅部分

1. 建筑布局与交通组织

当市民进入这个螺旋形建筑时，沿着螺旋形的曲墙，由螺旋体的"嘴巴"逐步被引入巨大的休息厅。曲墙内部空间得到了充分的利用：在一层有商店，咖啡馆及其他设施，上面一层为公众室、贵宾室、资料馆及办公用房。从曲墙内的所有这些空间都可以俯视被天窗透射的无比明媚的休息大堂。两座塔体从曲墙向休息大堂突出，塔顶上为露台，分别作观景与接待之用。从塔楼再过去，在街道标高线上，布置了一个专为朗诵厅而用的副接待厅。被螺旋曲墙围绕的音乐厅沿其长方向中轴线，分别被两个副厅围合：南面的为通向音乐厅楼上看台的大弧梯，北面即为彩排厅。

2. 音乐厅主厅堂设计

在音乐厅设计中我们探索了多个方案，在力求使音乐厅具有优秀声学品质的同时，亦具有亲密宁静的环境。传统的"鞋盒"形

图书馆门厅透视

音乐厅体息厅透视

音乐厅入口透视

音乐厅堂为满足声学要求，往往导致观众
与演奏者的关系类似磁极分化一样逐步疏
远生硬。我们的设计目标是在两者之间建
立强有力的联系，同时这种空间形态使人
联想到类似传统中的古罗马圆形露天大剧
场的社区氛围，为此我们进行了多方案的
探索。

方案A1、A2：

音乐厅堂的四周通过微微凹曲的墙体
围合，顶棚则为旋转凹曲面，这有利于听
众席围绕乐台进行有效布置。但声学专家
认为厅堂空间太宽，建议位于乐台两翼的
墙体应该再向内围合一些。

方案B1，B2，C1，C2，D1，D2：

方案B是沿着其长轴非对称的厅堂形
状，其靠近大堂的侧墙比较垂直，容纳了
几层侧面看台，而对面侧墙则有些类似方
案A的侧墙，有一些观众侧席及侧面看台。
在演出时，坐在中间观众席的观众有可能
对两边侧席的不对称及由此而来的强烈对
比有些不习惯。而且根据模型评价，结论
为这种不对称容易使人误导，且有可能带
来声学问题。为同时满足听众席围绕乐台
布置及良好的声学体积，另外一种方案是
令乐台两翼侧墙一中轴线为对称微微弯曲，
这里有两种方案，即方案C，为两侧墙向内
弯曲回收于厅堂四周墙角；方案D为两侧
墙向外弯曲。根据评估，侧墙回收的方案
在声学上更胜一筹。另外，通过模型研究
显示，这样的空间形态更具亲密性与围合
性，使听众对演奏者观察得更加清楚。

方案E：

通过对方案D的调整，最后产生推荐
方案(方案E)；音乐厅主观众席平均起坡坡
度为32%，向上有两层大小不等的包厢看
台。观众侧席坐落在环绕乐台的声学反射
墙之上。侧席沿着主观众席两翼拾级而上，
与第一层看台相接，成为一个连续平面，所
以第一层看台视觉上一直可以到达厅堂内
很低的地方，感觉上与主观众席融为一体。
在侧席第一级之上有几排附加的看台座位，
位于曲墙之围合之内，声学品质极佳，并
且就在乐台侧面，同时这些座位又与第二
层看台的座位相连。合唱席设于竖琴之前，
在不需要合唱团的时候亦可作为观众席。
整个平面的座席共有1 934位，分布如下：
主观众座席662座，侧席390座，侧面附加
看台470座，第一层看台144座，第二层看
台268座。

当观众要进入音乐厅时，为了尽量避

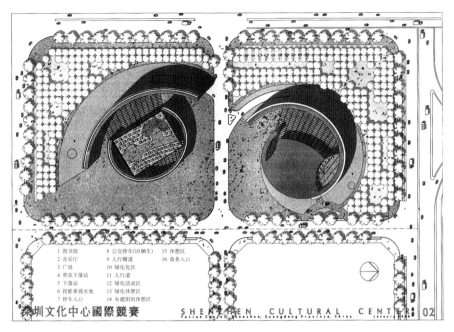

深圳文化中心总平面设计

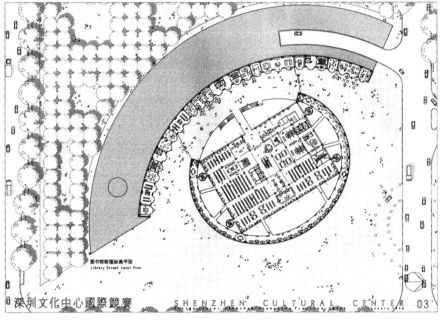

图书馆街道标高平面

免他们使用楼梯与电梯,主观众席与演奏台下沉至街道标高以下,所以听众从休息大厅进入时,可以拾级而下,直接进入主厅堂。只有在两层包厢看台及侧面看台上的观众才需要使用巨型弧梯。

3. 彩排厅设计

朗诵厅位于竖琴区之后,厅堂内墙微现凹曲,与音乐厅主厅堂相呼应,根据声学专家建议,厅堂空间高为11m,在四周边上布置了一层狭窄的边廊看台。

4. 贵宾专用设施

从三号路而来,贵宾拥有专用的车行道与入口,下车后通过一个横跨环绕音乐厅的景观水池的小桥,进入贵宾专用休息厅,并由专用电梯进入位于朗诵厅上的贵宾室及相关服务设施,在此有一个小厅,可以俯瞰休息大堂。屋顶花园作接待之用,可以环视整个莲花山。

5. 音乐厅中的自然光

在维也纳著名的Musikverein Saal音乐厅,厅堂内被赋予了充足的自然光,在白天表演时,空间尤显动人。源于此启发,我们在音乐厅中引入了自然光。在维也纳,当进入下午的演奏时,柔和的日光透过拱形天窗,映射在音乐厅之中;在这里的音乐厅中,我们在墙体与屋顶的结合处设计了高窗,如果需要的话,阳光可以由此映射整个音乐厅堂,并在暖意的木顶棚上添上一抹余辉。如果不需要自然光,可以用电动屏幕将其遮挡。音乐厅高窗将屋顶与墙面脱离,既有利于其室内采光,又使人意识到音乐厅内部空间与位于其两边的休息大厅和建筑室外在空间上的流动感。

6. 音乐厅结构设计

同图书馆一样,音乐厅外部呈螺旋形的内涵空间的弧墙也是采用预制酸蚀混凝土构件,并以此为模板,向内现浇混凝土。弧墙的外层墙面采用水平饰线条的酸蚀的混凝土,内层墙面形成开敞性的拱廊,可以俯视那些公共空间。屋面为承拉受压相结合的钢结构,沿着旋转体而呈曲面。可是除了围合音乐厅的屋面钢结构以外,还有一层由胶合板木梁与拼合木板组成的顶棚结构悬挂在钢结构上,以完成厅堂的声学围合。位于钢结构屋面与木结构顶棚之间的夹层空间有3m高,为设备管道及照明之用。声学反射罩在形态上成为凹曲面顶棚的一部分,当其收起来时,刚好藏在顶棚里面,其底边与顶棚底面沿凹曲面线平齐,当其垂悬下来时,则是根据不同的演

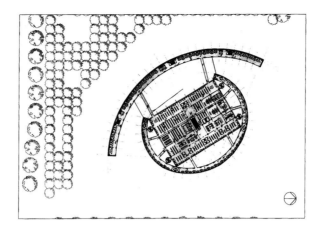

图书馆三层平面

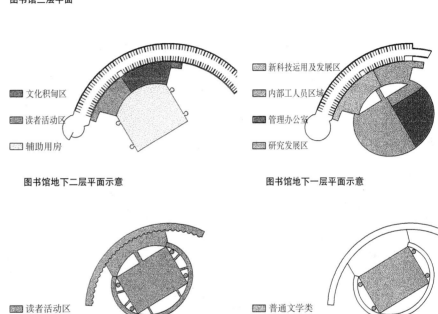

图书馆地下二层平面示意

- 文化积甸区
- 读者活动区
- 辅助用房

图书馆地下一层平面示意

- 新科技运用及发展区
- 内部工人员区域
- 管理办公室
- 研究发展区

图书馆街道标高平面示意

- 读者活动区

图书馆二层平面示意

- 普通文学类

图书馆三层平面示意

- 普通文学类

图书馆四层平面示意

- 普通文学类
- 特殊主题文学

图书馆五层平面示意

- 参考文学类

图书馆六层平面示意

- 特殊主题文学

奏需要而调节的。

7.管道设备

音乐厅是通过座位底部来输送空调新风的。送风管道将低速新风以适宜的温度，经由座位基座最靠近观众的风口徐徐送入，并向上经过置于顶棚与墙面之间结合处的回风系统回收，然后沿厅堂外墙内部管道，回流至地下室的设备房；另外一部分则进入休息大厅，有助于那里的空气调节。在音乐厅主厅尽端的两片墙微呈凹曲，并升至旋转体曲面屋顶顶棚与其相交，合唱席与竖琴的位置则从其中一片曲墙中穿越而出。侧面的两片翼墙（弯曲并在尽端内收）也是与旋转体曲面屋顶顶棚相交。这些墙体的顶饰线由于这种几何相交，而呈以围绕厅堂中心的弯曲。

8.音乐厅厅堂装修材料

音乐厅室内的主基调为山毛榉木和暖金色的石灰石镶边。而承重墙体则为现浇混凝土并饰以由石灰石与榉木板交相间隔而缀成的饰线。屋面顶棚则暴露其胶合板木梁及拼合木板结构，并与照明，声学反射屏及其他技术设备组合在一起。音乐厅座位面料为深紫色。

主要经济技术指标及项目总投资估算：

1.中心图书馆

总用地面积：29 612.1m²

总建筑面积：35 000m²

地下停车位：195

建筑密度：23.40%

建筑容积率：1.18

绿地率：76.60%

2.音乐厅

总用地面积：26 230m²

总建筑面积：20 000m²

地下停车位：213

建筑密度：23.90%

建筑容积率：0.76

绿地率：76.40%

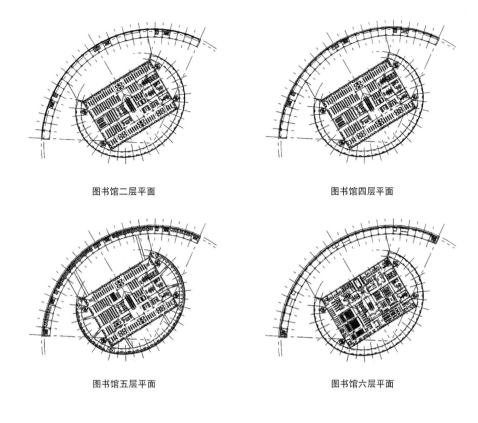

图书馆二层平面　　　　图书馆四层平面

图书馆五层平面　　　　图书馆六层平面

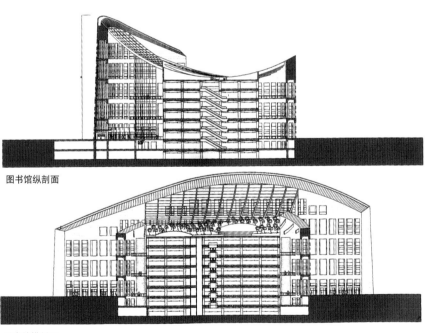

图书馆纵剖面

图书馆横剖面

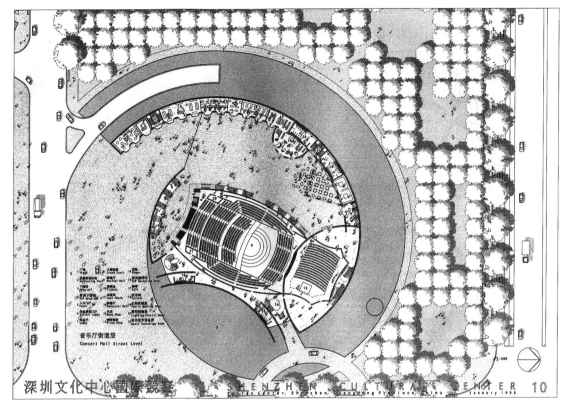

音乐厅街道层
Concert Hall Street Level

深圳文化中心国际竞赛　SHENZHEN CULTURAL CENTER 10

音乐厅街道层

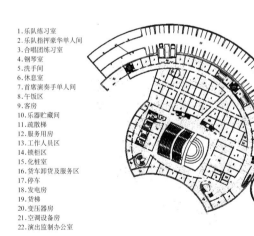

1.乐队练习室
2.乐队指挥豪华单人间
3.合唱团练习室
4.钢琴室
5.洗手间
6.休息室
7.首席演奏手单人间
8.午饭区
9.客房
10.乐器贮藏间
11.疏散梯
12.服务用房
13.工作人员区
14.锁柜区
15.化桩室
16.货车卸货及服务区
17.停车
18.发电房
19.货梯
20.变压器房
21.空调设备房
22.演出监制办公室

后台

1.休息厅
2.疏散梯
3.彩排厅看台
4.巨型弧梯
5.洗手间
6.休息室

一层看台

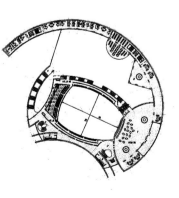

1.贵宾接待室
2.贵宾休息室
3.办公室
4.巨型弧梯
5.洗手间
6.音乐资料馆
7.疏散梯

二层看台

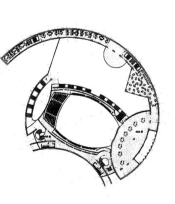

1.音乐家俱乐部
2.办公室
3.管理用房
4.巨型弧梯
5.洗手间
6.屋顶花园
7.疏散梯
8.广告部

二层看台

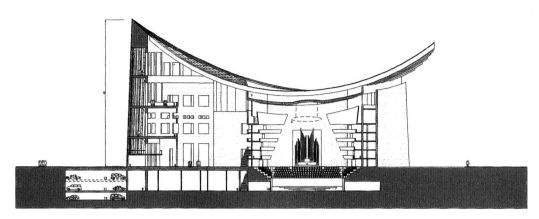

音乐厅纵剖面

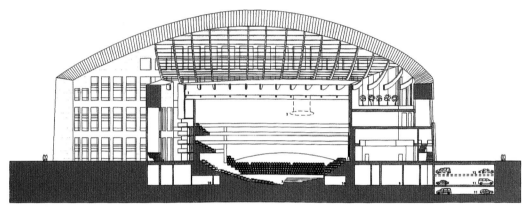

音乐厅横剖面

1. 声学设备空间
2. 声学反射罩
3. 观景平台
4. 侧面看台
5. 书店
6. 音乐资料馆
7. 乐席
8. 钢琴商店
9. 后台
10.设备服务空间
11.停车层
12.潜在的利用的停车层

东南立面

东北立面

东南立面

东北立面

（三）美国 KLING LINDQUIST 建筑设计公司方案

深圳之傲

深圳近年来的成长，代表了一种新的、具有中国特色的都市形态的形成。这其中一方面包含了人口、政治、思想和经济的因素，另一方面则包含了基础建设、建筑及景观的条件。

深圳是中国现代化过程中最重要的城市之一，而它也同时面临着作为一个现代化城市的强大挑战：如何不断改变和进步，又同时保持其独特的个性和传统。在本案中，城市与建筑的特性，不应只是对历史形象的一种怀旧，还必须充分反映出中国欣欣向荣的发展面貌。

瑰玉如宝

在一个事事都追求快速的时代，"建筑"也不例外地成为这种"速度文化"下的产物。但建筑物本身的"永久性"则同时是对抗这种"速度文化"的唯一希望。中国的玉，光滑青翠，雕塑性强，具有其独特的收藏价值及纪念性。

本案首先采用"瑰玉如宝"的概念来界定音乐厅的体量，外层的玻璃结构则加强了建筑物的典雅和重要性，而外观的流线型则更充分地表现了建筑美学上的抽象以及音乐本身的柔性和感性。

书宅悟道

中国传统文化中，作学问和追求田野自然，对人类在精神和思想领域上的提高具有同样的重要性。

本案通过图书馆的概念强调了建筑与大自然的关系，在图书馆中央开辟了中庭园林，并将其体量向上提升，使底层畅通，连接周围大环境。

图书馆本身的功能逻辑，则同时具有"文书规划"（学问）和"景观规划"（自然）的意义。其方形布局，则是求学研究严谨的理性态度在建筑上的反映。

珠联璧合

音乐厅和图书馆的结合，产生一种新体量的可能性：一个巨大的斜坡状底座平台。

这个新的底座平台不仅提供了新的公共空间及商业机会，也同时加强了两个体量在视觉上的穿越感和功能上的连续性。

平台所提供的户外空间把市政厅、图书馆和音乐厅串联在一起，给市民们建立了一种纪念性的公共动线。而其室内商业功能所具有的强大经济潜力，将对福田区的都市生活条件起积极的推动作用。

共生之道

世界上具有纪念性的建筑物，如意大利佛罗伦萨大教堂、悉尼音乐厅、哈佛大学图书馆和北京白塔，都与其周围环境有着相对应的尺度，并清晰地表现出体量与广场的关系。这些广场容纳了市民对空间的需求，也同时将市民带入了建筑物内部，形成了一种互补互流的现象，这些现象形成了纪念性的传统特征。本案以继承这些特征为起点。与此同时，作为代表深圳这一新型城市的文化艺术中心，应该体现新时代强烈的"深圳性"。

空间使用的高度可变性（相对于传统的功能的固定性）。

人与公共空间之间紧密的经济依赖性——使用与被使用（相对于传统的观赏与被观赏）。

城市空间的商业价值（相对于传统城市空间的经济价值和文化价值）。

本案位于莲花山和新市政厅之间。这两个地标（自然与人为）之间此起彼伏交相辉映，形成鲜明的方向性及大型的公共性纪念尺度。对于音乐厅、图书馆和公共平台的设计处理，顺应了基地的环境特征，强调了建筑物与自然、人与城市的紧密联系。

深圳文化艺术中心，作为面向世界，放眼未来的新坐标，将为下个世纪的深圳建立起全新的都市文化。

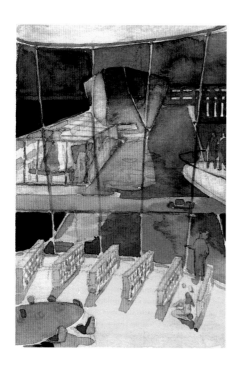

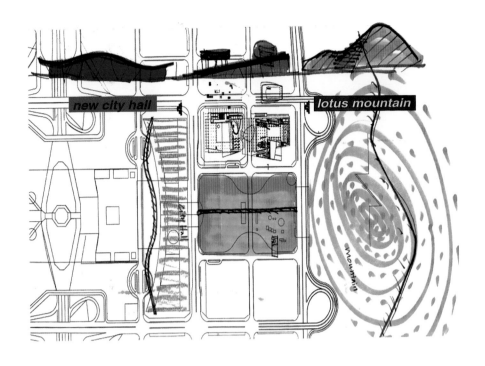

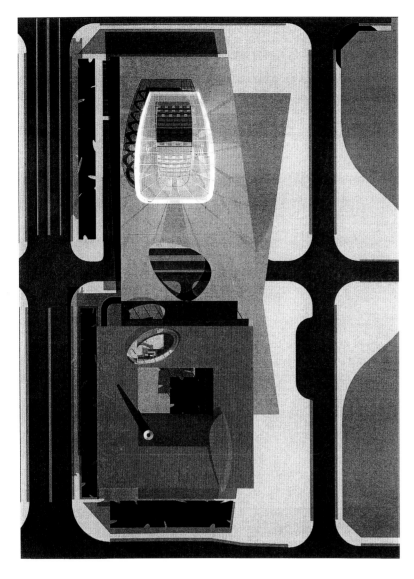

N

总平面

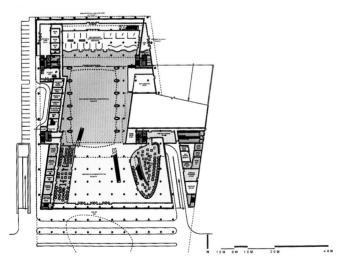

音乐厅一层平面

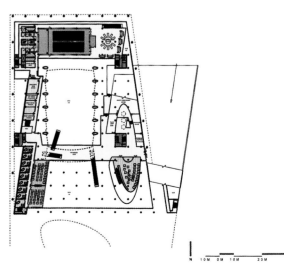

音乐厅二层平面

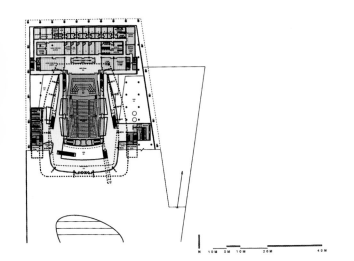

音乐厅三层平面

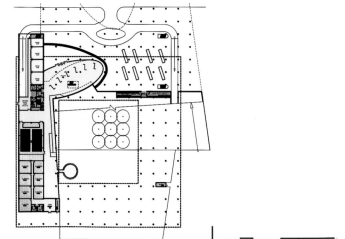

图书馆一层平面

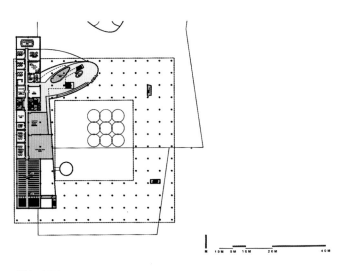

图书馆二层平面

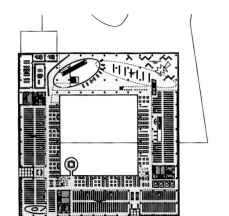

图书馆四层平面

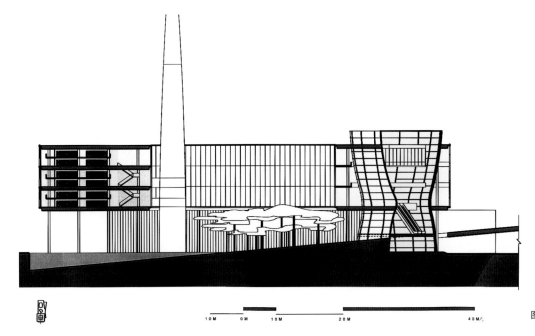

图书馆剖面

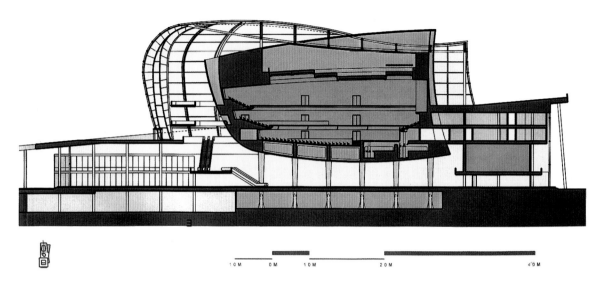

音乐厅剖面

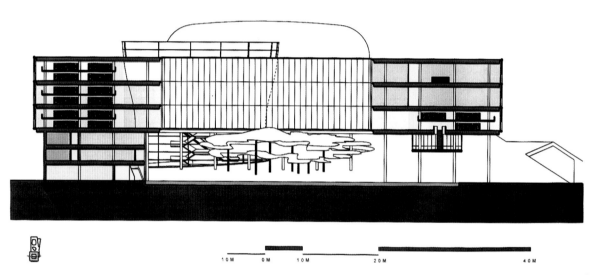

图书馆剖面

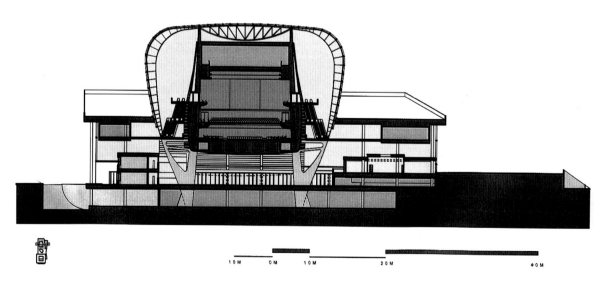

音乐厅剖面

图书馆北立面

图书馆南立面

图书馆东立面

音乐厅东立面

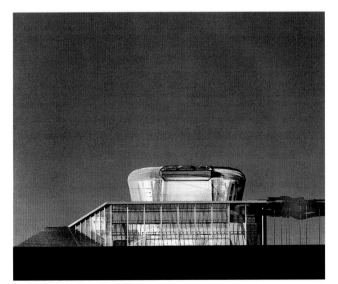

音乐厅北立面

音乐厅南立面

(四)美国 L.S.H 建筑事务所方案

简介

深圳文化中心由一座世界级水平的音乐厅及一座设计完美的中心图书馆组成。此工程乃按照由深圳文化局发出的规划要求而设计。

两座大厦彼此相邻,坐落在福田中心区北区,在未来的深圳市中心和莲花山公园之间。

音乐厅位於 28-1 号地块,有大约 20 000m² 面积,主要由一个 2 000 座位的演奏大厅,一隆重典雅的入口大堂和支持空间(后厅)所组成。其用地是长方形,大小是 26 234m²。中心图书馆位於 28-3 号地块,它包含大约 35 000m²,及藏书 4 000 000 册,其中 80% 是开放给公众阅读的书籍,主要功能亦是深圳市图书环网的中心,并且用于学术研究用的专业性参考书总汇。

这两座建筑物被视为深圳市文化与智能的标志性建筑,它将起到领导及开发未来之功能,亦表达了中国对将来的展望。

用地及城市设计说明

深圳市文化中心位于市政厅大厦的北面,它与未来的展览中心及它们之间的公园一起构成深圳市公众文化的活动区。中央公园是一个南北走向的绿色空间/花园。它的轴线穿过市政厅,末端在莲花公园。这绿色空间形成了连接周遭建筑物在一起强有力的联系主体。它的重要性是尊崇及加强了都市规划的中轴线特性,能够显示出图书馆和音乐厅对绿色空间的正式组合,排列程序,进口及立面。

作为城市公众聚会的重点,文化中心既是优雅宏伟的公众聚集场所,亦为绿色空间的城市中心提供一优越景观。

每一座建筑物由其本身的功能及使用,表达出它们各自的建筑特性。由于采用了同现代材料及设计,建筑物与市政厅拥有一共同的特征。总体观之,这一组纪念性特征的市政文化建筑群,将成为世界上独一无二的都市文化中心。

虽然用地的庭园和大厦设计将可从任何方向进出,而两座大厦的正式入口及汽车卸客处是在公园的位置。在两块用地上,规划要素是分层次处理(例如:公众地区与较私隐性地区或是服务活动地区)与城市东西走向的轴线平行,每一用地西面有较紧凑层次的庭园,创造了加增的公众园林地

区并且作为由东西面的商业地区所引起的交通及阻塞的屏障,亦可分隔开这些地区的建筑物。

音乐厅设计概念

音乐厅的设计概念是根据大自然园林的成份及音乐乐器的提示。这座大厦是由各种层次来分层组合。它通过建筑物与园林设计的谐和性隐喻了城市建筑与大自然的有机关系使人回想到中国人与人之间以及人与大自然及大都市之间的和谐关系。

光滑的木饰墙面厅堂表达出一有光泽的、庄严的、高科技的乐器。它从深色无光泽花岗石框座里显露出来,吊挂在一透明如水晶般的大厦空间之上,并有刻纹狭长的钢柱,使人联想到乐器的弦线。

在上方,镀钛的轻质钢结构屋顶如云彩一样飘浮在空中,它的金属表面的质感,及捕捉光线,在光亮的屋顶与广场透明的水池之间,音乐厅被框在光环之内。像超越现实,音乐厅好像无重力地自由飘浮在空中,形成像海市蜃楼般的幻像。那巨大篷盖的屋面,薄薄垂下的外形,作为音响共鸣器。在它领域之内加强及扩散音响的能量。

音乐厅,这一纪念性的市政及文化大厦,是从环绕着它的基座之上脱颖而出的。

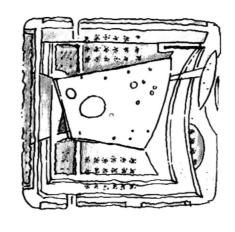 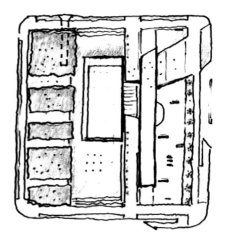

从这宏伟基座上的玻璃大厦拥抱着参观访问的人及俯视着四周。它的设计为人们提供了一个文化朝圣的过程,分层次的渐进,从嘈杂的街道踏上纪念性的阶梯广场,然后穿过水光潋滟的反射池,在屋面阴影之下,当参访者继续前行,穿过外表透明屏墙,进入犹如圆穹形大教室似的大厅,采用木材装修的表演厅,有力地穿插到大堂空间,随着参访者由坡道或楼梯走入音乐表演厅之中,我们可以看到一个宏大典雅的、安静的、比例适当的空间,由不同富丽光滑木料及其他装饰材料和灯光音响设备构成了精美的、令人激动的音乐大厅,在此处可欣赏到划时代的音乐。

不谐的音乐概念亦可被感觉到,它是声音转移的元素,组合音调或间隔音本身不能自我完善,它必须由听众演绎至一和谐的音调。参与者被邀请去完成尚未解决的问题,也就是说这一建筑物邀请使用它的人们参与有远见的音乐创造,赋与它生命及声音。

深圳中心图书馆概念

21世纪的新图书馆,使用快速发展的科技,将把资讯的进出、贮藏和检索带至一崭新局面。使用数字/计算机方法去处理资料为明天的图书馆创造了一新的典范。现在它成为文化交往活动、会议和学习的中心,由于这样,社会进化到一个承先启后和理智的先进的文明时代。

本设施在传统概念的图书馆与世界性电子资讯网络之间架起了一座桥梁。

在传统复印及人力书本贮藏手法与同步电子资讯转换系统之间这种独一的传换表,建筑物作为两种形体——两种相异但彼此辅助的共同体的特征,如同中国传统哲学的"阴与阳"。

藏书楼,采用刻纹,半透明着色玻璃,并有木材与石材的"核心筒体"要素组成模糊半固体的整体。这半透明包围了内部功能,出现纱一样阴影,显出内部的实体。这垂直的"记忆花园"是由一三棱体"书籍"所组成,被一薄片水平面围绕著。有如日渐衰微之硬复印记录着一段文明,它被悬挂在空中,永远被天空及地面之间的反射所捕获。

相反的,"电子"媒体大厦是一座高度透明的信息载体,由透明及着色玻璃包围,并且包含了计算机和网络进出站,光碟,录像碟与数字媒体出进区及管理功能。

在这两座建筑物之间,表达了过去及

现在的力量。印刷的、沉重的、有机木材底座所贮藏媒体与数字双体资料的轻盈微妙的过程成为共同体：整体坚实与电子媒体的轻灵瞬息半透明相对。大自然正向人工让步，犹如人类从在岩洞壁涂写创造了第一个图书馆以来，进化到创造出微缩电路和有无穷魅力的电子未来图书馆。

在东面，在城市绿带平行的地面，设计了一个"数字花园"，花园下部是研究区和阅览区。在研究区上方的屋顶是由半透明玛瑙石和着色玻璃组成的天窗，它伸展至建筑物的边沿，周边模糊不清。成为一实际的空间，它是一系列折射附加上天空、未将来和幻象高科技资料花园吸收和过滤，在它结构基础内流动的资料能量点。高技术的玻璃幕墙立面，在它的外表上反映出抽象的模式和幻像，创造出一城市建筑空间形象。它那闪闪发光的外表充满活力的运行，表现出不断面向未来的展望。

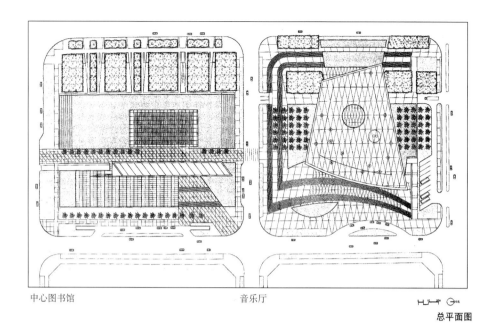

中心图书馆　　　　　　　　音乐厅

总平面图

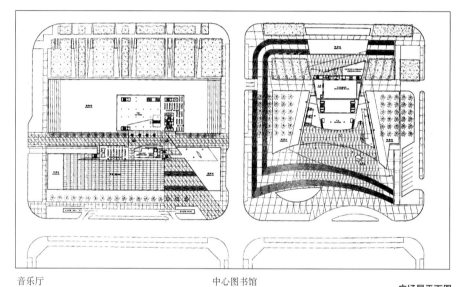

音乐厅　　　　　　　中心图书馆

广场层平面图

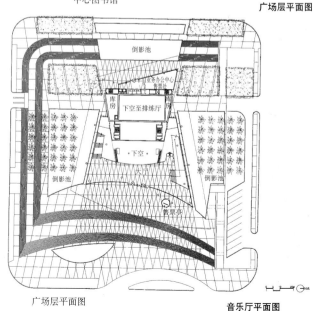

广场层平面图　　　　　　　音乐厅平面图

音乐厅模型

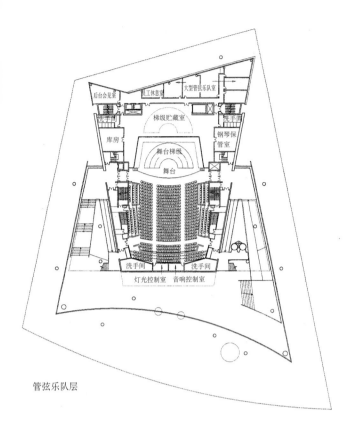

管弦乐队层

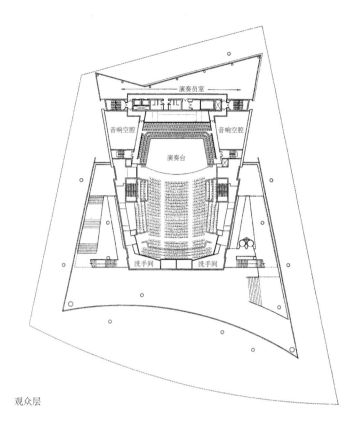

观众层

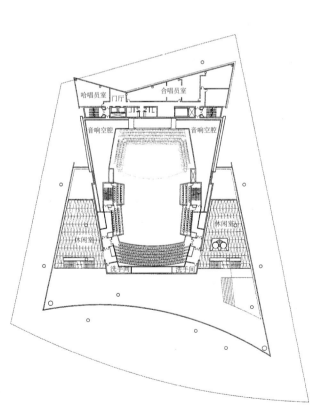

夹层

第1包厢层

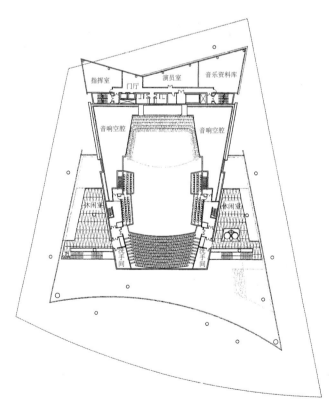

音乐厅平面图

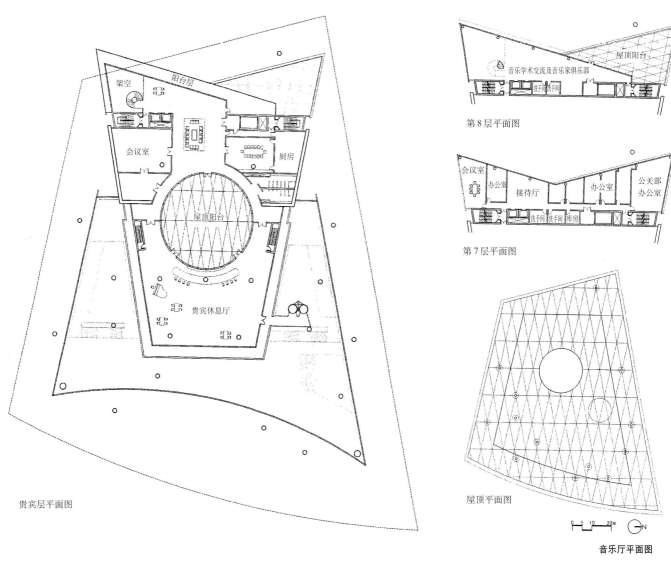

音乐学术交流及音乐家俱乐部   屋顶阳台
洗手间洗手间

第8层平面图

会议室   办公室   接待厅   办公室   公关部办公室
洗手间洗手间库房

第7层平面图

架空   阳台层

会议室   厨房

屋顶阳台

贵宾休息厅

贵宾层平面图

屋顶平面图

0 5 10   20M   N

音乐厅平面图

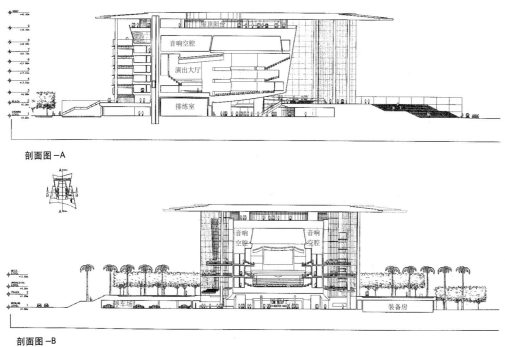

屋顶阳台
音响空腔
演出大厅

排练室

剖面图—A

音响空腔   音响空腔

停车场   ORCHESTRA HALL   装备房

剖面图—B

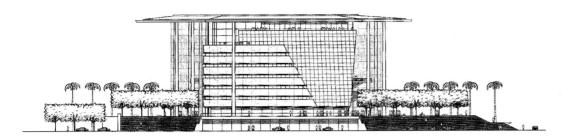

西向立面图

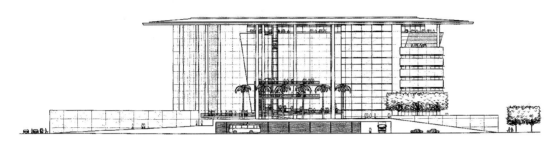

北向立面图

立面图

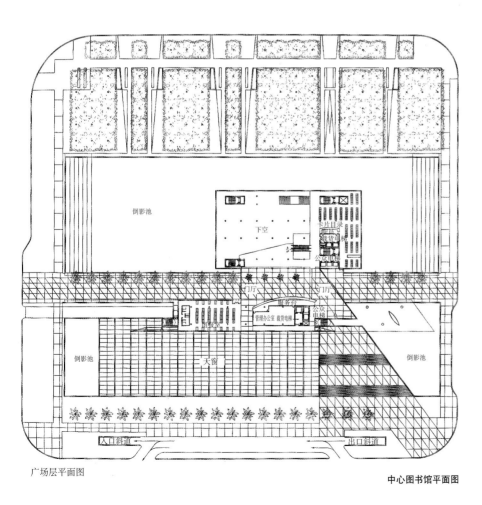

广场层平面图

中心图书馆平面图

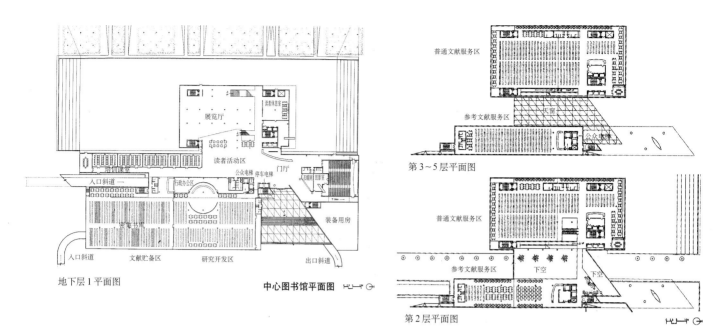

展览厅

读者休息室

读者活动区

瑜伽课堂

入口斜道

市政办公区

公众电梯 停车电梯

门厅

太阳图 放影室

图书书库

装备用房

入口斜道 文献贮备区 研究开发区 出口斜道

地下层1平面图

中心图书馆平面图

普通文献服务区

参考文献服务区 天窗 公众 长椅

第3~5层平面图

普通文献服务区

参考文献服务区 下空 下空

第2层平面图

中心图书馆平面图

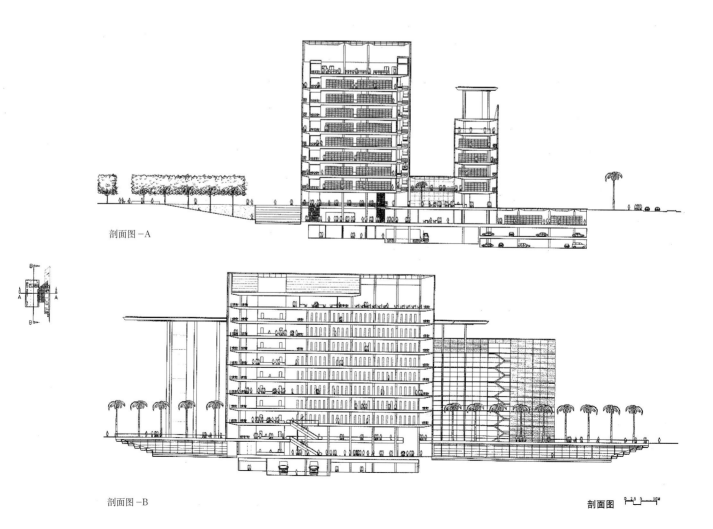

剖面图－A

剖面图－B

剖面图

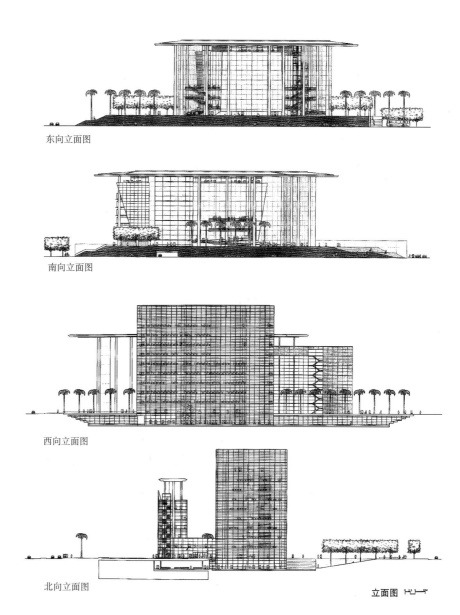

东向立面图

南向立面图

西向立面图

北向立面图

立面图

深圳文化中心——面积计算

深圳音乐厅

楼层	音乐厅规划	机械／卸货	停车／卸客
首层	6 054m²	2 710m²	3 736m²
广场	2 450m²		
乐队层	3 200m²		
阳台	740m²		
半层	1 640m²		
第 1 楼厢层	1 440m²		
第 7 层	520m²		
第 8 层	328m²		
贵宾层	2 138m²		
	18 510m²	2 710m²	3 736m²

深圳图书馆

楼层	图书馆规划	机械／卸货	停车
最低地下层		3 056m²	4 437m²
地下 1 层	1 800m²		4 437m²
地下 2 层	8 631m²		
广场	2 604m²		
第 2 层	3 015m²		
第 3 层	3 016m²		
第 4 层	3 016m²		
第 5 层	3 016m²		
第 6 层	2 987m²		
第 7 层	2 137m²		
第 8 层	2 137m²		
第 9 层	2 137m²		
第 10 层	2 099m²		
机械层		1 296m²	
	36 596m²	4 352m²	8 874m²

(五)美国加州城建设计集团方案

总体设计概要:

● 本设计提供的不仅是两个优美、独特的建筑单体,他们为深圳创造丰富完整和谐统一的城市环境(URBAN CONTEXT),尊重城市脉络。

● 既有创新又经济可行(INOVATIVE YETE CONOMICAL);

● 优美、庄重、大方;

● 表现手法采用当代的艺术和技术手段;

● 时代感、历史感共存(TIMLESS ARCHITECTURE);

● 环境园林绿化,室外空间是整个建筑设计极其重要的部分;(LANDSCAPE DESIGN & URBAN DESIGN);

● 功能适用又易于变更意图着眼未来(SUSTAINABLE ARCHITECTURE);

● 深圳的地方特点(GENIUS LOCI),包括:山水(LANDSCAPE)、气候、地方文化、经济、香港人文与经济背景的影响;

● 建筑设计要体现其功能特性。

建筑设计概要:

音乐厅:

● 是城市的舞台,观众也是角色,来看表演的同时也是自我表现和与人交流的过程。

● 考虑到市场经济的因素,根据我们的经验,为使音乐厅经济上可以自给自足,建议增加600座。

● 表演古典音乐时(使用自然混响),用活动隔声板封闭600附加座。音乐厅是传统的鞋盒式(SHOE BOX)音乐厅。观众席位为1 900~2 000座。宽:19.5m;高:17.5m;长:53m;最后一排到台口距离:37.5m。它是采用了被誉为传统音乐厅经典的维也纳音乐厅(MUSIKVEREINSAAL)的尺寸。所不同的是深圳音乐厅向前(舞台)倾斜了一个角度。这样它不仅改进了音乐厅的直接声音线(DIRECT SOUND LINE)和观众视线,增加了演员和观众的交流,而且使音乐厅建筑设计增加了一点当代的结构主义(DECONSTRUCTIONIST)的韵味。

● 音乐厅在使用电声设备时(大多数现代音乐表演,或者时装表演)移开活动隔声板封闭600附加座。可以有2 600座的观众厅。这样增加了音乐厅的观众人数,而且扩大了使用范围,最终增加了经济上自给自足的能力,为深圳市民减小了经济负担。可预见的表演包括:

(CLASSICMODE)古典西方音乐,传统中国民乐,

(ELECTRONICMODE)现代音乐表演,时装表演等。

● 音乐厅的门厅设计立意是作为深圳城市的舞台。市民穿著靓丽打扮入时来到

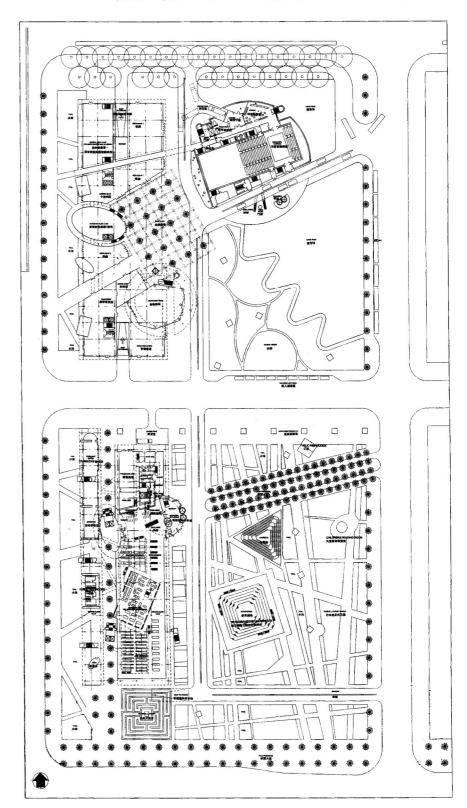

总平面

《深圳市中心区城市设计与建筑设计1996~2002》系列丛书

音乐厅,既是看表演也是参加表演。这种人看人的社交活动(URBANSOCIALLIFE)往往是观众所更关心的。

● 清晨,音乐厅轻盈地飘逸在晨雾缭绕的荷花池上。冷却水幕沿大厅玻璃幕墙曼延舒展,在阳光的折射下,五彩缤纷。从大厅通过水幕看掩映在竹林后面的市政厅,好像一幅现代山水画。傍晚,音乐厅灯火辉煌,宛如城市水晶灯悬挂在竹林荷塘之上。帅男靓女漫游在大厅内外,音乐悠扬……接天连叶无穷碧,映日荷花别样红。这里不仅是深圳市民的好去处,也是香港、广州人所喜爱的休息场所。

● 建筑序列设计构思(PART I):荷风送香气,竹露滴清响。

● 乘小车的观众流线(SEQUENCE A):

你驱车驶入荷花淀中,好像要穿过浮在水面上的音乐厅,然后乘自动扶梯"飞进"飘在空中的音乐厅大厅,这既体现了当今讲究时间和速度的时代特征,又有中国古代文学作品中的人间仙境意味。

● 乘公共交通系统的观众(SEQUENCE B):

迎接你的是一片绿油油的竹林。穿过静宓曲折的竹林小路,体验夜深风竹敲秋韵"的意境……忽然间,充满节日气氛的棕榈广场和灯火辉煌的音乐厅展现在你面前……

图书馆:

● 是人类智慧的殿堂。现代的图书馆不仅是储藏图书,更主要的是信息的处理和交流。现代的图书馆应该表现这个过程。

● 当你走进图书馆的时候,你被气势蓬勃的信息和在信息太空中翱翔的人们所诱惑,深感个人的渺小和世界的庞大,促使加倍探索未知的世界。

● 在千变万化的信息时代,关于图书馆的未来众说纷纭,唯一立于不败之地的办法是具有充分的灵活性,以迎接未来的各种挑战。

● 图书馆的形象也应反映这种变幻无穷的本质。朝花园一侧,采用了透明媒体,白天反映花园和远方城市的生动景象,夜晚披露内部的繁忙景象。朝西一侧采用了石头的永恒形象,在未来实体的图书完全作为古董之后,将在此收藏,成为人类历史的永久见证。

● 形态学上来讲,图书馆的原形是一块完整的实体,一个信息浓缩的集合,其中挖出的各种形态的开敞空间,长方体、锥

图书馆效果图

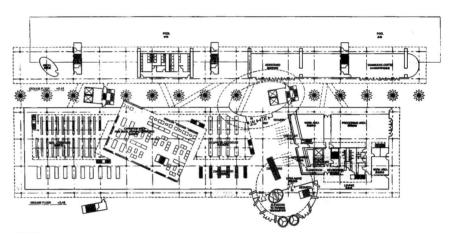

图书馆首层平面

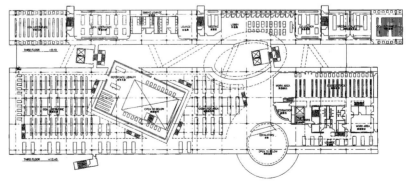

图书馆三层平面

体、椭圆锥体等，象征着人类探索过程中的途径。

● 图书馆两部分间的内街式开敞空间，原型来自商业建筑的市场街，象征着图书馆是一座信息的市场，是信息交流集散的中心，促进、提倡不同文化背景、不同学科、不同学派的流通、理解和融合。

● 图书馆作为众人向往的消闲去处，而并非凡人望而生畏的所在，首层安排了一些商业、服务业小设施，和音像图书的视听场所，各自具有独特的形态，体现亲切近人感。

● 图书馆的寓意还来自"迷宫"，体现探索未知世界的奥妙，迷宫同时作为园林设计的素材，加以现代园林设计手法的重新解释，以竹林为材料，形成了层次丰富、步移景异、趣味无穷的现代迷宫。还提供了一个纯正的古典迷宫，供人们游戏之余回味省思。

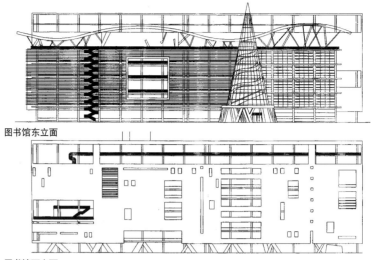

图书馆东立面

图书馆西立面

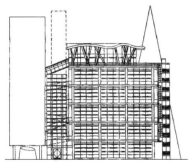

图书馆南立面

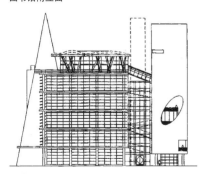

图书馆北立面

音乐厅

音乐厅主厅首层平面

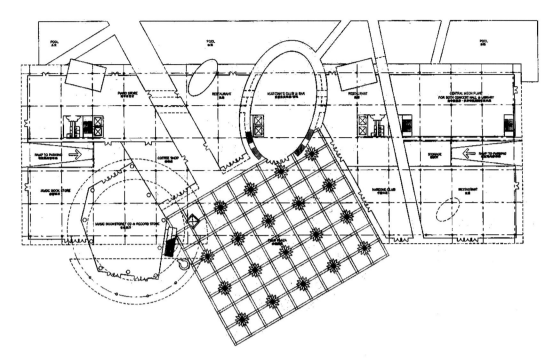

音乐厅附属迎宾首层平面

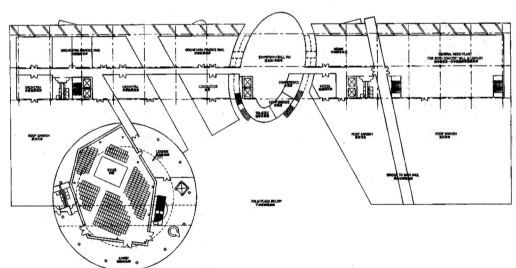

音乐厅附属迎宾二层平面

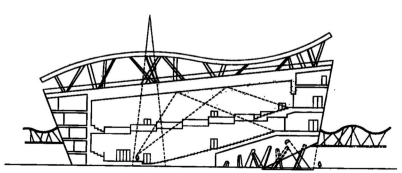

音乐厅主厅剖面

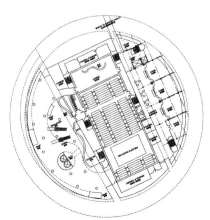

音乐厅主厅二层平面

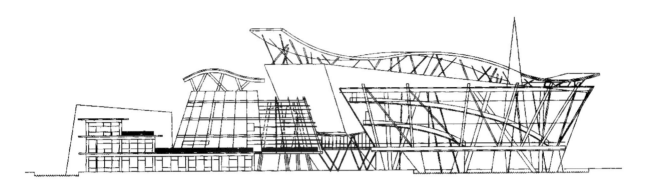

音乐厅南立面

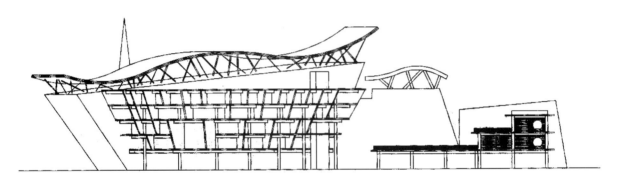

音乐厅北立面

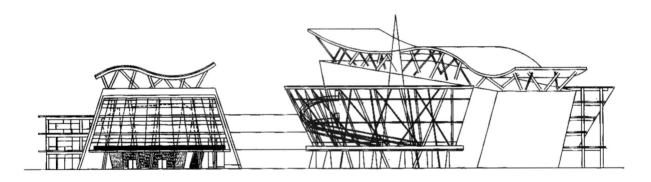

音乐厅东立面

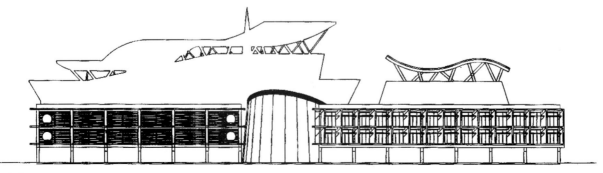

音乐厅西立面

(六)北京市建筑设计研究院方案

音乐厅夜景透视图

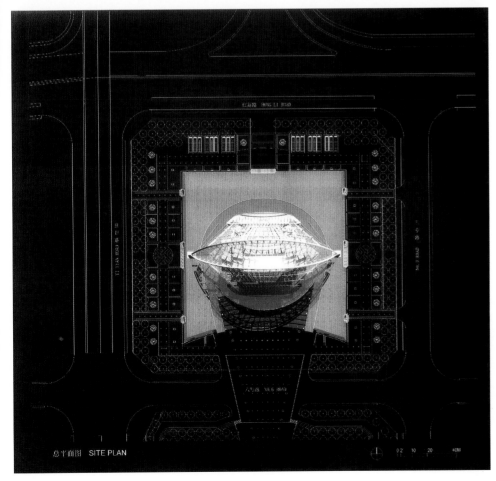

音乐厅总平面图

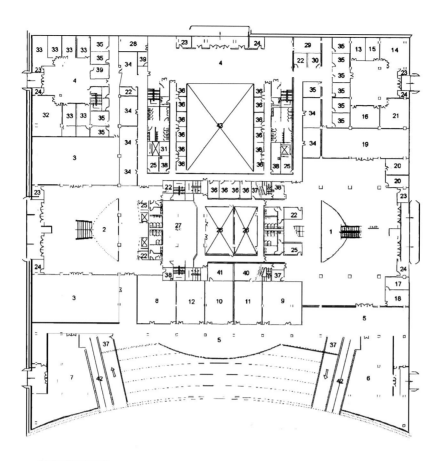

音乐厅首层平面图

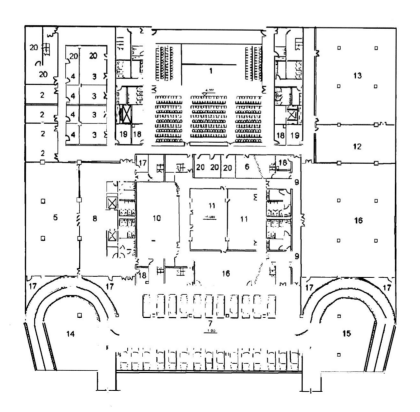

音乐厅地下一层平面图

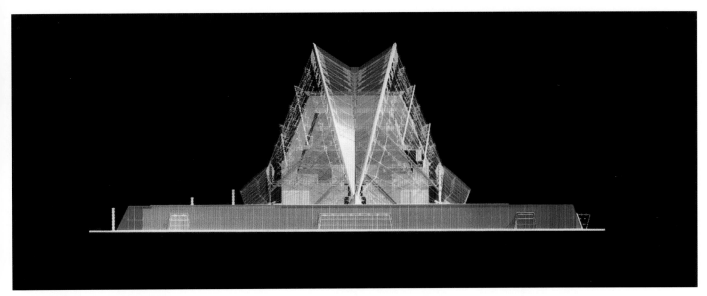

音乐厅东立面图　　音乐厅西立面图

1. 观众休息厅
2. 演奏台
3. 合唱队区
4. 观众席区
5. 管风琴
6. 演奏大厅
7. 上部舞台设备层
8. 舞台升降台
9. 设备机房

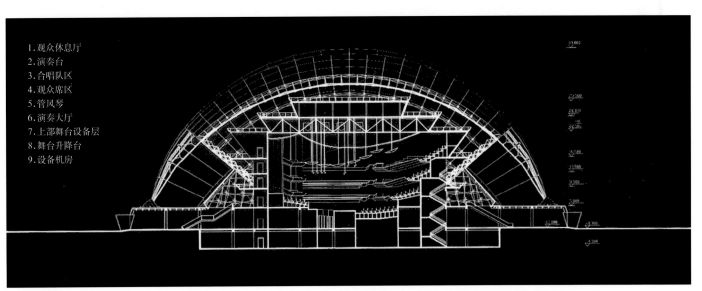

音乐厅纵剖面

1. 观众休息厅
2. 演奏台
3. 合唱队区
4. 观众席区
5. 管风琴
6. 演奏大厅
7. 地下车库
8. 上部舞台设备层
9. 舞台升降台
10. 设备机房
11. 多功能排练厅

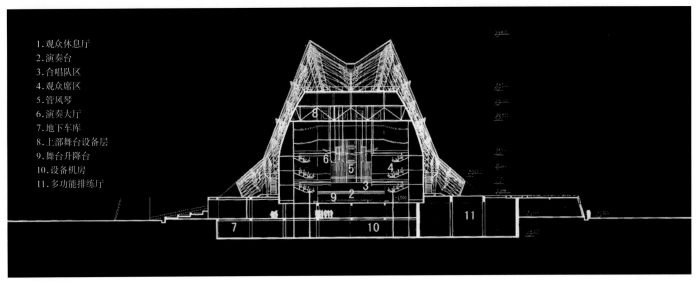

音乐厅横剖面图

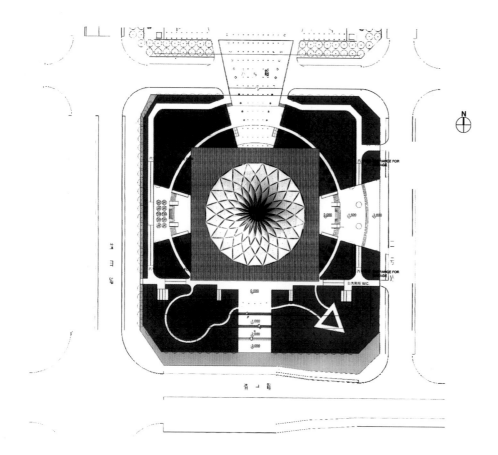

图书馆总平面图

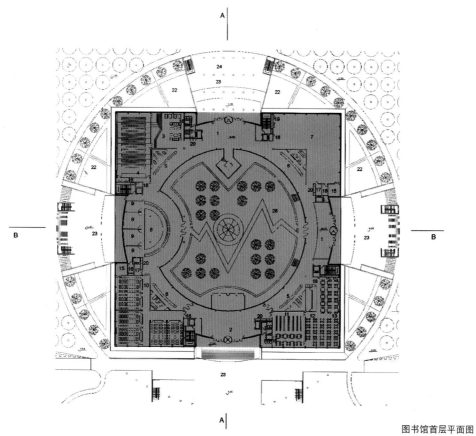

图书馆首层平面图

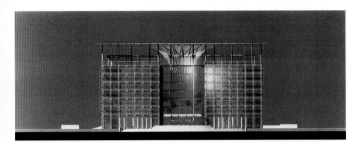

图书馆北立面图

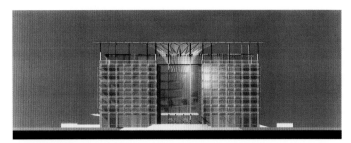

图书馆南立面图

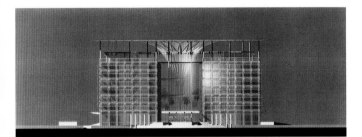

图书馆东立面图

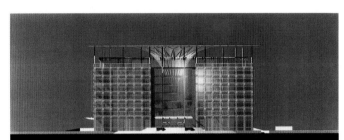

图书馆西立面图

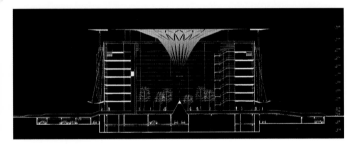

图书馆 A—A 剖面图

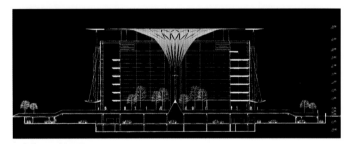

图书馆 B—B 剖面图

建筑指标：

音乐厅：

总面积：1.96 万 m²
地下一层：5 000m²
首层平面：9 700m²
二层平面：2 693m²
三层平面：900m²

四层平面：800m²
音乐厅：1 900 人 × 10m³
排练厅：4 000m³，600m²
演员门厅：400m²
观众门厅：800m²

观众休息厅：2 000m²
自助餐厅：1 000m²
咖啡厅：400m²

图书馆：

建筑面积：36 635m²
地下二层：6 335m²
地下一层：4 540m²

首层平面：4 410m²
二、三、五、七层平面：3 900m²
四层：2 600m²

六层：3 150m²
展览：460m²
报告厅：300m²

(七)香港许李严建筑师事务所方案

表现图

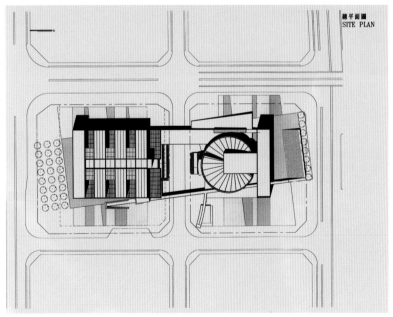

总平面图

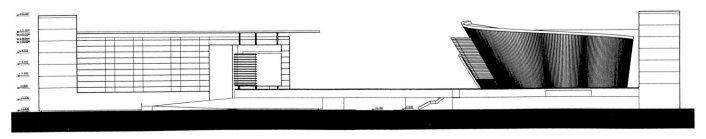

东立面图

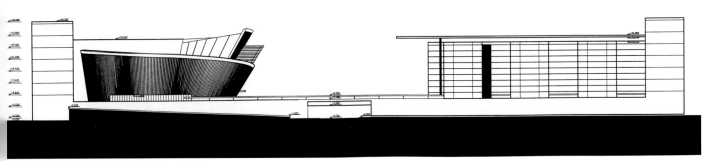

西立面图

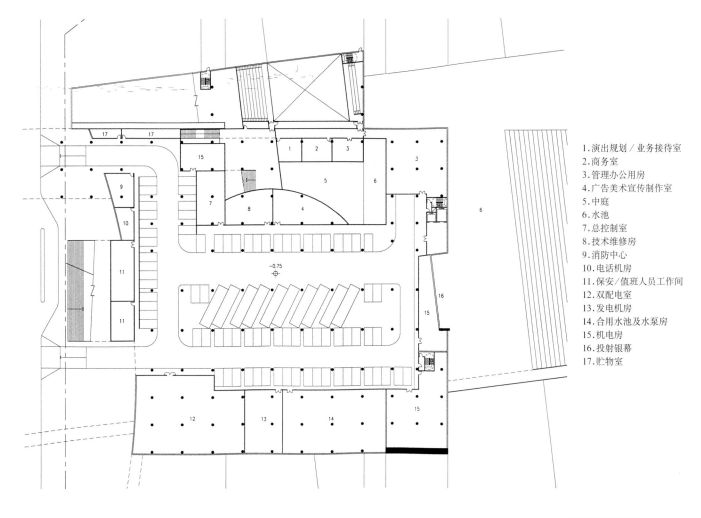

1.演出规划／业务接待室
2.商务室
3.管理办公用房
4.广告美术宣传制作室
5.中庭
6.水池
7.总控制室
8.技术维修房
9.消防中心
10.电话机房
11.保安／值班人员工作间
12.双配电室
13.发电机房
14.合用水池及水泵房
15.机电房
16.投射银幕
17.贮物室

音乐厅首层平面图

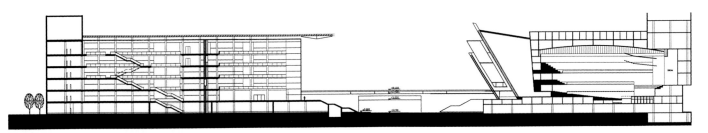

南北剖面图

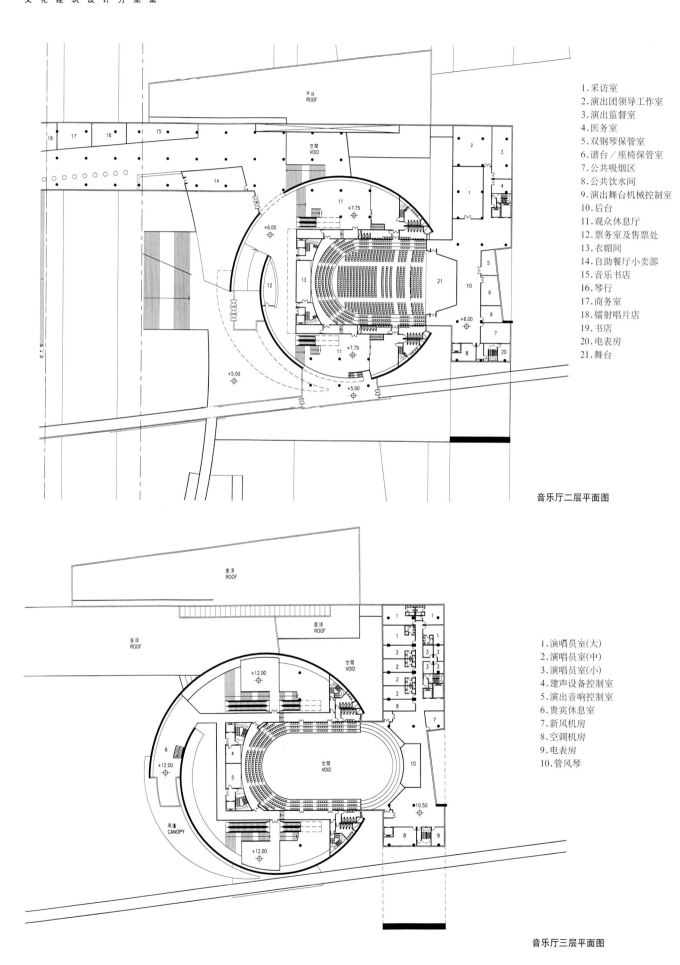

1. 采访室
2. 演出团领导工作室
3. 演出监督室
4. 医务室
5. 双钢琴保管室
6. 谱台／座椅保管室
7. 公共吸烟区
8. 公共饮水间
9. 演出舞台机械控制室
10. 后台
11. 观众休息厅
12. 票务室及售票处
13. 衣帽间
14. 自助餐厅小卖部
15. 音乐书店
16. 琴行
17. 商务室
18. 镭射唱片店
19. 书店
20. 电表房
21. 舞台

音乐厅二层平面图

1. 演唱员室(大)
2. 演唱员室(中)
3. 演唱员室(小)
4. 建声设备控制室
5. 演出音响控制室
6. 贵宾休息室
7. 新风机房
8. 空调机房
9. 电表房
10. 管风琴

音乐厅三层平面图

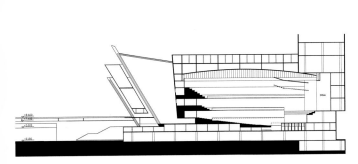

音乐厅南北剖面图

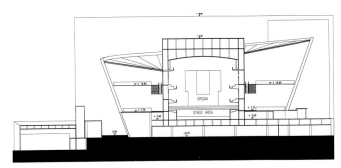

音乐厅东西剖面图

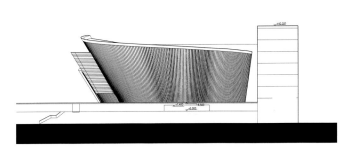

音乐厅东立面图

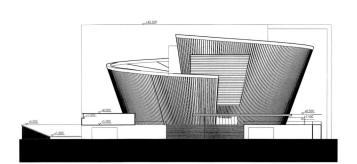

音乐厅南立面图

音乐厅面积分配表

层数	功能	总面积(m²)
七层	机电用房	1 100
六层	后厅演员排练区	1 100
五层	贵宾休息厅　后厅演员区	2 116
四层	演出大厅	2 054
	观众休息厅	
	后厅演奏员区	
三层	演出大厅	2 715
	观众休息厅	
	后厅演唱员区	
二层	前厅	4 805
	演出大厅	
	观众休息厅	
	侧厅辅助区	
	后台区	
首层	地下停车场	3 985
	机电用房	
	侧厅辅助区	
地下一层	排练厅	2 109
	侧厅辅助区	
	总数	19 984m²

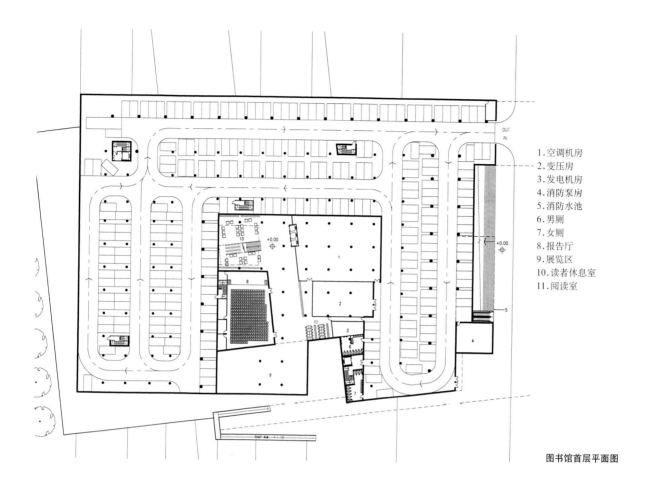

1. 空调机房
2. 变压房
3. 发电机房
4. 消防泵房
5. 消防水池
6. 男厕
7. 女厕
8. 报告厅
9. 展览区
10. 读者休息室
11. 阅读室

图书馆首层平面图

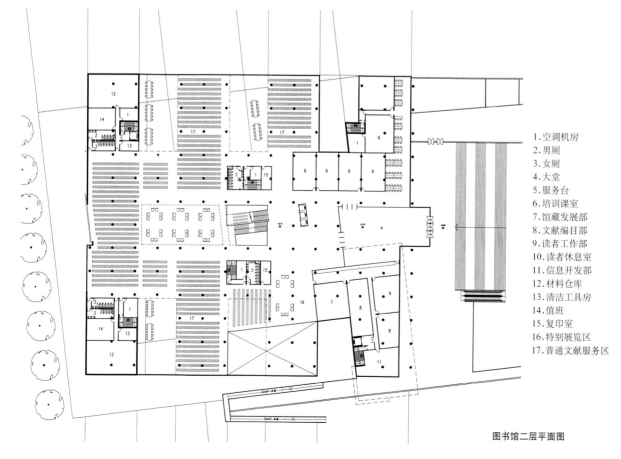

1. 空调机房
2. 男厕
3. 女厕
4. 大堂
5. 服务台
6. 培训课室
7. 馆藏发展部
8. 文献编目部
9. 读者工作部
10. 读者休息室
11. 信息开发部
12. 材料仓库
13. 清洁工具房
14. 值班
15. 复印室
16. 特别展览区
17. 普通文献服务区

图书馆二层平面图

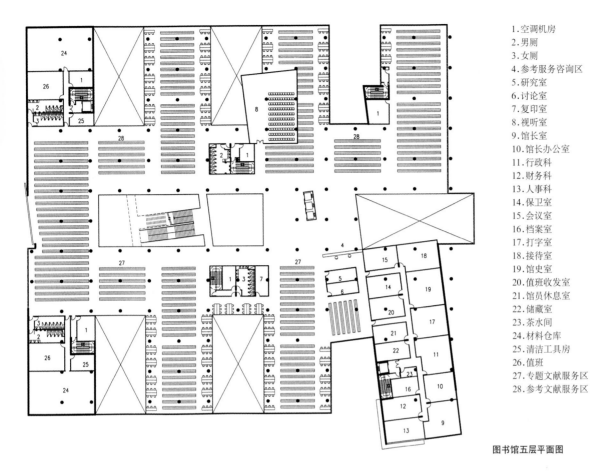

1. 空调机房
2. 男厕
3. 女厕
4. 参考服务咨询区
5. 研究室
6. 讨论室
7. 复印室
8. 视听室
9. 馆长室
10. 馆长办公室
11. 行政科
12. 财务科
13. 人事科
14. 保卫室
15. 会议室
16. 档案室
17. 打字室
18. 接待室
19. 馆史室
20. 值班收发室
21. 馆员休息室
22. 储藏室
23. 茶水间
24. 材料仓库
25. 清洁工具房
26. 值班
27. 专题文献服务区
28. 参考文献服务区

图书馆五层平面图

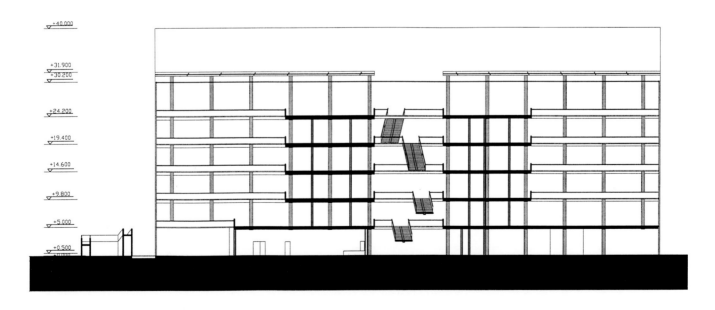

图书馆东西剖面图

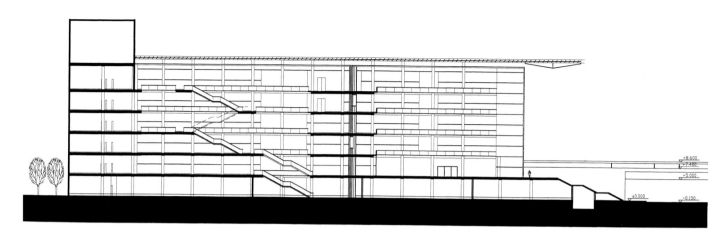

图书馆南北剖面图

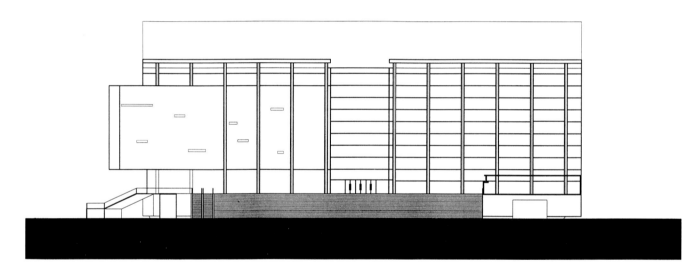

图书馆南立面图

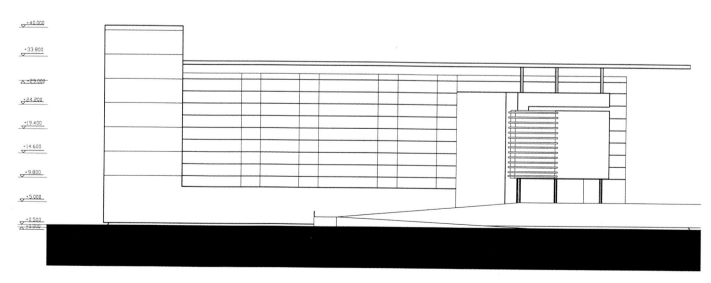

图书馆东立面图

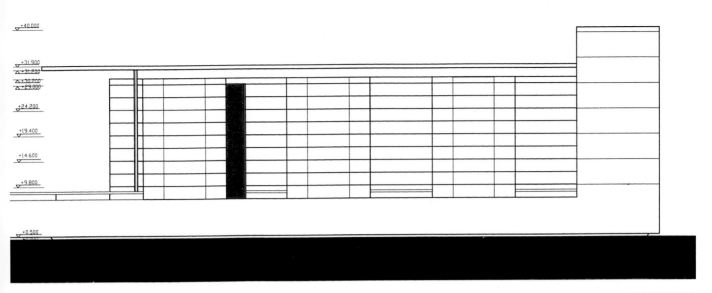

图书馆西立面图

图书馆面积分配表

层数	功能	建筑面积(m²)	总面积(m²)
首层	展览厅	400	
	报告厅	380	
	读者休息室	245	
	阅读室	110	
	公共洗手间	60	
	机电	750	2 050
二层	入口大堂	350	
	总服务台	100	
	业务办公室	490	
	读者休息室	521	
	普通文献服务区	5 479	
	后勤辅助用房	730	7 620
三层	业务办公室	760	
	普通文献服务区	4 970	
	后勤辅助用房	730	6 460
四层	专题文献服务区	5 730	
	后勤辅助用房	730	6 460
五层	行政办公室	746	
	专题文献服务区	2 184	
	参考文献服务区	2 850	
	后勤辅助用房	730	6 510
六层	新技术应用开发区	2 245	
	研究开发区	1 813	
	文献储备区	1 842	5 900

七、深圳市文化中心设计方案国际竞赛评审纪要

深圳文化中心设计竞赛，参赛共7个方案，由于组织准备周全，参赛单位努力，在短短二个月时间内达到了预期目标，得出了一些相当高水平的方案。有一些方案构思巧妙，也还有一些方案在声学设计、环境设计，以至设备、预算等都做得相当深入细致。

评委认为，第一、第二两个方案具有突出的优点。特别是第一方案、综合构思严密，既科学地解决了复杂的功能与技术问题，又艺术地创造了深邃的文化意境。堪称城市设计中的杰作。第二方案具有强烈的雕塑感，与总体环境也很协调，是优秀的创作。

其他5个方案，除第五及第七方案，设计中有些部分堆砌过多，形式上比较做作，看来不够成熟；其他第三、第四、第六方案，各有一些优点和特点，如第三方案的图书馆采用自然采光、自然通风；第六方案的图书馆富有现代中国特色，相当气派；第四方案音响设计较细，某些功能良好；但这些方案都有使用上或形式上的某些重要缺点，不宜作为现实可用的方案。

从7个方案的优缺点比较中，评委们认为有几条设计思想对本项目具有重要意义，应作为评价的原则：

（一）建筑设计必须全面综合、实实在地解决好主要的问题，满足主要的功能要求，不能片面追求形式，矫揉造作，浪费资金，忽略气候条件，浪费能源。

（二）必须注意周围建筑环境，作为城市设计的一个部分，要有整体性，使各类建筑各得其所，表现得体。在市民中心北部形成一个有整体性、有表现力的群体。

（三）建筑平面布局以紧凑灵活为宜，以便于管理、维护，也便于长期使用，并有可能适当调整。

评委经充分讨论分析，投票结果为：一等奖为方案一，7票全部通过；二等奖为方案二，6票通过；此外，在投三等奖时，方案三、四、六，各得2票；因此，多数评委不同意评三等奖。最后，方案五、七各得一票。评委认为，这一序列，反映了多数委员评价的实际意见。

所有设计方案都难免还有考虑不周，可以精益求精的地方。第一方案大面积黑色墙面，不符合国人习惯，图书馆及音乐厅2个入口过于雷同，书库布置及运送比较复杂，建议进一步改进。

评委会主席：吴良镛
1998年1月18日

八、深圳市文化中心实施方案的选择过程

深圳市文化中心(深圳中心图书馆、深圳音乐厅)设计方案采用有限邀请国际竞赛的方式征集。于1997年10月15日发标,1998年1月9日收标,共收到参赛设计方案7个。1998年1月16日至18日,由市规划国土局、文化局共同主持,邀请国内外7名著名建筑专家组成评审委员会,对设计方案进行评审。评审结果,日本矶崎新建筑设计事务所提供的一号方案获一等奖,加拿大摩西·沙夫迪建筑设计事务所提供的二号方案获二等奖。评审委员会7位委员一致推荐,将一号方案作为实施方案。

由于获奖的两个设计方案都是国际大师级的作品,为慎重选择,根据市重点文化设施建设领导小组的指示,市文化局于2月10日邀请北京、广州、深圳的15位专家、学者进一步座谈、征求意见,多数同志都赞成一号方案。在综合评委和专家意见并听取了各方面意见的基础上,文化局党组于2月12日正式向市重点文化设施建设领导小组报告,建议选择一号方案为实施方案。

同时为了广泛听取市民的意见,市重点文化设施建设领导小组办公室于2月22日组织了一次问卷调查,共向社会各界人士发出问卷200份,其中有127人到现场参观了模型并填写了意见,赞成一号方案的占55.9%,赞成二号方案的占39.4%,另有6人没有明确意见。

3月24日,市委召开选择实施方案座谈会,市规划国土局、建设局、文化局负责同志和建筑设计界专家、学者共37人参加了会议。与会同志畅所欲言,在分析了两个方案各自的优缺点后,以无记名投票方式表达意向。结果赞成一号方案20票,赞成二号方案15票,弃权2票。

选择深圳文化中心实施方案意见一览表

时间	部门	一号方案	二号方案	备注
1月18日	评审委员会	获一等奖	获二等奖	推荐一号方案为实施方案
2月12日	市文化局	建议采用一号方案		
2月22日	市民问卷调查	赞成占55.9%	赞成占39.4%	另有4.7%没有明确意见
3月24日	领导、专家座谈会	赞成20票	赞成15票	弃权2票

九、深圳市文化中心设计方案征求意见问卷调查情况报告

根据1998年2月17日市重点文化设施建设领导小组会议上市委领导的指示精神,2月22日下午,由领导小组办公室在深圳图书馆组织了一次问卷调查,就深圳文化中心国际竞赛的两个获奖方案征求社会各界意见,共发放问卷200份,回收有效问卷127份,有效回收率为63.5%。

本次征求意见的对象有一定的代表性,其具体情况为:

(一)性别构成:男性73.2%,女性26.8%;

(二)学历构成:大专以下6.7%,大专35.5%,本科60.5%,硕士以上9.2%;

(三)年龄构成:25岁以下17.9%,25至40岁57.8%,40至55岁8.1%,55岁以上17.9%;

(四)职业构成:机关干部7.5%,事业单位员工12.5%,企业员工62.5%(以管理和技术人员为主),老干部和民主党派人士11.7%,在校师生7.0%。

调查结果显示:

1.赞成一号方案的有71人,占55.9%

2.赞成二号方案的有50人,占39.4%

3.认为两个方案各有所长的有5人,占3.9%;

4.认为两个方案都不可取的有1人,占0.8%。

此外,在参加问卷调查的127人中,有112人对自己为何选择某一方案,以及如何完善实施方案等问题提了许多具体的意见和建议,占总人数的88.2%,从一个侧面反映了市民参与深圳文化中心建设的热情。

深圳市重点文化设施建设领导小组办公室
1998年2月23日

十、深圳市文化中心选择实施方案音乐厅专家组论证会纪要

1998年2月10日,在国际评委会评选出一、二等奖的基础上,深圳市文化局邀请了来自北京、广州、深圳的15位专家,对如何选择深圳文化中心实施方案进行了初步论证。论证会分音乐厅专家组、图书馆专家组、建筑设计施工专家组等3个小组进行。

参加音乐厅专家组的6位专家是:北京市建筑设计研究院教授级高级工程师项端祈、原广州星海音乐厅筹建办公室主任黄灿光、舞台技术中国科研中心一级舞台技术监督师谭嗣英、深圳交响乐团团长姜本中、深圳大剧院总经理刘所成和深圳艺术学校校长李祖德。与会专家在着重就音乐厅的内部功能对1号、2号方案进行比较评价后,一致推荐1号方案为实施方案。理由分述如下:

(一)1号方案构思新颖,造型独特,正立面处理得非常好,符合文化设施要体现精神文明建设的要求,建成后能够成为标志性建筑。2号方案虽然也是大师之作,但在温哥华已有类似造型的建筑,容易使人产生雷同的感觉。

(二)1号方案与城市环境、绿化、交通协调得很好,而2号方案在这些方面考虑的深度不够。

(三)在使用功能方面,1号方案音乐厅演奏大厅采用的葡萄园式对保证声学效果是有利的,而2号方案采用的两面弧形墙的形式与现代成功音乐厅的形式是相违背的。据近50年音乐建声界的研究经验证明,音乐厅之所以有好的音质效果,主要是因为具有良好的侧向反射声。而2号方案恰恰违背了这一原则。另外,1号方案的休息厅沿演奏大厅四周分散布置,这也比2号方案采用的集中大堂式休息厅的形式要好。

对于1号方案目前存在的问题和有待改进的方面,与会的专家也提出了意见:

(一)考虑到国人特别是深圳地区人民的传统和习惯,两面大黑墙的颜色要慎重考虑。

(二)音乐厅的人流通道过于集中,不便于疏散。

(三)音乐厅的楼座有三个凹得太深的小空间,在其与外面大空间的交接处容易造成声音耦合,需处理。

(四)自然采光和自然通风要加以考虑。

(五)5 000多平方米的文化广场还可以增加功能,如设计一个露天剧场。

(根据记录和录音整理)

十一、深圳市文化中心音乐厅功能组专家论证意见

音乐厅功能专家组对日本矶崎新设计室设计、中国北京市建筑设计研究院合作设计、日本永田音响设计配合声学设计的深圳文化中心音乐厅部分的初步设计，在听取设计方情况介绍，查阅有关设计图纸和说明后，经评议其意见综合如下：

音乐厅的初步设计总体上满足了设计任务书的要求，在基本保持原中标方案的基础上，功能上较好地做到了布局合理、分区明确、空间丰富、线路流畅；建筑声学设计注重了观众厅体形的选择、反射声的分布和混响时间的确定。研究了防止噪声和隔声效果的措施，并确定了相应指标。矶崎新设计室和北京市建筑设计研究院有能力设计好文化中心项目，为深圳增添一座跨世纪的建筑。永田音响设计是一个有实力做好声学设计的公司，其设计的日本札幌音乐厅就是成功的一例。下面就音乐厅功能和声学设计两个专题分述。

（一）音乐厅功能

1．交通组织

（1）地下停车库，利用与图书馆开放的时间差，解决可能出现的停车位不足。但应解决好贵宾车辆的停放位置。

（2）观众、贵宾、演员、货物及培训中心均有各自的单独出入口。使用管理方便，且内部交通明确，各行其道，但疏散口较多，建议相对集中。

2．功能分区

（1）观众活动区、贵宾接待区、演奏区、后台服务区、行政办公区、培训中心区分区明确，安排基本合理，相互干扰少。

（2）各部分建筑外形特征明显，易于辨认。

3．设施配置

（1）后台服务区

设有指挥休息室、不同类别的化妆室、候演室、演员休息室、排练室、练习琴房、音响室、灯控室、机械室及乐器库、乐谱座椅库等，其配置合理，使用方便。

（2）考虑了残疾人坡道及专用厕所。

（3）设置了专用货梯和机械式升降演奏台和合唱队升降台，方便使用。

（4）设有配套服务设施，自助餐厅、咖啡厅、音乐书店、琴行、资料室等。

4．尚有以下问题建议做进一步研究、修改和调整。

（1）演奏厅座位数和排距按规定要求改为1 800座、排距1.05m设计，以确保有良好的音响效果和舒适的座位。

（2）小厅的位置和形状应进一步研究。现在的处理较设计方案时差，影响入口大厅空间的丰富感和强烈感。小厅宜有单独出入口，以便分别使用。

（3）观众厅下方的大排练厅内设置的柱子应予取消，层高不够应予调整。

（4）自助餐厅宜设单独对外开放出入口，厨房面积偏小。

（5）贵宾室应设警卫、服务用房及茶水准备间。入口处宜设门厅，不宜做踏步，贵宾去观众厅宜有专用通道、卫生间。

（6）管理及行政用房偏紧，票务、广告用房偏小。

（7）6m、14.4m标高主要卫生间出入口偏小，且集中在西侧，观众路线长。

（8）钢琴库应相对集中，要恒温、恒湿，并留有余地。

（9）舞台技术用房部分的音响室、灯光室、录音室、机械室还应做适当调整。

（10）西侧两台电梯的利用率和该部位14.4m以上空间利用率太低。建议该部分增加行政办公用房。

（11）后台演员出入口处，最好留有较大空间，以便演员集散。后台应适当增加仓库。

（12）出入观众厅的部分通道、楼梯宽度偏窄，且通道较长。

（13）咖啡厅宜分层设置。

（14）部分空间较高，可设置夹层，如琴房。

（二）声学设计

1．演奏大厅

（1）体形的选择，初步设计考虑1 800座容量，采用近似椭圆的葡萄园式观众厅和中央舞台形音乐厅。该种形体能缩短观众与演员的距离，获得较强的声响，同时增强围合感。该体形设计是50年代后产生的，世界上有成功的实例，如：德国柏林音乐厅、日本札幌音乐厅。

（2）早期反射声和声场均匀度采用不等高的观众席块体间的隔墙和演奏台上方的反射板来获得。但对平面形块体间隔墙可能引起的回声等声缺陷应引起足够的重视。演奏台上方的反射板采用集中式还是分散式，还需做进一步研究。

（3）混响时间确定为2秒（满场）是合适的，专家提出应考虑可变混响以适应不同曲目演奏的要求和国内部分乐团的实际情况。

（4）对声音的丰满度、明亮度、纤细度、亲切感还需做深入研究和实验。

（5）目前演奏厅的声学设计只做了计算机模拟分析，还是很初步的，应进一步做实体模型实验。

（6）声学设计应确定相应的声学指标，以使结合主观评价作为验收的依据。

（7）应重视声学材料的选用、构造做法和施工质量，并有相应的措施和监督机制。

2．防噪和隔声

（1）音乐厅的初步设计十分重视环境噪声、振动、机械噪声对演奏大厅的影响，并设定了隔声性能指标。提出了采用重型结构、设置双层以上的混凝土墙板、架空楼面、防振橡胶垫，设置双重隔声门，形成声锁等措施。空调设备也设定了减低目标值。希望在施工图设计中做到进一步研究和全面落实。

（2）图书馆的防噪隔声也应引起重视，图书馆中的报告厅也应做相应的声学设计。

（三）几点建议

1．对图书馆的三本书，应做很好研究，部分专家认为原方案三本书是内容和形式的统一，也是图书馆外形的标志之一。但有部分专家认为，如图书馆内部功能发生变化，而仍保留该形式，由于屋面的曲面柔性与书体的刚性将有可能出现刚柔结合处的薄弱点，对屋面防水不利。

2．玻璃墙面的处理应做到加强竖线条、减弱横线条、尽量纤细化，并应注意增加遮阳设施，解决清洁方法。

3．音乐厅在保证主要功能的前提下，适当增加经营性项目，以增加收入。

4．音乐厅的室内设计希望创造出一个创意性的艺术空间，并注重艺术品的陈列。

音乐厅功能专家组
1999年5月18日

附：参加音乐厅建筑功能论证的专家：
潘祖尧　章　明　许安之　陈燮阳
叶小钢　金志舜　王炳麟　项端祈
吴德绳　何玉如

十二、深圳市文化中心初步设计论证会图书馆功能组论证意见

建筑平面设计自1998年10月第一稿，到目前为止，九易其稿，经过多次的修改和完善，该初步设计从面积、藏书、座位及6个大面层的内部功能安排和自然通风、采光等方面，基本满足需求。但也存在不足之处：

(一)二层主入口门厅面积过小，且门边有大柱子挡住视线影响景观，对人流导向易造成错觉。建议将文化广场平台西移，可解决开门见柱子的问题，同时从东面及文化广场方位看，"黄金树"的视觉效果亦更好。建议将二楼椭圆填平，加大门厅面积，增强景观。

(二)三角岛在四、五、六层面积过小(东西墙间距过小)，近三分之一到二分之一的面积被过道占用，直接影响了密集书库等功能区的有效使用面积。

(三)东边楼板折线(凹凸变化)应随着玻璃垂幕的变化而变化，以利于提供最佳阅览位置。

(四)西北边的厕所应上下管道对齐，以防上层厕所漏水渗入书库或阅览室。东南边厕所处于通风、采光较好的位置，该位置宜设置为阅览空间。应考虑将该厕所移位。

(五)计算机网络系统、通信系统、楼宇自控系统等的综合布线问题没有考虑。

(六)在西墙应考虑尽可能加大窗户的面积，以利于自然通风、采光。

(七)应考虑流水垂幕在不喷水时的观感。

(八)调整垂直交通(尤其是电梯)的布局，使流线更合理，功能更明确。

此外，在保证大面积阅览区的前提下，妥善处理消防分区及消防设备的后期维护；实木地板带来的噪声、白蚁等问题，也请设计方考虑更好的解决办法。

专家签名：鲍家声　何大镛
何沛霖　曾宪忠
余光镇　吴　晞
1999年5月18日

十三、原评委对深圳市文化中心建筑初步设计评议纪要

1999年5月17日上午，三位参加文化中心初步设计论证会的原方案竞赛评委吴良镛、周干峙、潘祖尧先生在听取矶崎新先生对文化中心建筑初步设计的介绍后，对文化中心建筑初步设计进行了认真评议，主要内容纪要如下：

（一）评委首先回顾了当初竞赛评委会之所以一致赞同和推荐本方案的原因：即与其他方案相比，本方案设计构思具有独特的优点，如建筑整体处理与中心区大环境十分协调，在关照中心区群体性的同时显现独特的个性；"黄金树"、玻璃垂帘以及内部空间等建筑局部处理上，既具理性又富浪漫色彩等等。

（二）评委认为，现文化中心初步设计方案和竞赛方案相比，虽作了某些方面的修改，但在整体上变化不大，基本维持了原方案的上述构思、个性和优点。评委指出，随着设计和研究的深入，初步设计结合实际作适当的修改是不可避免的，也是必要的和有益的。例如，西面墙体的黑色，改用"万年青"花岗岩石材表现，效果可能就比原方案更好。

（三）评委就初步设计某些方面问题，向设计人提出了商榷意见和建议，认为还值得进一步探讨和研究：

1. 关于东立面的玻璃垂幕，评委认为，竞赛方案竖线条的韵律感很强，有雕塑意味。现方案增加了横向线条，对原来的韵味产生了一定的破坏。提请设计人考虑强化竖向线条，淡化横向线条的表现，以维持原方案的纤细感和独有的韵味，更提请设计人注意双层玻璃的清理问题。

2. 关于建筑色彩的选择，评委认为，现方案和竞赛方案相比，整体色彩淡化了，不如竞赛方案对比强烈、有个性、有时代感。建议或做活跃、明快处理，或做端庄、凝重处理，还需作深入的研究和探讨。总之，要结合文化建筑的特点，从东方美学的审美角度、从中国国民的欣赏习惯，从建筑现代感等多方面因素综合考虑。

3. 关于图书馆"三本书"的问题，评委认为，当初竞赛方案作为密集书库设计，与阅览室结合得很好，评委是接受的。现方案根据要增加阅读面积的需要，撤除了密集书库，"三本书"就失去了存在的根据。但增加的阅读面积不多，而且取消了"三本书"的楼梯，原来楼梯"软化"阅览室的硬性布局的效果也失去了。建议尽可能回复原状。总之，像现方案这样，仅仅为了保存形式而处理成机械室，似过于勉强。

4. 关于两"黄金树"和入口问题，评委重申了竞赛方案评选评委会的意见。认为，现方案结合功能和结构的需要对造型作了修正和改进，但两边对比仍有雷同感，提请设计人考虑在造型和色彩等方面作变化处理，如可否处理成一虚一实，一"金"一"银"等。

5. 关于室内空间处理问题，评委注意到现方案与竞赛方案相比有一些变化和调整。评委认为，有些变化和调整还可结合功能要求，充分权衡得失，做进一步研究。如音乐厅小厅的位置，现方案的位置对进厅环境产生不利的影响，原来音乐厅主要入口的景观因此失去，如因功能要求只能这样做，也应在外形上与音乐厅协调。

6. 评委还就其他一些问题提请设计人在进一步设计中予以考虑和重视。如提请重视西北角和东南角立面设计上的统一和谐调、提请重视文化广场平台的设计、提请考虑隔热问题、玻璃清洁问题、图书馆设置研究室问题、慎重对建材的选择等等。

（四）评委们还对深圳市组织这次包括各方面专家参加初步设计论证会形式给予了很高的评价，认为这是有远见的做法，抓得十分及时十分准确，有利于在方案确定前就集思广益，把方案搞好。这很有积极意义，在全国推广起来，有利于提高工程建筑质量，在国内开了一个好头。评委同时对设计方——矶崎新设计室和北京市建筑设计研究院及其主要设计人的实力和才华表达了充分的信心和赞赏，建议各方面给设计人更多的支持和更大的创作空间，评委相信通过各方共同努力，一定会把文化中心建成世界级"杰作"。

1999年5月18日

深圳文化中心初步设计论证会参会专家及单位名单

一、特邀专家（排名不分先后）：

吴良镛　两院院士、清华大学教授、原评委

周干峙　两院院士、原建设部副部长、原评委

潘祖尧　香港著名建筑师、原评委

章明　原上海大剧院副总指挥、上海民用院总建筑师

金志舜　国家大剧院筹建副主任　高工

陈燮阳　上海交响乐团音乐总监、首席指挥

叶小刚　作曲家、中央音乐学院教授、院士

王炳麟　清华大学建筑教授、建声专家

项端祈　北京市建筑设计研究院教授级高工、建声专家

鲍家声　东南大学建筑学教授、博士生导师、图书馆建筑专家

何大镛　上海图书馆原筹建主任、研究馆员

许安之　深圳大学设计院院长

二、建设和其他主管部门：

深圳市重点文化设施建设领导小组办公室

深圳市中心区开发建设办公室

深圳市建设局

深圳市规划国土局

深圳市消防局

深圳市环境保护局

深圳市人民防空办公室

三、设计单位：

日本株式会社矶崎新设计室

北京市建筑设计研究院

四、监理单位：

阿持金斯监理公司（ATKINS CHINA LTD）

十四、关于深圳市文化中心初步设计的评议意见

1999年8月12日，根据市有关领导指示，深圳文化中心工程指挥部有关人员专程赴北京，在北京市建筑设计研究院邀请原竞赛方案评委会主任吴良镛先生、评委关肇邺先生、技术评委王炳麟先生、以及清华大学建筑系主任深圳市规划委员会委员朱文一先生等专家，在对比原竞赛方案和5月18日的初步设计的基础上，对文化中心初步设计最终修改方案(7月31日提交)进行了认真评议。

专家一致认为，最终的修改方案在总体上保持了原竞赛方案的构思和优点，同时也进行了深化和改进，使方案更加现实可行。本着对作品的厚望，专家们还提出了一些建设性的意见和建议，希望设计人在下一步施工图设计中继续加以研究和完善。主要评议意见综述如下：

a. 专家认为，与5月18日初步设计相比，通过结构调整，使原方案玻璃垂帘的竖线条韵律感得以实现，对此感到欣慰。

b. 黄金树处理成一"金"一"银"，丰富了入口的变化和对比。根据结构和工艺的需要，造型设计上进行某些变化和调整也是不可避免的和必要的。在文化中心这一作品中"黄金树"具有强烈的雕塑意味，是非常精彩的地方，希望建筑师在下一步施工图设计时，能投入更多的匠心，把黄金树(包括连接处的雨篷)处理得更生动、更完善。

c. 5月18日初步设计"三本书"的处理过于形式化，所以认为不妥。最终初步设计方案的"三本书"恢复了原方案的造型，并穿插于各楼层之间，注意了内容和形式的结合。但由于和原竞赛方案相比，建筑楼层和内部空间设计都发生了较大的变化，"三本书"按现在的处理，会造成不少空间死角；同时，由于楼层对视线阻隔，原方案中"三本书"丰富室内空间变化的作用也难以发挥。有鉴于此，专家认为，可以保留"三本书"，但希望建筑师在完善功能要求下，对内部空间处理进一步研究，力争处理得更合理、更完善。

d. 西北和西南立面恢复了竞赛方案时的设计，与5月18日方案相比，这两个立面的感觉更加完整和协调了。

e. 音乐厅和图书馆的入口进厅，通过调整小厅位置和改进椭圆形空间的设计，使得进厅环境更合理、更有气势了。但出露在文化广场的两个椭圆空间过大，可能会影响文化广场的人流组织，这虽不是个大问题，也提请设计师予以考虑。

f. 文化广场平台(包括流水垂幕)，面对中心区绿化中轴，在此处观看市民中心及莲花山，有很精彩的景观，希望设计师重视文化广场平台的设计，建议平台上的景观雕塑作品通过竞赛征得。

g. 建筑色彩，建议充分考虑文化建筑的特点，考虑东方美学的审美习惯，考虑与市民中心及中心区其他建筑色彩的统一和协调，在施工图阶段结合建筑选材再作确认。

专家们总结强调，从竞赛方案到建筑作品的成功实施是设计不断深化和完善的过程，不可能不做必要的调整和修改。在这一过程中应特别注意充分发挥和尊重设计师的主动性和创造性。专家们相信，通过设计师在施工图设计阶段对方案的不断改进和完善，深圳文化中心一定能以其独特的艺术风格以及与音乐厅、图书馆的使用功能完美的结合，而成为深圳新建筑的杰作。

评议专家代表签名：
吴良镛
1999年9月25日

深圳市电视中心

一、深圳市电视中心工程设计招标书

(一)概述

为更好的建设深圳电视中心工程,更大的发挥经济效益,把深圳电视中心建设成深圳市文化建筑的标志,创造出公共建筑精品,市政府决定该工程设计邀请国际建筑设计单位承担。为此,深圳电视中心工程,建筑面积45 000m²,占地面积20 000m²,建设投资3亿元人民币,其中土建2.25亿元,设备0.75亿元,决定采用邀请国际建筑设计单位进行投标承包工程设计。

(二)工程设计依据

1. 工程设计大纲。
2. 使用功能要求。
3. 工艺设计要求。
4. 建筑设计要求。
5. 建筑设计要点。
6. 中国及深圳有关工程设计规范。

(三)设计成果要求

1. 工程设计要求
(1)方案设计:包括建筑设计、交通设计、环境设计、园林小品设计等内容。
(2)工程设计构思、创意、概况、功能特点的中文说明。
(3)电视中心建筑项目设施一览表。
(4)工程造价(中国广东深圳特区造价)估算。
2. 方案具体成果要求
(1)设计方案图纸一套比例1:200(展示用),其他均采用缩小成16开本,文件和说明要求符合中国建筑设计规范的设计深度要求。
(2)总平面图(彩色)比例1:500。

(3)城市设计、环境、交通、功能等方面分析图。
(4)主要室外空间(入口广场式庭院)详细设计,建筑设计平、立、剖比例1:200。
(5)主要室内空间(大厅、演播室、公共空间)详细设计。
(6)建筑细部及材料表现。
(7)灯光夜景设计。
(8)建筑效果图至少两幅。
(9)其他表现图纸及方式不限。
3. 以上成果及照片全部装订成册,每份应配有彩色透视效果图,比例不限,但图纸必须与展示图相符,清晰完整,尺寸齐全、准确,提供一式15份。
4. 提供模型一个,比例1:300;展示图一套。
5. 提供有设计成果的电脑磁盘一套。
6. 介绍方案构思的录音磁带(时间不超过15分钟)。

(四)发标时间

定于1997年7月15日在深圳电视台召开发标会,参加投标单位需带法人签字的有效证件,以及1 000元押金,领取标书文件,收标时要求退回资料,退给押金。

(五)收标时间

投标单位于1997年10月15日16:00时前将投标资料送交深圳电视台基建办公室。

送标地点:中国深圳特区怡景路深圳电视广播大厦接待室。

(六)评标办法

1. 评标委员会由12人组成,其中技术专家9人。
2. 评标委员会的组成人员:中国广播电影电视部设计院的专家4人;中国广播电视国际技术合作公司2人;深圳有关专家6人。

3. 评标原则:工艺流程科学,使用功能合理,建筑结构先进,现代感较强,建筑造价经济,有较好的文化建筑特点,综合评价设计方案优劣。
4. 方案评比:设最佳方案奖(采用方案)1名;鼓励奖(被邀请投标单位)4名,投标单位获奖均发给纪念杯。

(七)评标结果

评标结果将于评标会结束后,由深圳市规划国土局于15天内发出中标通知,同时抄送未中标单位,以上均书面通知投标单位。

(八)费用支付

1. 未中标单位
被邀请的单位在符合成果要求的条件下,按时保质保量提交设计成果后,在评标会结束后十天内将获得工本费15万元人民币。对于没被邀请的单位参加投标,或虽被邀请但其方案深度未达到规定要求的设计单位,招标单位不支付补偿费。
2. 中标单位
中标单位不再获得15万元人民币工本费,在将中标方案补充完善并通过主管部门的审查确认后,取得深圳电视中心工程的设计权,设计费为6%,其中工艺1.5%;土建4%;现场配合0.5%。

(九)其他

1. 投标的方案,开标后作为我台建设资料存档,不退回投标单位。
2. 投标的方案设计不符合本招标技术文件要求的投标资料作废标处理,投标资料也不退回投标单位。
3. 所有成果只标明题目和日期,禁止标注设计单位或个人。

深圳电视台
1997年6月30日

二、深圳市电视中心使用功能要求

(一)使用功能综述

深圳电视中心是深圳电视台的跨世纪电视节目制作和播出基地,要求具备当代最先进的电视制作技术,科学的工艺流程,便捷、高效、最佳的工作环境。适应现代电视制作、采访、编辑、播出、传输方式的需要。建筑功能要提供快捷通讯系统、内部网络系统、办公自动化系统、机电和安全控制系统、消防和保安监控系统的计算机自动化智能管理功能。提供自动化和高可靠性及安全度的使用环境,达到高智能型的现代电视中心设施,从而提高电视台的制作功能和社会效益。

电视中心是深圳市十分重要的公共设施,安全播出特别重要,建筑结构必须安全可靠。建筑布局要符合福田中心区的规划,满足使用功能需要。建筑立面丰富、活泼,建筑体形要表现出现代文化建筑的内涵,要求在视觉空间感受有其特色,在不同的角度均有最佳的视角。电视中心功能复杂,建筑布局要别具匠心具有科学性,根据电视工艺流程,利用不同功能的建筑,布置裙房和主体,组成完整的现代建筑群。要求高低配置上具有足够的科学性,在视觉及空间感受上有其特点,适当绿化,加强丰富庭园景观,要求在内庭园设置露天演出广场和水景、喷泉。建筑风格要求有较强的现代文化建筑风格,活泼的建筑形体,最佳的电视功能环境,舒适、优美的空间效果。突出的电视建筑功能特点,别具匠心的一流水平的建筑创意,具有较强的文化气息,最现代的建筑风貌,使之成为深圳文化的标志性建筑。

(二)主要用房说明

电视中心要提供演播摄制和外出采访新闻及收集各类信息的编辑制作电视节目条件。电视节目是经过加工、配音、播出,通过光缆或微波传送给电视发射台及卫星,直接把图像和声音同时传送给接收的观众。

电视中心为了完成电视节目的制作和播出及传送,需设置专用的技术用房,为达到这些用房使用功能要求,更好地进行工程设计,现将主要功能性用房提出使用说明:

1.演播室(同期录音)使用功能:

A.大型演播室:主要进行大型文艺演出、公众庆典、电视节目录制和实况直播的多功能大型电视节目摄制用房。

B.中型演播室:主要进行一般歌舞演出、大型专题节目演播、室内剧录制和实况直播电视节目用房。

C.小演播室:主要进行各类专题电视节目的摄制用房。

2.导控室:主要利用设备进行调像、调音,小的演播室也要求将调光加进共用,信道切换、指挥音、光、像实时操作的专用房。

3.调光室:主要利用调光台进行演播灯光布置和调整演播灯光的专用房。

4.调光器室:主要安装调光设备和灯控设备的专用房。

5.摄像机房:主要存放、检修和调试摄像机的专用房。

6.中心机房:主要设置摄像机控制系统,视频系统,同步系统的设备和控制用房。

7.录像机房:主要录制通过中心机房送来的演播室节目信号,通过总控室送来的接收电视节目,将这些节目录制成磁带(硬盘)的用房。

8.复制(电影)室:主要将电影片转录成磁带(硬盘)电视节目,通过播出机房和本台后期加工完成的磁带(硬盘),多机复制成批磁带(硬盘),电视节目源用房。

9.电子编辑室:主要将演播室或外出录回的磁带素材进行电子剪辑加工。

10.复杂编辑室:主要进行将剪辑好的图像素材磁带进行特技处理、加字幕、叠加画面的图像加工用房。

11.各类节目配音用房:

A.音乐录音室:主要录制多声道的音乐节目和电视节目配乐的音乐录音用房,要配有电视摄制特殊光源,设有通至复杂编辑室视频电缆接口。

B.节目效果室:主要设置模拟风、雨、流水声,各种脚步、汽车、电车、火车、飞机声的器具,制造人工模拟效果录音用房。

C.配音室:主要进行电视节目多人配对话或配解说的语言录音室。

12.音控室:主要设置调音设备进行录音声道切换、声的调音、录制磁带用房。

13.转录复制室:主要将外来不同制式、规格节目磁带进行转换,以及我台节目磁带加工成交换用节目磁带的磁带复制用房。

14.三维制作室:主要设置计算机工作站进行三维电视动画片制作。

15.节目合成室:主要进行将已剪辑好并做了特技处理,加字幕的图像节目磁带和已录了声音的录音磁带,完成声像合成的电视节目再加工用房。

16.审看室:主要审看电视节目的专用房间。

17.总控室:多个播出机房送来的电视节目在此切换、调度、放大并进行信号处理后经电缆(光缆)或微波送给电视发射台或卫星节目上下行机房,同时也接收卫星接收室(台外实况转播)送来的电视节目。

18.导播控制室:主要将放像机放出或演播室及新闻中心送来的电视节目在此切换后送给总控制室。

19.磁带库:设置双层密集式架子存放20万盘磁带,10万张硬盘的专用库。

20.天线设施(预留)框架:主要设在高层屋面,根据电视信号的传输变电需要,设置安装抛物面天线或其他宽频接收天线,以及各类电视信号接收设施。

(三)各类用房和面积估算

1.演播室、布景库、布景制作间的面积均为建筑面积。

2.1 500m² 和 800m² 演播室及布景库、加工制作间布置时,面积可根据建筑模数尺寸调整,但不能大于原有面积。

3.演播室要集中布置包括广告演播室,观众用房也要相对集中布置,演员用房也要适当集中布置。

4.根据国家办公用房标准 13~15m²/人。

电视中心办公用房取值 14m²/人;

800人 × 14m²=11 200m²

行政人员 180 人 = 2 520m²

编辑人员 300 人 = 4 200m²

技术人员 200 人 = 2 800m²

集中办公用房 680 人 = 9 520m²

编辑 40 人和技术 60 人及行政 20 人(计 120 人=1 680m²)分散在相应各工艺用房,编辑、技术、行政集中办公用房总面积 5 520m²。

5.编辑、行政办公用房 9 520m²,电视中心仅安排 5 520m²(详见各系统用房规模总表),还有 4 000m² 的办公用房缺口,可作为二期加建工程,设计时统一规划,同时进行建筑设计。

6.本中心用房面积均以 16m²(标准间)通用模数计算。

7.建筑布局时建筑面积可根据结构网

尺寸自由调整,结构网架尺寸要求在科学经济的条件下制定。

8.建筑面积缺口较大的专业用房,可自由增减办公用房和辅助用房的面积,以满足专业用房需要。

(四)建筑环境要求

电视中心要有灵活的空间布置,技术用房要符合工艺要求,非技术用房要求精心布置,灵活分隔,要考虑发展,留有改造余地。要设置先进的数字通信设施;技术用房和管理系统办公自动化系统;信息网络系统;消防报警系统;保安监视系统;防灾监控系统;物业管理系统;创造高质量的电视功能性使用空间。

1.演播室要求有瞭望窗直视演区在观众席和演区中间,大、中演播室靠演区位置,设布景门4m(宽)×4m(高),载景车辆可自由进入。两侧均设演员进出大门,要有地下过场通道,观众演员出入门高度不能低于2.3m,宽度不小于1.2m。导控室要求设置落地观察窗以便导播人员瞭望演区,还要设直通演区的便门和通道。

2.大演播室设有约500人固定座椅、约100人活动座椅、中演播室设有约300人活动座席,这2个演播室1/3为演区,1/3为摄像机区,1/3为观众区。布景进出、观众进出、演员进出均分流明确。

3.各类演播室要求相邻布置,组成完整的电视演播用房;观众候播和演员候演用房要有相对独立区域,演员和观众人流要各自独立,要有专用出入门。演员进入大演播室要有专用门和通道,大演播室要有两侧演员串场进出口(地下)通道。技术人员要有与主楼相通的通道。

4.演员用房要相对集中,有相对独立的进入演播室和出入电视台通道。

5.录音室、大会议室和新闻发布室灯光照明应满足摄像要求,要有摄像的特照电源和安装特种灯具的条件,大堂和室外舞台要有演播用特照电源出口。

6.磁带库采用密集式架子和开敞式架子相结合,磁带登记、检索、审看、管理用房要方便磁带的流程。

7.新闻中心的专题演播室要采用现代开放式,演播室布置与部分开敞的编辑办公、中心机房融为一休,要有通透感,达到实景演播用房效果。

8.公共空间、主楼大堂、主楼的平面布置尽量采用多层透空的共享空间作法。

9.地下车库采用3层以上机械化计算机控制停车场。

10.行政办公用房要求相对集中布置在主楼,交通要求便捷。

11.办公用房采用小团块开敞式布置,室内采用现代开敞式办公室装修设计。

12.办公用房采用自由式(景观办公室),平面要不规律布置,分隔灵活能自由调整,办公小区要有整体感,创造出良好的办公空间环境。

13.台领导办公区要置于环境好、能够确保机密性的独立空间,要能独立控制的空调机组,要有内部电话、呼叫按钮、防范设施、出勤卡显示设备:监视支系统、休息室、办公区内设专用厕所、开水间、500lx的优质可调光照明。

14.要设置工作人员进出技术用房重要位置(播出区、传输区)的自动管理系统,外来人员和员工上、下班签到;餐厅用餐计帐的IC卡自动记录及自动管理系统。

15.要求门厅和观众休息厅及办公区的室内布置,空间采用多层共享空间。

16.大厅要布置等候休息空间,所设电视屏幕与大厅装饰有机的结合,大厅要设置空间小品及有一定电视文化艺术造型的装饰物,创造活泼的气氛。

17.辅助用房区设厨房、餐厅和物业管理中心及医务室、理发室。厨房主要加工制作中餐,要按中餐制作设置厨房设施,厨房结构板要求低于相邻用房标高30cm,留做排水明沟,要设煤气防漏气报警设备,专用货梯及垃圾存放位置。

18.公共空间装饰要求风格多变,要有更多的艺术加工,以便满足电视节目制作的室内多变景点的要求,还要求适当绿化,点缀水景丰富室内景观,设有背景音乐及上下自动扶梯。

19.卫生间均要求布置在靠外墙,要有自然采光及良好的自然通风,设有前室,并设有长台面洗手盆、镜子、红外线干手器、触点式肥皂液盒,要有直通室外的换气设备。

20.开水间要设开水器,洗茶杯池、消毒水池、消毒柜、墙壁吊柜、过滤茶根的器具,上水、下水、地漏。

21.各类用房颜色对比要柔和淡雅,避免单色调感觉。

22.大楼内要设置疏导标志,对重要交通枢纽要求设置醒目标志,公共大厅要设置疏导示意,公共用房、休息空间要有机

的布置电视机和建筑小品及盆载植物。

23.建筑物的显著位置要设置"深圳电视台"中英文标志和台徽标志,标志的布置创意要表现深圳电视建筑的特有风格。

24.办公用房采用景观式办公空间,有适当的分割,开敞空间不宜过大。

25.大堂装修及公共用房要以电视功能艺术为主题进行室内空间创作,要点缀以深圳电视台台标为主题的装修风格,给人以亲切、舒适的感觉。

26.房间净高要求:技术用房3.60m,公共用房4.20m,办公用房2.80m,首层沿街及大堂用房6.20m,裙房二层以上(沿街)位置4.2m,地下层6m便于安装多层机械化停车库。

27.技术用房要求布置活动静电地板。屋面的辅助设施,设置在裙房屋面适当位置。

28.平面布置根据工艺流程要求,使用功能要分区明确,交通路线畅通。

29.要求电视演播用房采用裙房手法布置:电视经济中心对外业务较多,需要沿街布置,要求有对外的条件。沿街裙房尽量多布置独立对外的业务用房。不设围墙,适当布置便于人流的架空对外开敞空间,底层对外开放。

30.建筑布局采用内庭园开敞式中国园林风格的共享空间,庭园布置绿化、座椅、建筑小品,构成丰富多彩的文化建筑空间形态。

31.室外灯光效果设计要结合庭院布局,要求有一定的艺术风格。要布置建筑泛光照明,泛光照明的效果作为装饰进行设计。

32.交通组织要通畅,工作人员、外来观众、演艺人员及参观路线的人流要相对独立,主体建筑出入口要突出布置,裙房沿街多设公众出入口,布景道具和转播车辆及我台地下车库出入口均要求在红线北侧31-1-1和31-1-2地块之间16.5m通道上设出入口。

电视中心要建成具有现代建筑风格和较浓文化品位的群体建筑。为了发挥设计的潜能,设计人员充分理解使用功能要求后,可以打破框框,按我方指定设计文件的基本精神、工程规模、功能要求、各类技术用房的工艺流程,在满足使用的前提下,由设计人自由创作,更好地发挥建筑艺术风格,创造出精品建筑。

三、国际投标方案

(一)法国欧博建筑与城市规划设计公司

设计说明:

深圳电视中心在整个中心区规划设计中扮演着一个重要的角色。位于中心区西部的电视中心与中心的市政府大楼,中心区东部的另一座未来高层建筑形成一个三角形的中心区城市形象。

电视台中心场地位于两条交通道路的交叉口,中心区的三条轴线汇合于此,其中,南北轴上有行政、文化性建筑;东西轴是一条城市快速干线。建成的电视台中心将成为城市中心区一个标志性的边界线。

由地面向高空垂直升起的电视塔加强了人类和宇宙的关系,有着卫星天线的作用。

电视台的设计不但是一座标志性的建筑,而且提供了一个可塑的、灵活的和有发展性的空间,它缩短了与外部世界的距离,在中心内部提供一个巨大的公众空间。

在规划设计中,电视中心处于一个特别的位置,在中心处可以望见另两座具有象征性的建筑设计:市政府大厅和水晶岛。另外,在主楼体高层的新闻演播室拥有双层架空的高度,在里面可以观望中心区和附近的五洲酒店和后面郁郁葱葱的高尔夫球场。

立面:

主楼体的立面由上而下安装着无数的艺术灯,在夜间,电视中心灿烂辉煌,像一座将要发射的宇宙飞船,在立面上还考虑了一些特殊用房遮阳设备。

主楼体和三角形裙楼

花园:

在电视台主楼底部有一个凹进去的花园和一个圆环形的水池,底层的出入口平面低于街道平面,周围围绕着一个广场和竹林及树木,造成一个森林气候,加上弯曲的道路、树阴下的阴暗光线,是一个天然的庭院设计。

第五立面:

在三角形裙楼顶楼层,设有另一个花园,为"第五立面",并设有一个室外活动中心:网球场,电影院,我们把这花园称为"屋顶花园屋"。裙楼旁侧有一个长的坡道直通屋顶花园。

主楼体整体也是一个大型电视屏幕,夜里可以在建筑物身上放映电视图像。

主楼体:

主楼体的构造不但有创造性也有象征意义,是一个现代化式拉长的灯笼,由坚固的地面支撑着,象征着知识和文化的信息之光。

主楼体中心漏空部分安装着两组电梯,从里可眺望塔内的活动情况。在底部,有一个浮动的圆盘,此圆盘是主要入口和重要人物入口处,它的高度为10mm,这里汇合了水平方向和垂直方向的通透玻璃墙,可见到下面水池和塔在水池中的倒影。

主楼体的建筑高度为130m,加结构物,总共为137m。

在主楼体中心,两个透明的电梯组在空中移动。

大厅中央的三个绿、蓝、红坡道一直可以把人带到主楼体的第二层的会议室,这三色通道是深圳电视中心的标志。

文化和公众广场:

一个公众文化交流中心,在天然环境的花园里可以进行电视拍摄和组织城市文娱活动。

功能设计:

深圳电视中心的功能设计是要设计一个透明度高,开放性强的空间,便于市民之间的文化交流。

主楼体中心一个空气流通和高低电源的渠道,和每层楼的进口连接,形成空气流通,由上而下的间接的天然光线射进室

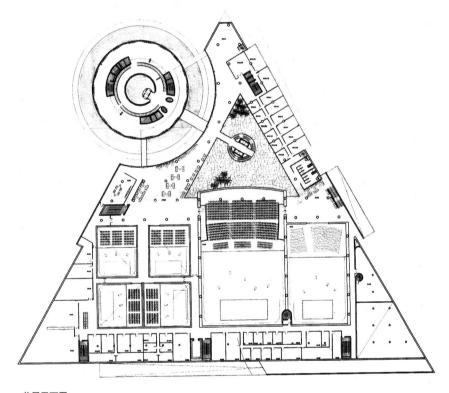

首层平面图

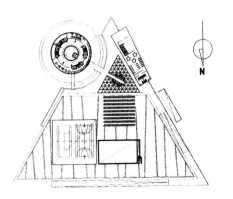

屋顶层平面图

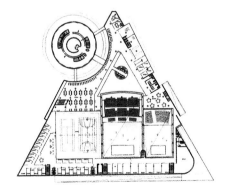

二层平面图

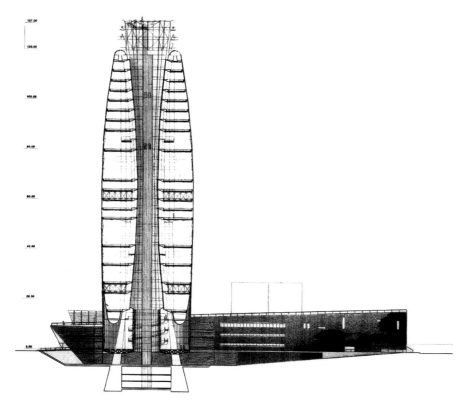

剖面图 A

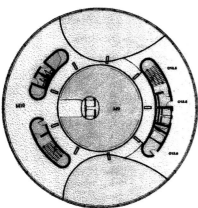

电视会议中心用房

节目配音用房

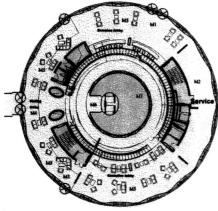

地面层

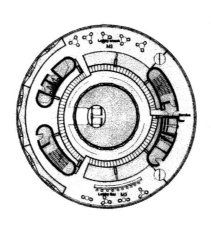

第一楼层

内，达到一个良好的环境。

主楼体框架结构

灯笼式结构壳体：

深圳电视中心的建筑物的外形好似电磁棒周围的磁场受力拉长而成的。一个由斜条格壳组成的双面网络结构。

这个环形电磁场是一个四维立体形，并具有流动性的视觉感观。

深圳电视台主楼的垂直面和水平面结构均在严格的力场规则标准下建成的，使之在各方面受力平衡。

这种结构的建筑物由传统高塔式建筑物形状延伸为现代的、新颖的、并具有标志性的建筑设计。

斜条格网壳立面：

建筑物的两个立面：斜条格网外壳受张力，内壳受压力，这种框架结构给建筑物每一楼层一个很好的透明度。

外力由两个中间层从外壳传递给内壳，由上至下一个同样高度的结构或一个半球形框架完成。

斜条格内壳一直延伸到建筑物的中庭，并进入基础结构之中

受力：

我们估算每楼层面平均受力为3kPa，并加上在技术用房和储藏区楼层承受最大的受力。

考虑到深圳地区的强台风影响，其速度大约为55m/s，并加上每50年1次每3秒发生一次的强阵风，经过高建筑物为计算基数。

我们以每10年1次，一个力量为20mg的加速为标准。

此建筑物基础是建立在基岩层上，为了保险的原因，场地应该进行地质勘测再加以精确计算。

结构设计：

建筑物环形壳的结构为：

1. 承受张力的斜条格外壳，其每楼层外周边的形状像一个圆环。

2. 承受压力的斜条格内壳，其楼层内周边的形状像一个圆环。

3. 由核心（电梯，楼梯组）组成斜条格壳，它支撑着楼层板，起加强杆作用。

斜条格外壳：

外壳承受由楼层板外周边造成的张力，几组平均分布的索绳支撑楼层板的重量。

楼层板固定斜条格式壳的方法为：

或直接固定（满楼层）；

或在每楼层板位置上，由环形箍固定

（空楼层），并用加强杆固定整个结构。

楼层板类型：

楼层板采用加强的小钢梁，用小支柱撑固定在平板上，在两者之间的空隙中，安放电线管道及通风管道等。

空楼层：

建筑物有几层形状似棱柱形的空楼层和双层架空楼层立面斜条格壳的框架结构由空楼层上的环箍和环形横梁衔接，并在周边对角线的三个点处加固，使之传递外力和其他楼层所受的风力。

结构受力情况：

半圆柱：

建筑物高部：半圆形的楼层板由斜条格外壳接收张力，传递给内壳。

建筑物底部：半圆形的外圈受张力，内圈受压力，总的表现为压力。

建筑物顶部：承受张力斜条格外壳的张力电圆形顶部承担。

传递带：

在建筑物内立面（内壳）上有一条或两条受力传输带，传递由外壳传给内壳的压力。

技术经济指标

A	基地总面积	20 279 m²	
B	建筑物占地面积		
	地面建筑物占地面积	9 937 m²	
	建筑密度	49%	
C	总建筑面积	44 500	
	地下建筑(地面 ± 0.000 标高以下)	11 800	
	地面建筑	32 700	
D	总高度	120m	
	裙楼基房	20m	
	裙楼凸出物高度	40m	
	包括构筑物总高度	137	
E	容积率	面积	容积率
	一期工程	44 500m²	2.19
	二期工程	49 000m²	2.42
F	绿化覆盖率		
	地面绿地面积	7 098m²	
	绿化率	35%	
	裙楼屋面绿化面积	3 500m²	
G	绿化率	52%	
	总停车位	220	
	主楼地下停车位	120	
	来访及社会停车位	100	
	自行车停车位	120	

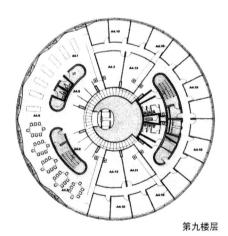

第九楼层

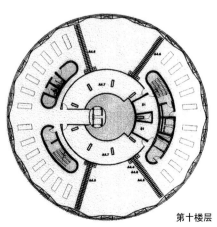

第十楼层

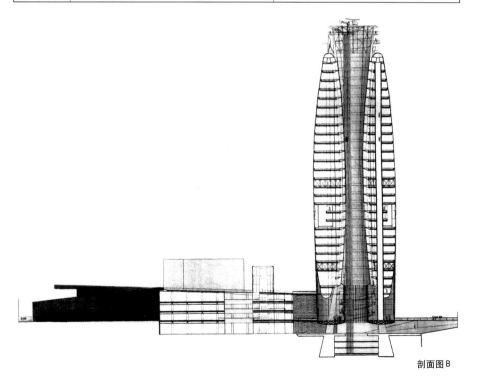

剖面图 B

电视装备设施：

这种电视装备设施可录制直播节目，每个演播室都有自己的控制室和可处理所有演播室的音乐、图像效果、并安装通讯设备和特殊处理设备。

三角形裙楼：

它是一个无时空限制的建筑物，一个探索人类文化、科学知识的地方，裙楼立面由深色大理石板建成，在有些不透明房间的外墙安装不透明的窗，可根据情况需要打开窗户让阳光进来。

来访者可以通过裙楼底层的花园进入里面，在这花园里种植了竹林和热带树木，沿着墙壁向前走，感觉到整个森林包围着你，在路的尽头有个循环水池，倒映着整个电视塔。

功能布局

三角形裙楼分两部分：

透明的公共空间，例如：进口大厅，接待处，咖啡厅，候处室，商店和电视博览柱廊。

第三层楼的餐厅，裙楼的底层和所有的技术用房。

透明度

本设计的平面是一个自由发挥的空间，每层楼由柱子支撑，内部弧形玻璃墙分隔，使参观者能自由地观看内部世界。

在裙楼中央有一个大的透明的中庭，由顶棚直接提供自然光线，并有一个柱形垂直交通柱，从休息室直接通到顶部、电影院的放映室。裙楼的底层有厨房用房，并配备两个电梯用来运送各进口和空地的厨房用品和别的货物。

裙楼的底层：

制作用房，演播室和控制室设在底层的北面，大的演播室高度为4m，演播厅的舞台器材用两个大的起重梯从下面制作室直接运到舞台。底层北部还有技术用房、道具库，所有的器材和厨房用品并用一个通道。

演播室

演播室配有演员用房，包括化妆室、美容室、服装室，有一条内部通道通向技术用房。并配有音响、图像处理房（电，杠，油漆等）和储藏室。服装和其他设备由一个能运载15t，体积为60m³的大型电梯运输。

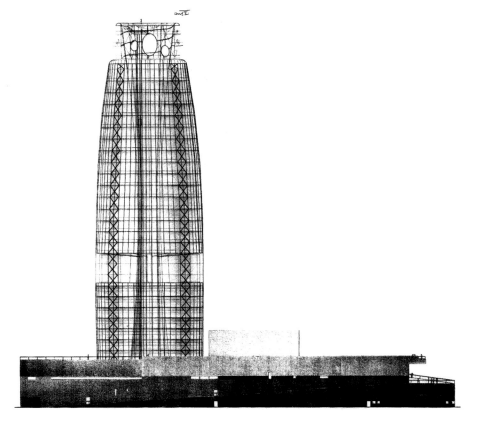

剖面图C

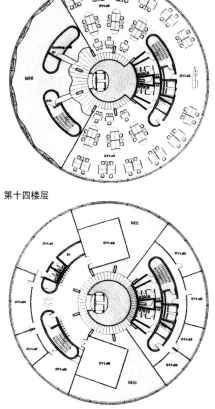

第十四楼层

第十七楼层

《深圳市中心区城市设计与建筑设计1996—2002》系列丛书

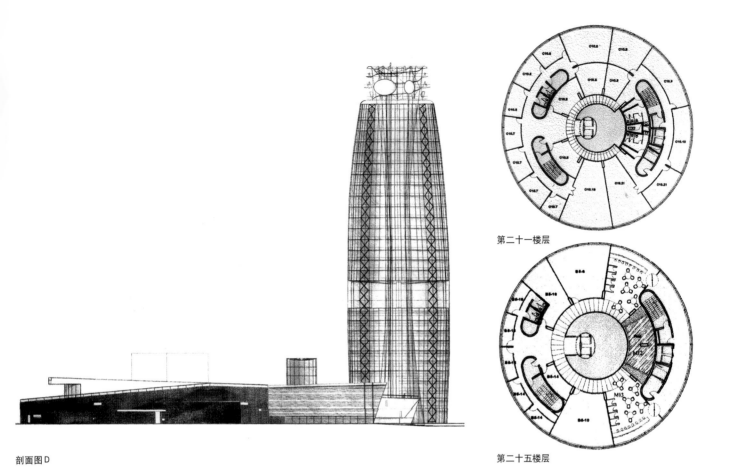

剖面图D

第二十一楼层

第二十五楼层

（二）加拿大B+H国际建筑师事务所方案

建筑设计

1.设计意图

深圳电视中心位于深圳市深南大道和新洲路两大主干道的交叉处。下图的轴线B和南北高架的新洲路相呼应，对应于主要的广播区；轴线C和邻近的深南大道相呼应，对应于管理和服务区；沿东侧的弧形天篷是主入口，其中心在轴线A。圆形庭院是平面的旋转枢纽和各轴的交叉焦点。这几何组成是整个电视中心设计的主要思想。

电视中心面向东面的公园和将来的音乐厅文化中心。广场的公共部分可越过道路与公园和音乐厅融为一体。

电视中心的建筑设计是一个娱乐和教育设施而不是办公塔楼，它采用低层丰富的建筑形式，以满足大跨度演播空间的要求。

按照功能，主要广播区是一个高科技的"盒子"，在暗淡的金属外墙上布置细条窗，以模拟电视监督器上的扫描线；以管理及制作演播中心和电视信号传输中心等组成的高层管理区域，其北面采用不锈钢板表面，南面则为有色窗墙。两者形成L形交叉，作为电视中心的背景。一个1 500m² 和一个800m²的演播厅，表演广场上的天篷和L形高层管理演播制作区形成景观。

建筑内部有两个主要元素，最主要的元素是主公共广场，它由南北大堂和凹入的广场天篷形成。两个带有媒介展示外墙的大演播厅位于该公共广场的西面。

第二个元素是圆形的中式花园。它位于整体建筑的几何中心，作为内部组织的焦点。花园和演播空间相连，并向上开敞以获得更为充足的阳光。

沿轴线A的元素组织是从内部空间推向公共空间。从演播厅、花园空间（内部空间）推向室外表演区及公园。

横向空间是由东侧公共广场到西侧的固定建筑；竖向空间是从底层的公共空间到上部的内部空间。

综上所述，电视中心的设计充分考虑其形式、体量、色彩和功能，使之成为一个协调的整体。它有4层裙房，东侧和南侧是正立面，其南侧的标志塔，将成为深南路的一个城市景观；东侧面向公园的公共广场是整个建筑的主入口；管理区的顶部有直升机坪；建筑的表面则可作为多种媒介屏幕；西侧和北侧面向服务道路，有装卸场地和停车坡道；绿化和公共广场空间超过30％。

建筑形式、体量、色彩、功能关系表示如下：

公共空间	内部空间
自由和复杂形状→	正交的简单形式
开放，透明→	紧密和封闭
鲜明颜色→	暗淡对比颜色
正面入口空间→	后院空间
底层位置→	上层位置

2.空间组织

(1)空间组织可分为：

①管理区包括办公和辅助功能

②演播技术区包括演播厅和技术功能配合

③演播厅（1 500m²及800m²）

④观众区

(2)管理区包括以下：

选用经济柱网，以获得充分的阳光

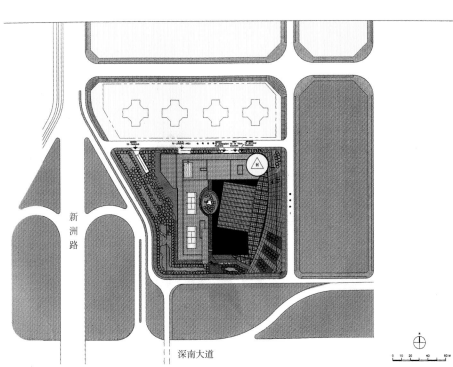

总平面

新洲路

深南大道

底层：公共门厅，职工入口门厅，转播基地，收发，物业管理，停车坡道。安全报警和风机控制靠近北面职工入口，利于消防。

二层：节目交流中心，电视会议中心（从大堂由自动扶梯直达）。中和小演播厅的布景贮存，机电用房在西面附属建筑内（监督室在邻近）。

三层：厨房及餐厅（便于交流中心、会议中心、外来人员及表演、技术和办公人员的进入）。机电在西面附属建筑内。

四层：厨房准备室，贮存及内部食堂，机电在西面附属建筑内。

五层：编辑等行政办公区、编辑办公区、冷却塔在附属建筑屋顶上。

六层：编辑等行政办公区、技术办公区。

七层：新闻中心，编辑等行政办公区、台领导办公区。

八层：编辑等行政办公区，健身，医务，理发，物业管理。

九层：报警、计算机及电话用房。

十层：节目播出区。

十一层：节目播出区。

十二层：信号传输，设备维修区。

十三层：信号传输。

十至十三层：楼面较小，机房上下重叠，减少电缆。

（3）广播／技术区包括以下：

布置无柱空间、选用较宽的楼板及较长的结构跨度以取得灵活性。

底层：经济节目中心，布景贮存及制作，装卸

二层：经济节目中心，演员更衣及等候室。

三层：布景设计，4个小演播厅，控制室，技术机房。

四层：节目后期加工区（包括虚拟表演／演播厅）。

五层：节目录音和配音区（包括音乐录音及控音室）。

六层：节目资料区（录像带贮存室地板强度加固）。

七层：新闻中心，演播厅在西南角，可容纳一个新闻演播厅。

屋顶：两个网球场，小厕所，贮存区，直接进入健身房。

（4）演播厅

总的方面：一侧为公众出入口；

其他（内部）侧为演播人员入口；

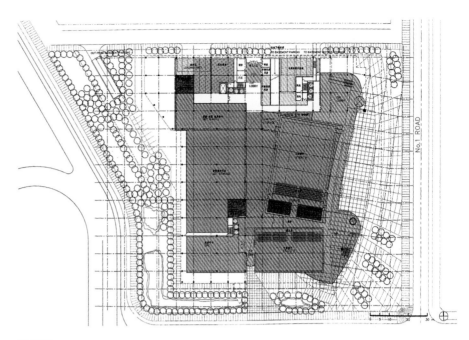

底层平面

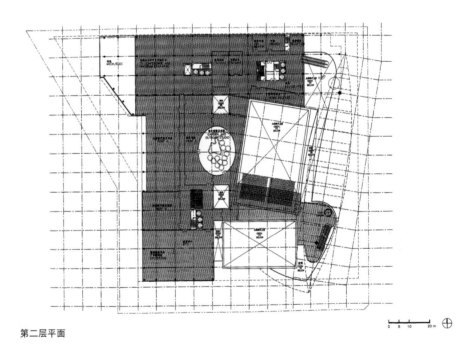

第二层平面

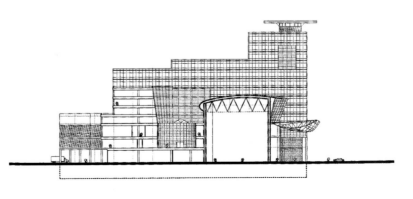

剖面

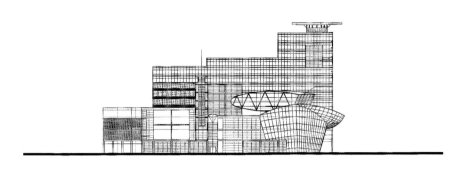

南立面

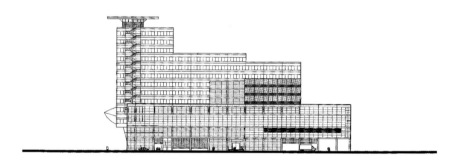

北立面

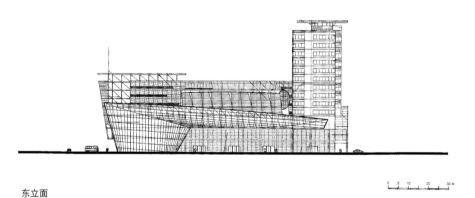

东立面

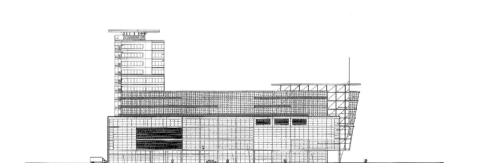

西立面

演播人员可从楼梯下来，楼梯尽可能靠近舞台门；

导演控制室在上层俯视表演，靠近技术空间及机房；

大演播厅 1 500m²：500 个固定座位及 160 个移动座位；

座位从大堂夹层进入（显示外形）；

在固定座位下的面积是观众厕所及贮存室；

移动座位可折叠及贮存；

控制室在观众区及幕顶上面，可到达维修通道及照明网；

主屋面桁架底部上面提供照明及布景板条马达及滑轮的净高；

小演播厅 800m²：300 个移动座位，这布局仅是许多布局变化之一；

从主大堂直接进入；

控制室在大演播厅观众区上面，在两个大演播厅中间，观察演播厅。

（5）观众区

主大堂：玻璃倒圆锥形，支撑钢和玻璃天篷的南端。

倒圆锥形增加空间容量。可容纳两个悬挂夹层，用自动扶梯连接，第一个夹层可进入演播厅 A 的座位，第二个夹层可到达俯视街道及公园的咖啡厅。

底层有售票处，并可进入中演播厅及其他舒适的空间。

玻璃凉廊空间：连接其他公共区及办公区大堂，提供额外空间及经过室外表演区的通道。

办公区大堂：接待客人由两个自动扶梯到达二层，改乘电梯。二层有电视会议中心、节目交流中心及咖啡厅。

室外表演区：可由凉廊空间到达。钢和玻璃翼形屋顶连接两个室内公共区。翼的北端由一个大桁架柱支撑。

3.建筑内部交通

（1）横向交通

主要建筑用玻璃构件连接，例如有天窗的走廊连接内部演播生产区及办公区。同样，室外表演区的玻璃屋顶也连接两个大堂。

（2）竖向交通

中国式花园上面的椭圆形开口反映了主观众演艺的形状，也可观赏到其他活动。

机械连接有自动扶梯及电梯。公共区使用自动扶梯。

客梯上下楼层。

货梯用于货物及服务，有较大轿厢，屋

顶及载重。

大电梯运送布景从底层装卸贮存区到三、七层演播厅；轿厢地板3.5m×5m，门高3.8m。

(3)音响考虑

广播及录音区的位置使内部和外部的声音减到最低。若节目无法隔离，可用综合墙及浮动地板建造室内室。

音响敏感区应远离低噪声源如电梯芯，机械及取暖空调机房，制布景及厕所。

由远端风机提供空调以减少从管道传来机械噪声。

深圳电视中心的设计意图，是使其成为一个城市丰富的文化设施，并可利用通过电子标志板为全市提供新闻及文化节目。

深圳电视中心工程建筑项目面积一览表

	功能	面积
首层平面	公共空间，门厅，节目演播录制区及布景道具制作贮存，大、中演播厅，经济中心，机电设备，城市公共厕所，装卸区，电视转播基地	8 583m²
二层平面	经济中心(含演播厅)，电视会议与节目交流中心，室外演播(中式花园)，节目演播演员用房及辅助，机电用房	6 214m²
三层平面	小型演播厅四组，演播厅控制室及辅助职工餐厅及厨房，机电用房	7 041m²
四层平面	大演播厅控制室，节目后期加工区，中、小演员餐厅及厨房，机电用房	5 452m²
五层平面	节目录音和配音区 编辑及行政办公——编辑办公区	3 597m²
六层平面	节目资料区 编辑及行政办公——技术办公区	3 580m²
七层平面	新闻中心 编辑及行政办公——台领导办公区	3 577m²
八层平面	编辑及行政办公——行政办公区 健身房、理发、诊所 室外屋顶花园及网球场两个	1 822m²
九层平面	计算机及电话报警区	1 822m²
十层平面	电视节目播出区，游泳池兼屋面消防蓄水池(直接由第八层进入)	1 331m²
十一层平面	电视节目播出区	668m²
十二层平面	电视设备维修区，电视信号传输	668m²
十三层平面	电视信号传输	668m²
总地面以上建筑面积：		44 996m²
地下	3层机械停车180辆车库，自行车车库及机电用房	3 987m²

建筑容积率：44 996/20 279＝2.21

（三）美国KLING LINDQUIST建筑设计公司方案

建筑设计

1.功能毗临

合理的功能布置，是本方案最大的特征，货物装卸、布景储存、演播室、公共集散之间的关系复杂又密切，同类功能要求整体集中，不同功能之间则要尽量相邻。横向切片是达到这一目的最有效措施。这样做的结果是最大限度地加长毗临长度，最大限度地产生联系机会。

2.功能与形象

形象是功能的自然流露，努力追求功能的形象特征并合理处理其相互关系是造成一切自然的建筑形象的途径。电视中心的整体形象由塔楼、公共大厅、大型演播室及技术服务几个体块构成，体块的位置、比例及表面材料性格经推敲后完美地反映了其功能。

3.建筑与空间

几个基本的体块，实虚交错，是空间与功能关系的反映，以简洁的体量创造丰富的空间是本方案的重点。先是朝南的户外广场空间，然后是通高的公共入口大厅空间，其次是观众候播及会议接待空间，最后是演播空间及办公空间，空间尺度一层一层减小，私密性一步一步加大。

不同尺度的空间之间又有元素将其联接在一起。如，广告演播室，大演播厅的候播厅将半公共性空间引入公共空间。而各层的自动扶梯、步行廊以及公共的参观廊则将公共性空间引入半封闭或封闭空间之中。

4.实用性与公共性（纪念性）

深圳电视中心是一个技术要求很强的功能性建筑和一个社会标准很高的公共性建筑，本方案的纪念性首先来自它的城市态度，南向的广场从南向北缓缓上升，使整个电视中心坐落在1.5m的基座上，是中国传统建筑纪念性的典型表达方式，由于整个广场形成缓坡，尺度宏大，开敞广阔，广场表面处理丰富灵活，露天演汇广场沉于广场之下，大型演播观众厅浮于广场上空，使传统的纪念性表达方式充满和平、热情、民主的现代感。电视中心广场的设计充分考虑了东面文化建筑群的关系，塔楼的位置使广场的朝向向东延伸，暗示将来与音乐厅、图书馆的广场空间连成一片，形成福田中心区公共文化空间的前奏，这一文化空间将在中国近代建筑史上创下先例。

5.空间与信息

电视中心又是信息集散的中心，精神文明传播的中心。深圳是信息高度集中的城市，中西方的媒体在此结合，所以传统的空间概念已不能满足电视中心的要求，更不符合深圳的地位。充分利用电视台的技术特长，使媒体、信息成为空间的发生源。塔楼的顶部设LED屏，显示深圳电视中心的标志和重大城市的新闻的简要标题，

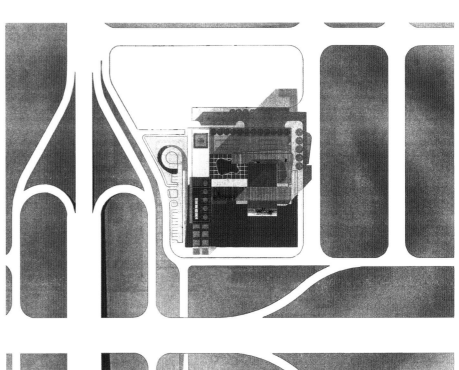

总平面

成为面向城市的动态信息源，是深圳夜晚的标志之一。入口公共大厅的北边是通高的多单元电视幕，每个单元可形成单一画面，所有的单元又可形成整体的大画面。由于南面的玻璃墙设计成没有窗棂的张力结构系统，从而使户外广场的市民可以直视大厅内的多媒体屏幕。在夜晚，室内外形成一体，形成穿过深南大道的最强烈的夜环境。

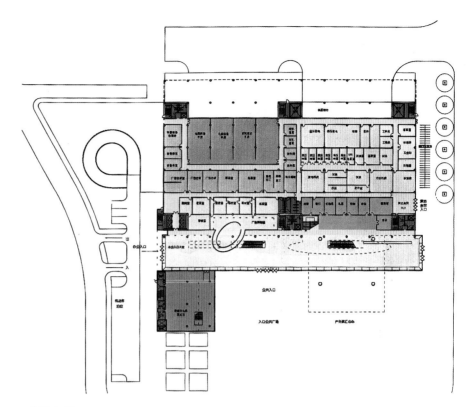

首层平面图

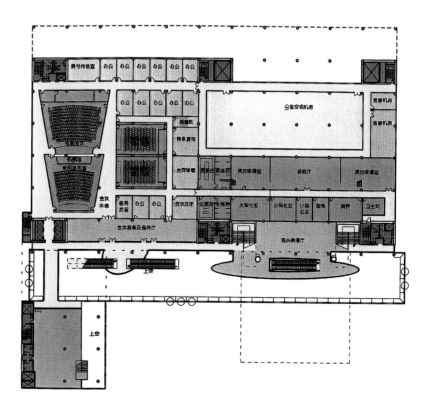

二层平面图

东立面

南立面

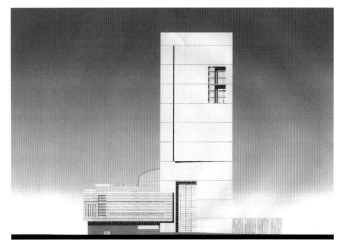

西立面

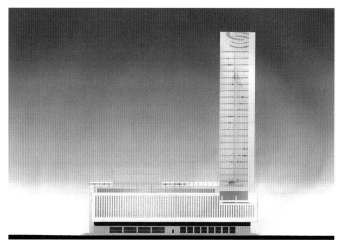

北立面

剖面 1

剖面 2

(四)日本株式会社日建设计方案

1.概况

深圳电视中心建设场地,选定在规划中的深圳中心区北区的西南角地段上,位于新洲路和深南大道的交会处立交桥的东北侧。场地呈梯形,东、西、南面均有城市公园和绿地环绕,北面和东面临区内道路。占地为 20 279.8m²,地势平坦。

为了适应深圳社会经济当前和发展的需要,电视中心将被建成一座功能齐全,技术先进的现代化建筑。

2.建筑设计

A.设计概念

本中心用地三面有城市绿地环绕,两面临城市干道,交通便利,环境优美,处于深圳新中心的显要位置。因此,本方案着眼于现代化城市中"场所"的创造,以极具雕塑感的建筑形体为城市性格的标志,以丰富的环境层次与严格的空间秩序满足城市行为与功能的需求,最终为人类情感环境的创造作出贡献。

B.总体布局与功能分区

本方案总体布局充分利用并融入规划中的城市环境。

电视中心从功能上分为三大部分,塔楼内设功能和行政用房,裙楼分为东西两部分,西部邻接新洲路,设置服务设施和演员活动区,东部是演播和公共活动区,并通过大堂和入口广场空间发生联系。

用地东部连续而开阔的入口广场,是本方案平面与空间设计的重点。广场是人类活动的重要场所,也是城市设计中不可缺少的空间组成部分,本中心入口广场作为城市空间的一部分,与用地东临的城市公园遥相呼应。从公园经入口广场而进入电视中心大堂,其渐进的空间序列使电视中心与城市环境紧密结合。

另一方面,入口广场作为电视中心的一个元素,也体现了本中心独有的空间特质,界定了中心内外两个不同性质的城市环境。本方案在平面布局中,也充分考虑到了高层建筑的景观设计。24层的塔楼位于用地北,面南背北,远离城市绿地和交通干线,不会对周围环境造成压迫感。但其鲜明的建筑造型,则成为标志性的景点。

4层的裙楼和广场,西邻新洲路,南面和东面是城市公园,亲切宜人的空间尺度可完美地融入并进一步美化周围城市环境。

C.建筑表现

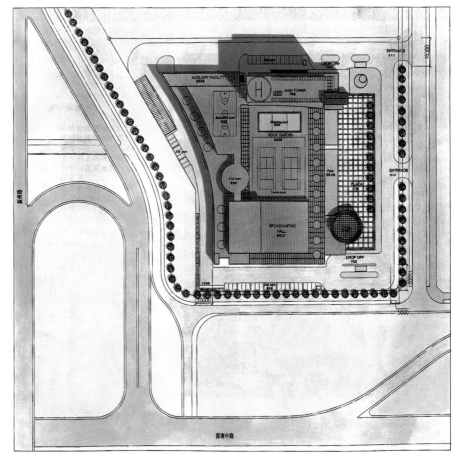

总平面

本方案力求通过材料的应用和艺术的处理手法创造出一个简洁、纯净、明朗的现代建筑，挺拔的塔楼处于用地北端，塔楼东南角是电梯厅，顺应其功能特点而发展出垂直向上的方形体量。

而处于塔楼主体的水平线则交待出由电梯厅而延伸出来的楼层。水平与垂直元素的对比交融，充分展现出力学的美感。

裙楼采用了与塔楼相似的设计手法，但更强调其水平方向的延展以期和周围城市环境取得和谐的关系。其屋顶花园的轻质格架，是表现立面的重要水平元素，同时增加了建筑的现代感，而裙楼西侧外墙顺应地形作弧线设计，进一步丰富了建筑造型。

半圆锥体的多功能厅处于用地南角，成为中心内外视线焦点。其石材外墙和主体建筑的玻璃背景形成了强烈对比，强调了造型元素并丰富了入口广场空间。

D.交通组织

电视中心出入口设于区内道路，因此而减低对于城市道路系统的干扰。本方案也提供环形车道围绕用地四周，车辆可顺利抵达用地内任何区域。

为更好地分隔内部流线与外部流线，使之各自独立而互不干扰，本方案特别设置了三个交通节点，其一是塔楼出入口；其二是演员活动区出入口；其三是观众出入口。塔楼和演员活动区出入口均经环形车道抵达，并设置下车区和停车位，以应付大量车辆和内部人员的集散，而不会影响环形车道的畅通。

观众出入口则位于用地东南角，靠近公共活动区与入口广场，与中心出入口直接联系，为外来人流提供了最便捷的交通流线。三大交通节点，各自服务于不同的功能区，并由环形车道连为一体，流线畅通，内外分明。

E.地下车库

依据深圳电视中心总体设计要求，本方案特别采用了先进的自动机械地下车库。车库对内出入口设于塔楼下车区附近，对外出入口设于观众出入口附近。车库出入口只是一辆车大小的升降台。自动控制系统将车辆从升降台送上传送带，再由传送带送去各个车位。此系统的采用大大地节省了地下车库的挖土方量，提高了土地的有效利用率，特别是出入口处，仅需要简单的设备和小块面积，即隐蔽美观又便于设置。

主要经济技术指示

总用地面积：20 279.8m²
总建筑面积：44 860.0m²
容积率：2.2
下层建筑面积：9 394.1m²
建筑占地面积：8 817.6m²
建筑覆盖率：41%
绿地率：31%
道路，广场：28%
建筑总高：100m
停车位标准：0.4/100m²

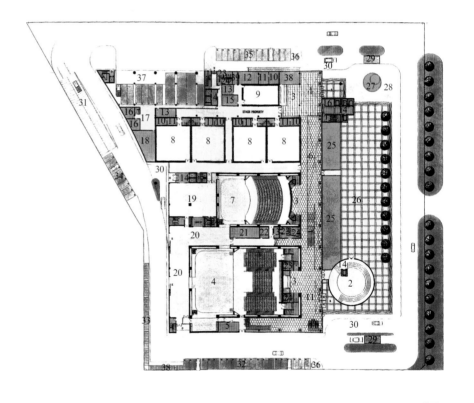

首层平面

首层设施：
1.大堂	8.小演播厅	15.化妆室	22.设备机房	28.小广场	35.员工停车场
2.多功能厅	9.广告摄制室	16.值班室	及维修	29.汽车升降机	36.守卫室
3.接待处	10.声控室	17.冲洗间	23.男厕	30.下车区	37.专业用车车库
4.大演播厅	11.调光器室	18.维修室	24.女厕	31.坡道	38.保安室
5.影迷商店	12.导控室	19.演员等候厅	25.水池	32.贵宾停车场	39.冷气(机房)
6.展览	13.道具库	20.布景库(临时)	26.广场	33.自行车停车场	
7.中演播厅	14.电梯厅	21.中心机房	27.喷泉	34.演员停车场	

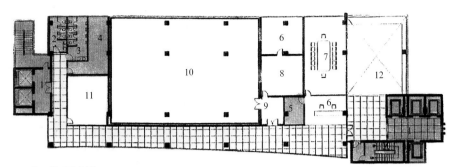

1.电梯厅　　　7.会议室
2.女厕　　　　8.声控室
3.男厕　　　　9.声闸
4.设备用房　　10.音乐录音室
5.开水间　　　11.音频仪器室
6.接待　　　　12.上空

六层设施　节目配音区

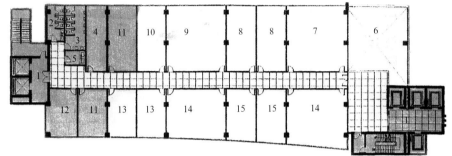

1.电梯厅　　　　9.复制(电影)室
2.女厕　　　　　10.非线性网络室
3.男厕　　　　　11.设备维修室
4.设备用房　　　12.器材库
5.开水间　　　　13.机务人员室
6.上空　　　　　14.审看室
7.三维制作室　　15.化妆室
8.动画设计室

九层设施　节目后期加工区

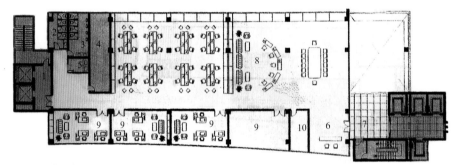

1.电梯厅　　　7.管理室
2.女厕　　　　8.硬盘库
3.男厕　　　　9.看带室
4.设备用房　　10.节目审查室
5.资料查阅室　11.审带室
6.资料室

十层设施　节目资料区

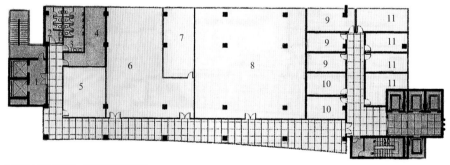

1.电梯厅　　　6.接待
2.女厕　　　　7.门厅
3.男厕　　　　8.开敞式办公室
4.设备用房　　9.办公室
5.开水间　　　10.收发室

十三至十五层设施　编辑技术办公区

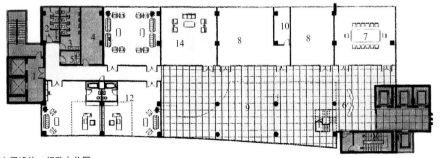

1.电梯厅　　　8.办公室
2.女厕　　　　9.大厅
3.男厕　　　　10.值班室
4.设备用房　　11.台长助理室
5.开水间　　　12.机要档案室
6.接待　　　　13.人事部
7.会议室　　　14.贵宾室

十六层设施　行政办公区

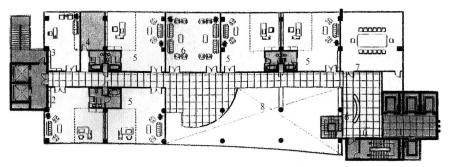

1.电梯厅　　7.会议室
2.台长办公室　8.上空
3.秘书办公室　9.贵宾室
4.冷气机房　　10.门厅
5.副台长办公室　11.卫生间
6.接待

十七层设施　台领导办公区

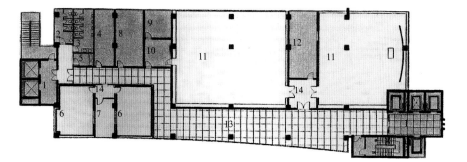

1.电梯厅　　　11.电缆终端用房
2.女厕　　　　12.传输机务室
3.男厕　　　　13.信号传输机房
4.冷气机房　　14.播出监测室
5.开水间　　　15.录像机房
6.控制室　　　16.仪器检修室
7.信息终端室　17.维修器材室
8.总控制室　　18.接待
9.卫星节目接收用房
10.卫星节目上行机房

十八层设施　计算机报警及电话

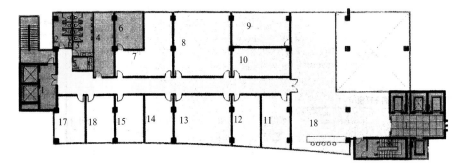

1.电梯厅　　　10.计算机终端室　19.库房
2.女厕　　　　11.磁介质室
3.男厕　　　　12.纸介质室
4.冷气机房　　13.上机准备室
5.开水间　　　14.远程通讯室
6.消防保安监控室　15.微机房
7.机电监控室　16.BAS机房
8.设备机房　　17.终端机务室
9.计算机主机房　18.值班／办公室

二十一层设施　新闻中心

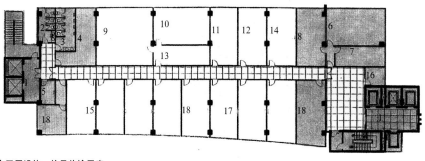

1.电梯厅　　　8.设备机房
2.女厕　　　　9.声控室
3.男厕　　　　10.调光器室
4.冷气机房　　11.新闻演播室
5.开水间　　　12.导控室
6.新闻配音室　13.等候区
7.控制室　　　14.声闸

二十三层设施　信号传输用房

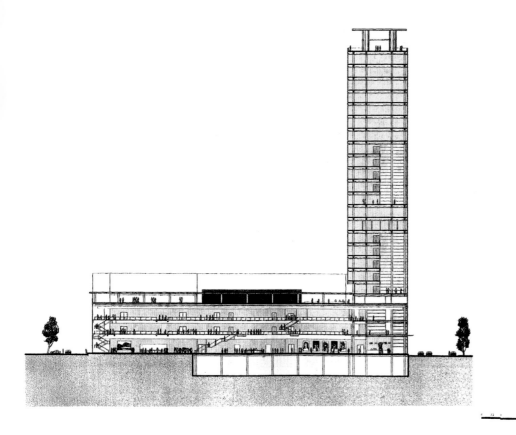

2-2 剖面

南立面

四、深圳市电视中心工程设计国际评议会国际专家评议综述

(一)关于对四个送审方案的倾向性意见

1.七位专家从建筑专业角度,在4个方案中,普遍倾向"C"方案。其理由:(1)造型有创造性,新颖,有时代感。(2)造型较好体现了广电文化特征。(3)结构设计先进,可以引进国外先进技术。(4)主楼远离北侧住宅区,与西侧立交桥关系合适。(5)有向东部广场开放之势,符合总体要求。但对"C"方案也提了一些值得研究的问题:(1)要尽可能降低造价。(2)施工有一定难度,注意与施工部门配合,达到先进水平。也有的专家认为国内可以解决。

2.对"A"方案,专家认为也有可取之处,但缺点明显。其优点:(1)低层建筑,便于施工、维护和管理,造价低。(2)人流容易组织,可能比较实用。缺点:(1)方案中分块之间"撞击"。(2)设计手法有抄袭之处。(3)难于修改好。(4)手法"罗嗦"。(5)风格平淡,无特色。

3.对B、D方案,专家基本不作评论,明显持冷淡态度。也有的专家说可能实用,但基本意见认为太一般化,造型无可取之处。

专家一致认为A、B、C、D四个方案中"C"方案较好。

(二)关于标志性问题的意见

1.专家认为,电视中心确属标志性建筑,但不能将其与市政大厅相提并论,主要是文化性建筑的标志,文化气息要浓厚。

2.由于其位置在"中心区",又处在西门户地位,而且人流和车流较多,也不失为是一种标志。

(三)关于场地的建议

有几位专家认为,"C"方案将是一个很有特色的新型建筑,应向中轴线方位靠拢,有利于丰富中心区景观。工艺专家也认为,向东移动建设场地,有利于电视台与政府联系,有利于以电视表现中心区景观。

(四)其他

1.专家对深圳市领导的气魄,以及会议组织也给了好评,并多次表示谢意。

2.对该工程今后发展表示关注。

3.专家也对城市规划提出过一些学术性建议。

国内电视工艺专家评议综述:

(一)这次国际招标活动的组织是比较成功的。

1.提供的4个设计方案有足够深度,并有一定水平,资料完整,模型精细。

2.从4个方案看,设计者对甲方要求和设计大纲均作了充分研究,方案功能基本上符合大纲要求。

3.七位国际评委评论水平高,认真负责。

4.市政府、中心区办公室、建设单位会议组织比较好。

5.建设单位设计要求文件编得十分完整,技术性较强,受到专家好评。

(二)4个方案在工艺上基本合乎要求,但各有一些缺点和问题,不过基本上是可以调整的,而且一些也必须在最初设计加以调整,这一点可以由工艺设计单位、使用单位与设计单位承包共同商议修改。

(三)鉴于10月15日七位国际评议基本结论均倾向"C"方案,以下就此对"C"方案提出工艺意见如下:

1.演播室1大、1中和4小,集中布置在第一层的裙房区,是可行的,适宜的,但导控室与演播室分离问题要改进。

2.新闻中心设在19、20层,这偏高,至少要在底层设有部分设备用房。

3.主楼设置三部电梯,有的专家认为垂直交通应认真研究,应对人流认真分析。

4.有的专家担心三角区裙房的演播室附属用房面积不够用。

5.残疾人坡道占面积太大,建议取消,可以用电梯代替。

6.中心对外开放以供参观,要组织好人流,分区要严格。

7.网络化等是必然趋势,电视技术设备更新快,因此工艺设计和土建设计都要适应这一点,布线系统一定要适应此趋势,要便于重新铺设线路。

8.深圳电视上卫星是其必然,上星站应设在本场地。专家建议深圳电视上星,这对扩大深圳影响有利,对深圳台的增加广告收入可提供客观条件,也可以丰富国内电视屏幕。对此,本期设计可以不列入基建内容,但在场上应留有发展余地。

9.建议建设场地可否向广场方向移动一下,这对转播市政广场活动有利,对市领导与电视台联络更方便,同时,对完善广场景观也十分有利,并将给广场增色。

专家建议:深圳特区应预留音像资料馆建设用地。音像资料馆可以保存邓小平等国家领导人来深视察、特区发展史音像资料,特区历届领导人决策和重大项目实施音像资料,以及国际会议和国际活动音像史料等永久性保留设施,因这项设施中央电视台已在兴建,因此建议建设场地留有深圳音像资料馆发展的余地,将来可以利用它进行国内外电视音像的交流,以及文化活动、爱国主义教育、娱乐活动等,对群众开放。

1997年10月16日

五、国内投标方案

方案一：重庆建筑大学深圳华渝建筑设计公司（推荐方案之一、中标方案）

设计说明：

一、总体布局：

本项目主要入口位于基地南面，正对深南大道。建筑退道路红线南、西两侧分别为15m、10m，北侧16.5m，东侧5m。

在主入口处设有一个入口广场并兼作庭院露天舞台。建筑主体位于基地西北角，与新洲路平行布置，裙房部分（节目演播用房）布置在基地东西，靠近主入口处有一个专为残疾人服务的1.8m宽的坡道。在建筑的北面设有一座60m²的附建式公共厕所。

在基地的东北角设有一个自行车停车棚，在西面设有停车场。

流线

消防通道：消防车道入口位于基地东北面，并围绕基地形成一个环形消防通道。

地下室入口：地下车库入口位于基地西北面，出口位于基地东南面。

车流：环绕基地，并穿过主楼与裙房相连的桥下形成环形车道。

人流：观众主要入口在南北面，演职人员入口在东面。

行政办公及其他工作人员入口位于主楼东部，即观众与工作人员与演职员入口分开，互不干扰，各自独立。

二、建筑设计：

地下二层：风、水、电设备用房
转播基地用房
地下机动车库
地下一层：辅助用房（职工餐厅、厨房、理发室、健身房）
电视设备维修用房
节目演播辅助配套用房
首层：演播用房：260m²，用房4个：剧务商谈室、执行导演室、机务值班室、演播调度室。
部分观众用房：服务室、240m²观众候播室、冷饮咖啡室、贵宾室、卫生间。
部分演员用房：化妆室、美容室、服装室、更衣室、沐浴室、演员卫生间。消防保安监控室
二层：演播用房1 500m²、800m²演播用房各1个，部分观众用房（480m²候播室、卫生间），部分演员用房（候演室、卫生间、

更衣室，排演室，沐浴室）。
保安值班室
三层：节目交流中心
电视博览厅
观众参观廊
四、五层：电视会议中心
观众接待苑
精品节目鉴赏雅座
观众参观廊

调光室、调音室、调光器室、重控室
六层：计算机和电话及报警区
七、八层：节目后期加工区
九层：节目录音和配音区
十层：经济中心
十一、十二层：新闻中心
十三层：节目播出区
十四、十五层：节目资料区
十六层：避难层

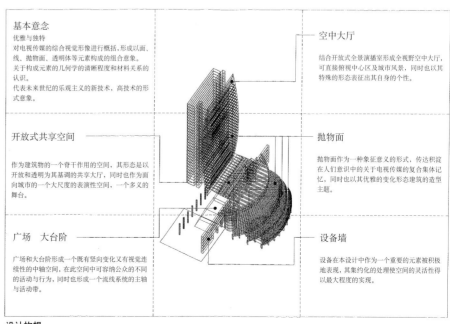

设计构想

十七—二十二层：编辑和行政办公区
二十三层：全景演播室
二十八、二十九层：电视信号传播用房

三、经济技术指标：

1. 容积率：2.248
2. 建筑面积(不包括地下室)：45 600m²
3. 总建筑面积(包括地下室)：65 900m²
4. 覆盖率：38.6%
5. 停车位：243个　地上　45个
地下　198个
自行车棚　120辆
6. 绿化率　28%

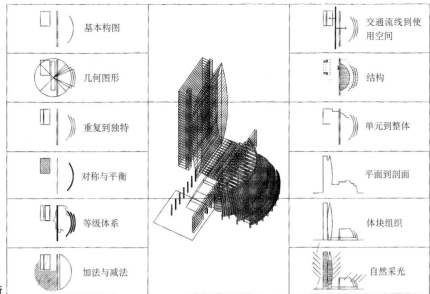

基本构图		交通流线到使用空间	
几何图形		结构	
重复到独特		单元到整体	
对称与平衡		平面到剖面	
等级体系		体块组织	
加法与减法		自然采光	

设计元素分析

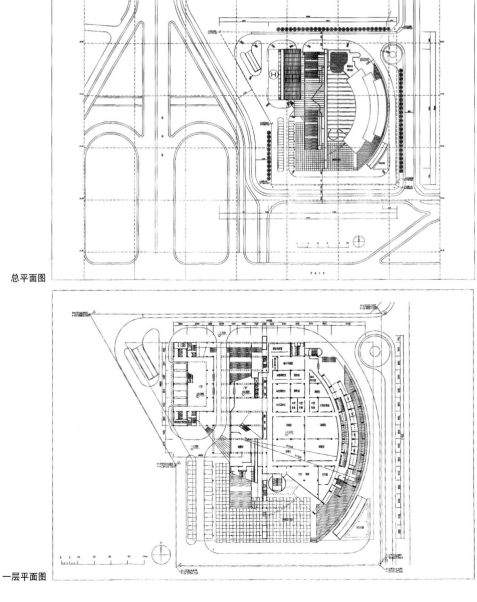

总平面图

一层平面图

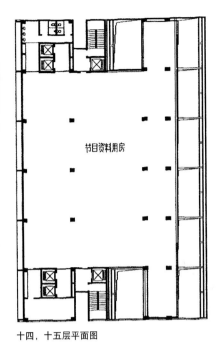

十四，十五层平面图

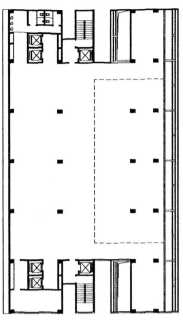

二十三层平面图

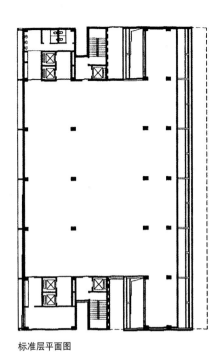

标准层平面图

南立面图

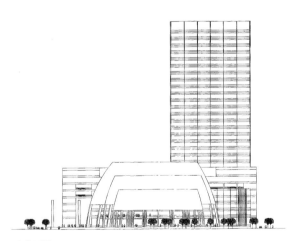

东立面图

西立面图

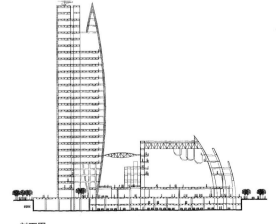

剖面图

实施方案：

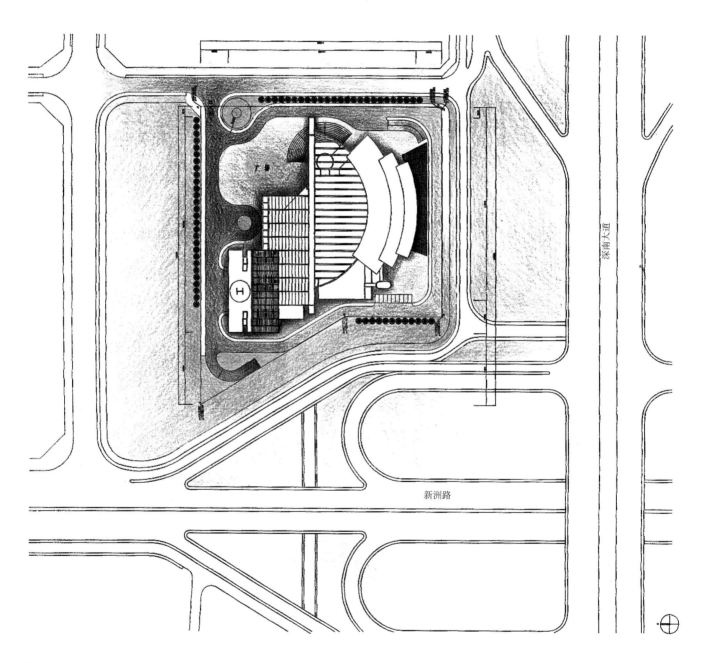

总平面图

实施方案南面透视图

南立面图

西立面图

方案二：上海华东建筑设计研究院（推荐方案之二）

南面透视图

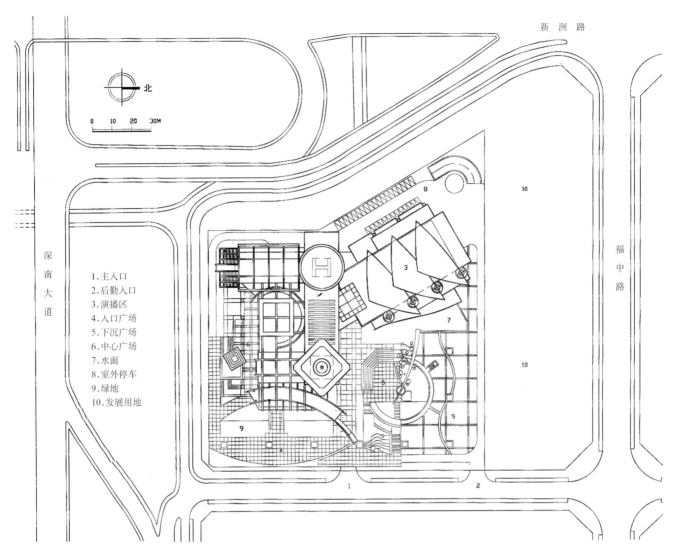

新洲路

深南大道

福中路

北

0 10 20 30M

1. 主入口
2. 后勤入口
3. 演播区
4. 入口广场
5. 下沉广场
6. 中心广场
7. 水面
8. 室外停车
9. 绿地
10. 发展用地

总平面

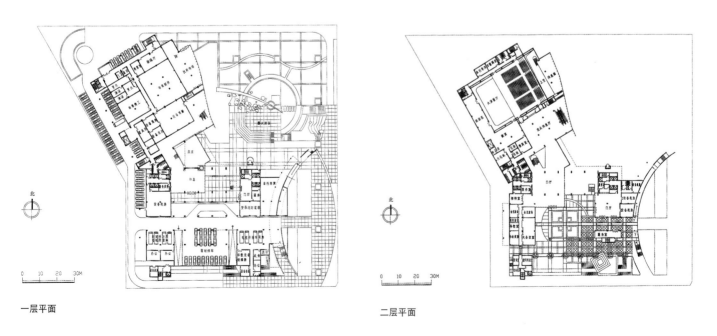

北

0 10 20 30M

一层平面

北

0 10 20 30M

二层平面

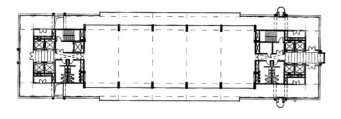

标准层平面 A

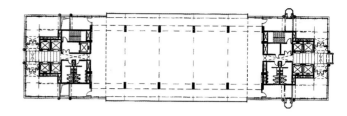

标准层平面 B

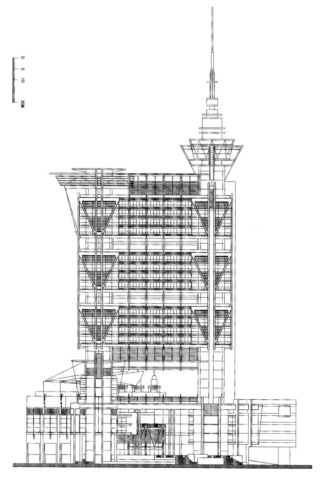

南立面

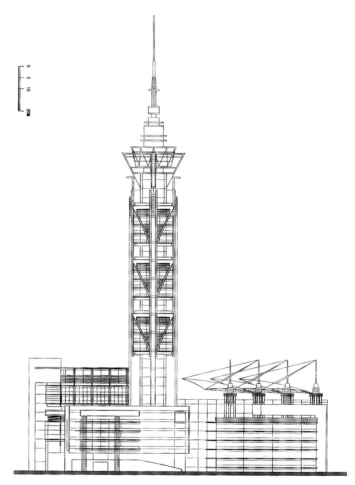

东立面

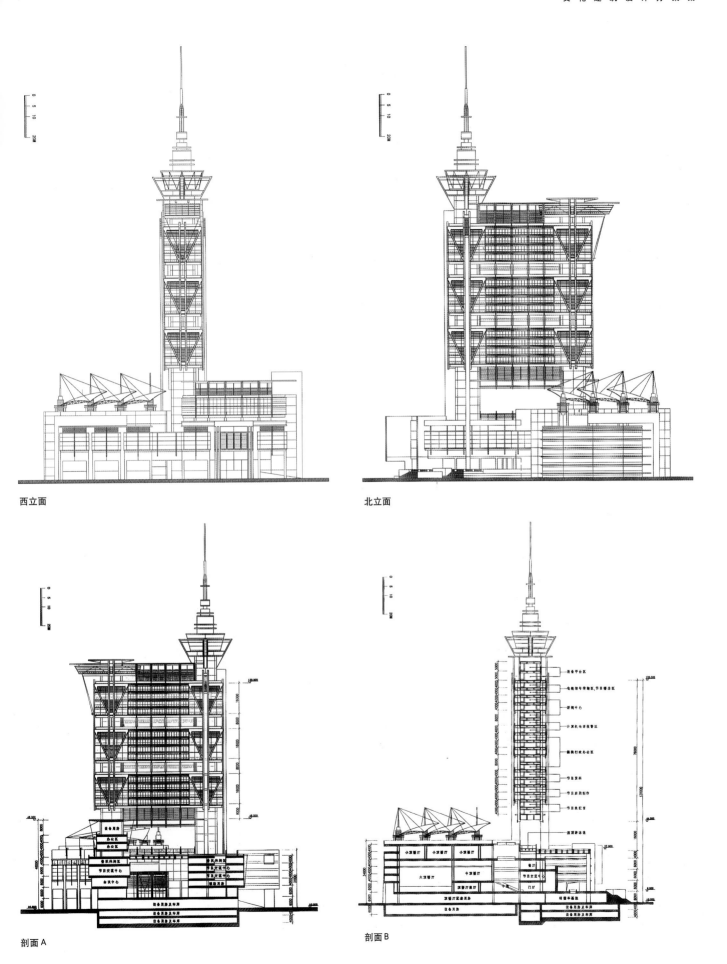

西立面

北立面

剖面A

剖面B

方案三：建设部建筑设计研究院方案

北面透视图

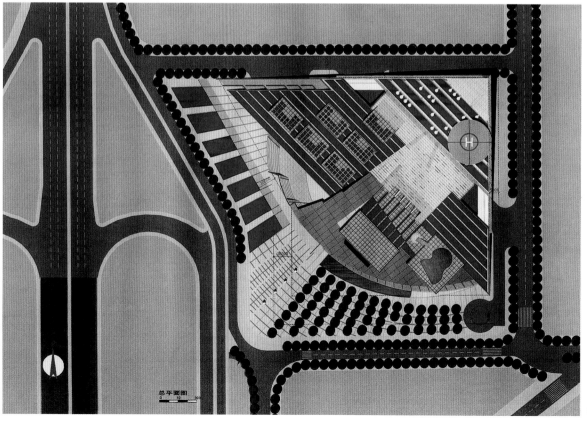

总平面图

一层平面

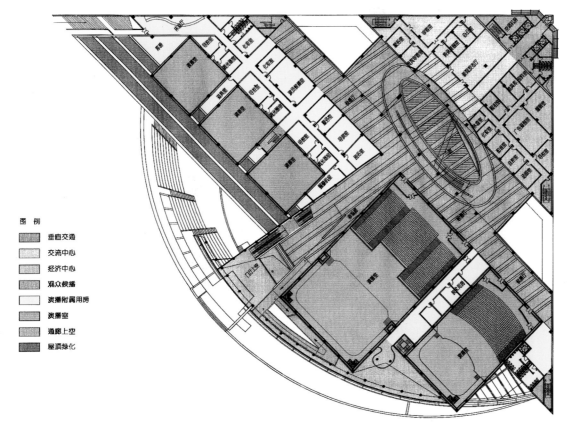

二层平面

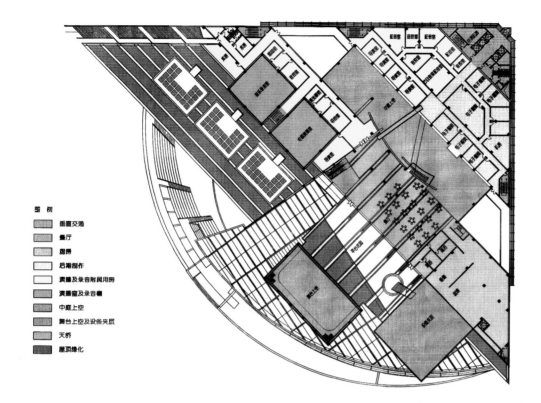

图 例

垂直交通
餐厅
厨房
后期制作
演播及录音附属用房
演播室及录音棚
中庭上空
舞台上空及设备夹层
天桥
屋顶绿化

四层平面

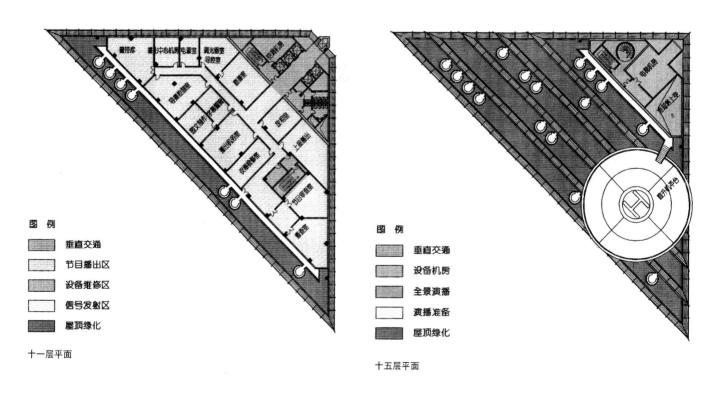

图 例

垂直交通
节目播出区
设备维修区
信号发射区
屋顶绿化

十一层平面

图 例

垂直交通
设备机房
全景演播
演播准备
屋顶绿化

十五层平面

西南立面图

北立面图

东立面图

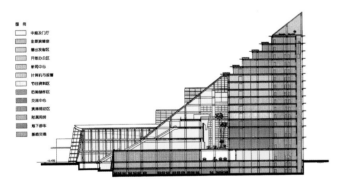

1—1剖面图

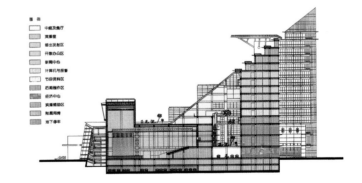

3—3剖面图

方案四：上海建筑设计研究院

模型效果图

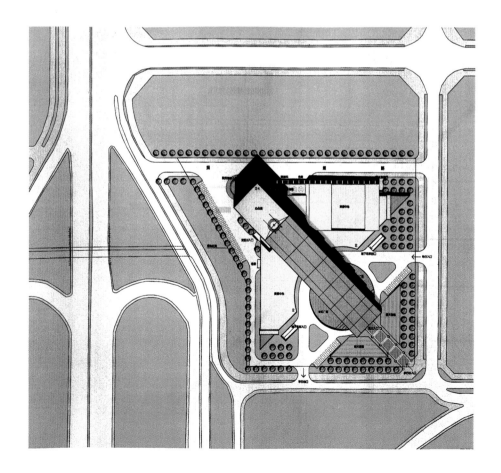

0 10 20M

总平面图

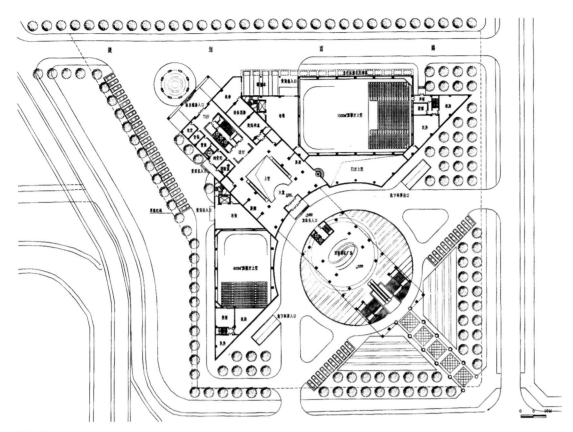

一层平面图

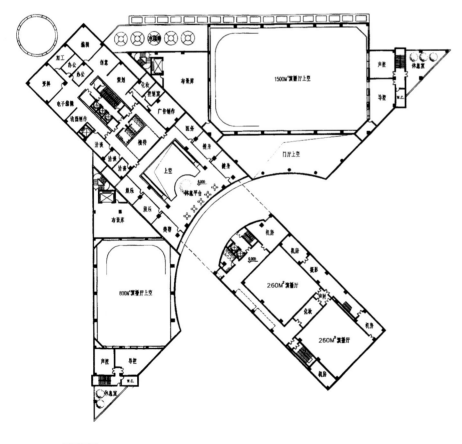

二层平面图

四层平面

五层平面

八层平面

九层平面

东北立面

东南立面

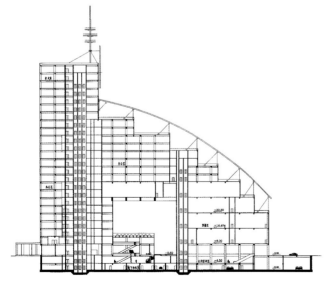

剖面图

方案五：中国航天建筑设计研究院方案

南面透视图

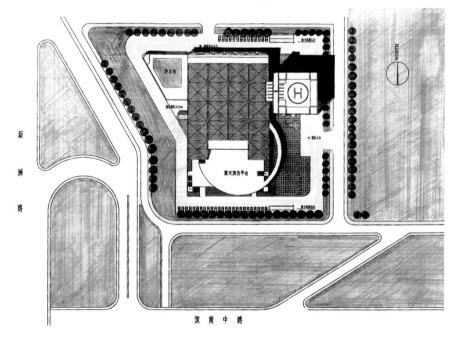

总平面图

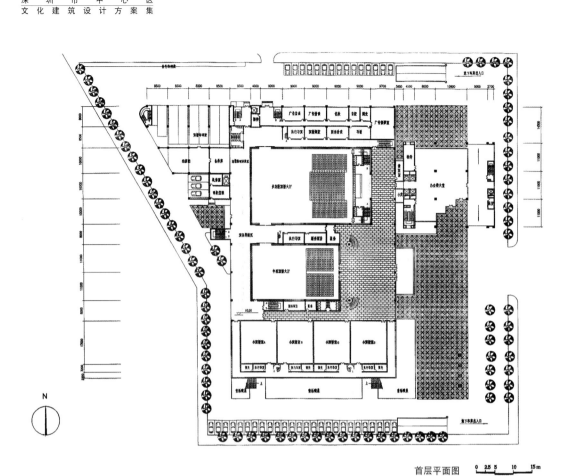

首层平面图

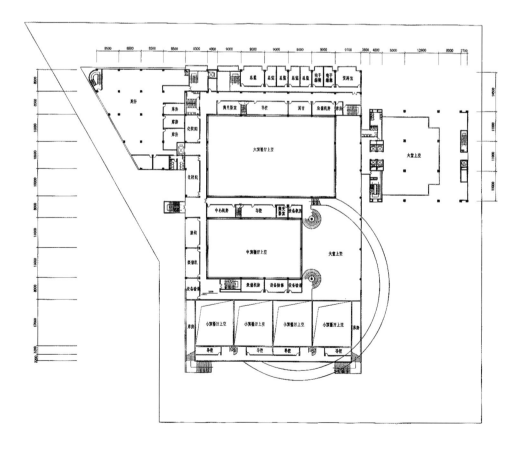

二层平面图

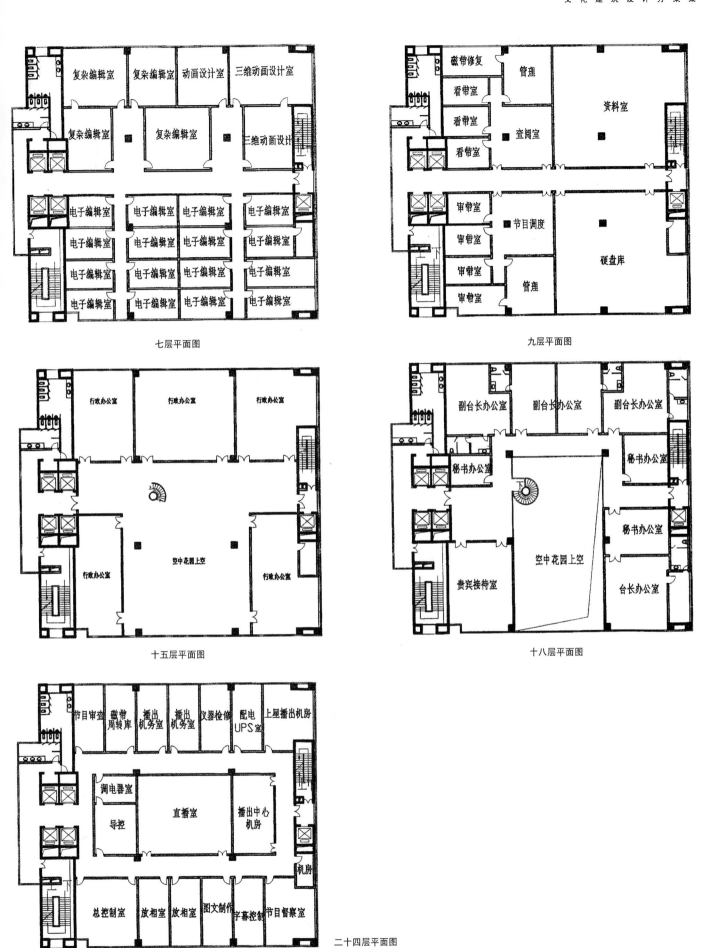

七层平面图

九层平面图

十五层平面图

十八层平面图

二十四层平面图

东立面

西立面

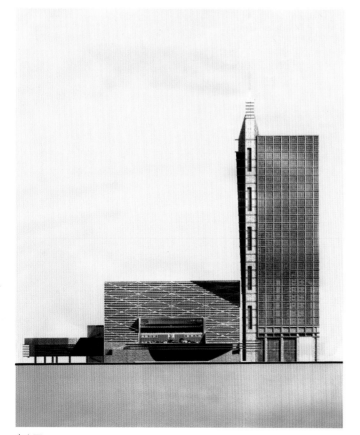

南立面

北立面

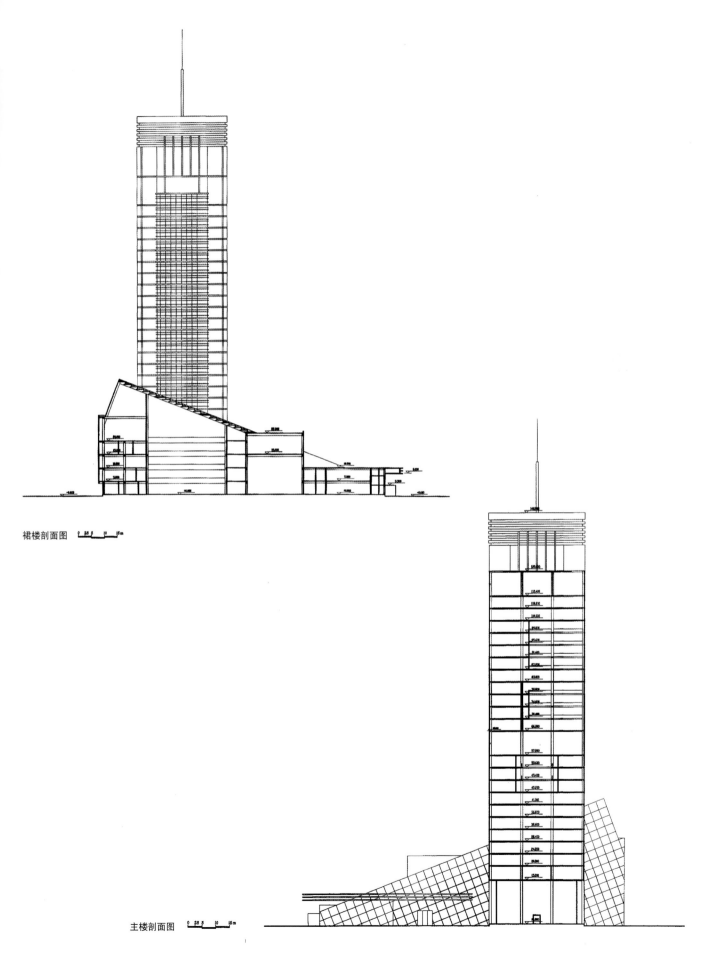

裙楼剖面图

主楼剖面图

方案六：华森建筑与工程设计顾问有限公司

南面透视图

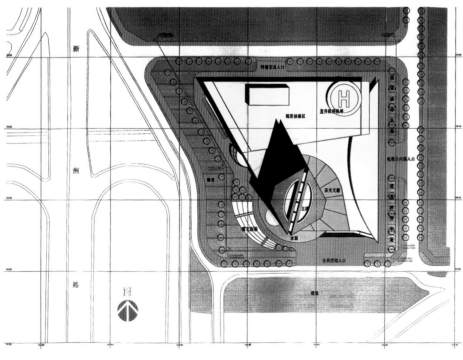

总平面图

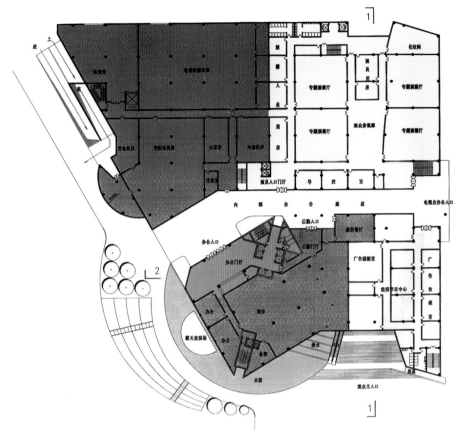

首层平面图

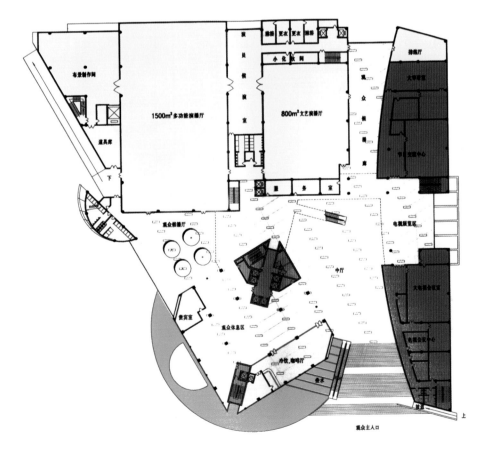

二层平面图

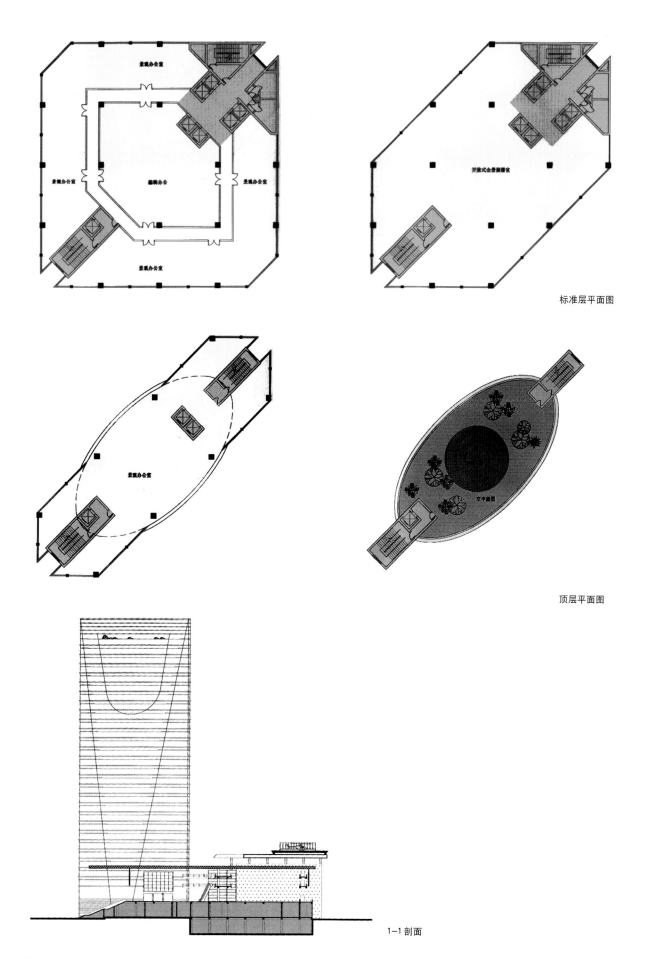

标准层平面图

顶层平面图

1-1 剖面

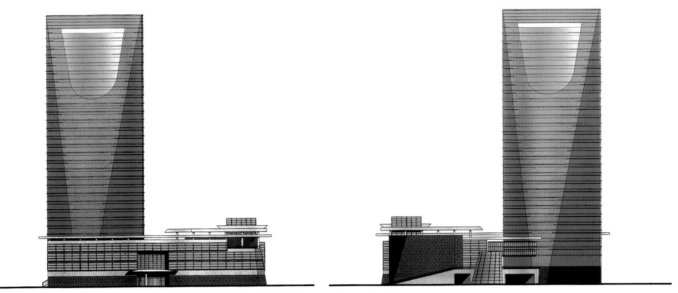

东立面图　　　　　　　　西立面图

南立面图　　　　　　　　北立面图

方案七：广电部设计研究院

南面透视图

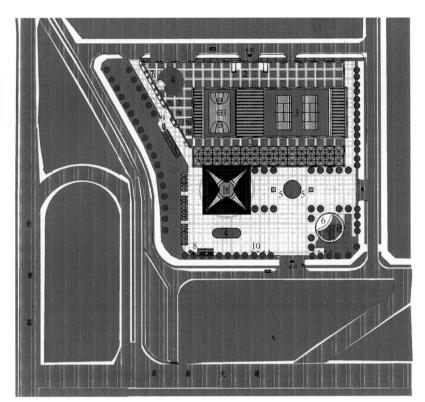

1.主楼
2.裙房
3.屋顶球场
4.水池
5.雕塑
6.露天剧场
7.卫星天线
8.地下车库入口
9.地下车库出口
10.旗杆

总平面图

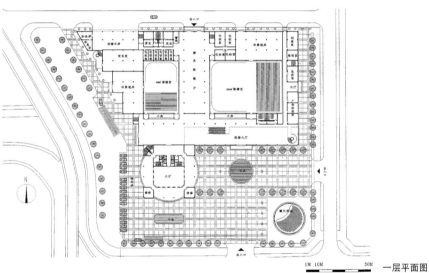

一层平面图

二层平面图

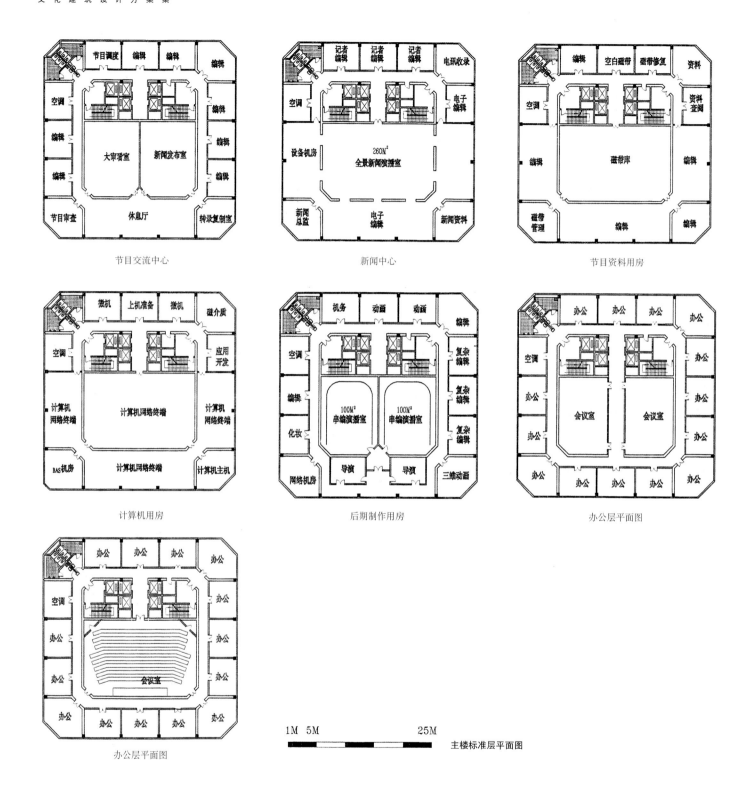

节目交流中心

新闻中心

节目资料用房

计算机用房

后期制作用房

办公层平面图

办公层平面图

1M 5M 　　　　25M

主楼标准层平面图

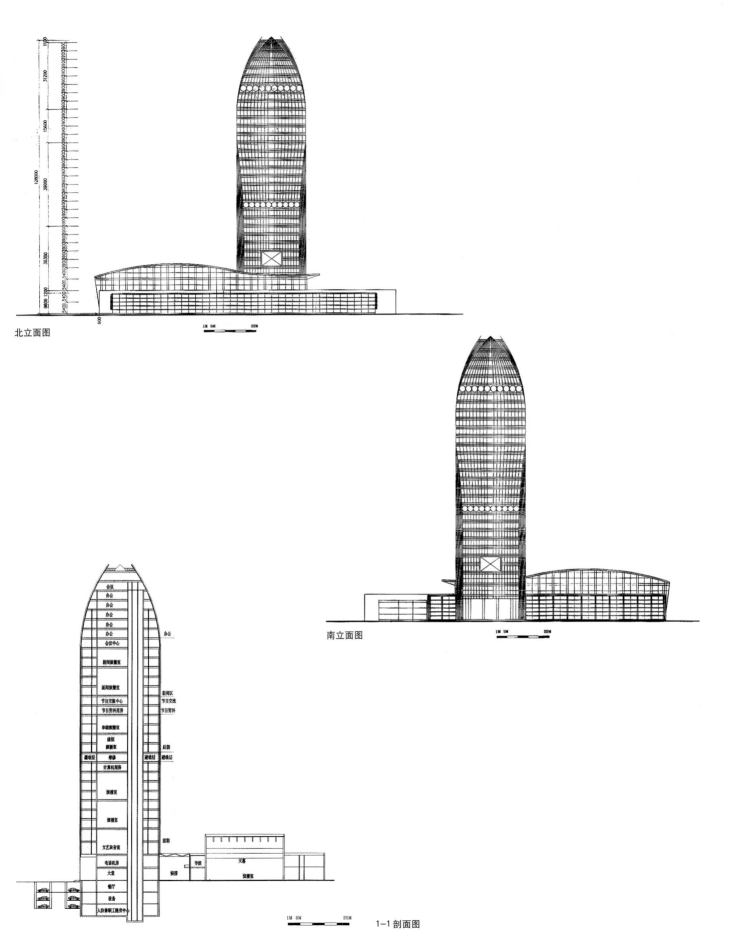

北立面图

南立面图

会议
办公
办公
办公
办公
会议中心
新闻演播室
新闻演播室
节目交流中心
节目资料用房
串编演播室
虚拟演播室
避雷层   楼梯
计算机用房
演播室
演播室
文艺录音室
电话机房
大堂
餐厅
设备
人防兼职工接舟中心

办公
新闻区
节目交流
节目资料
避雷层   避难层
后期
前期
天幕
演播室
录播   导演

1—1 剖面图

方案八：广州佘畯南建筑师事务所

模型示意

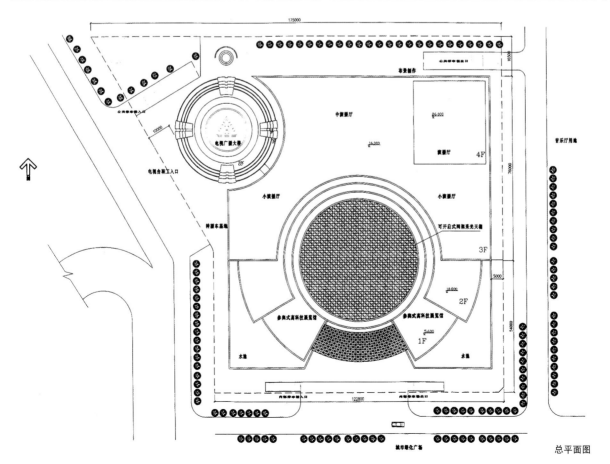

总平面图

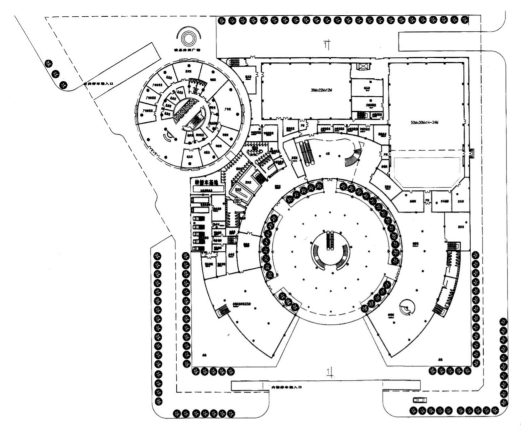

首层平面图

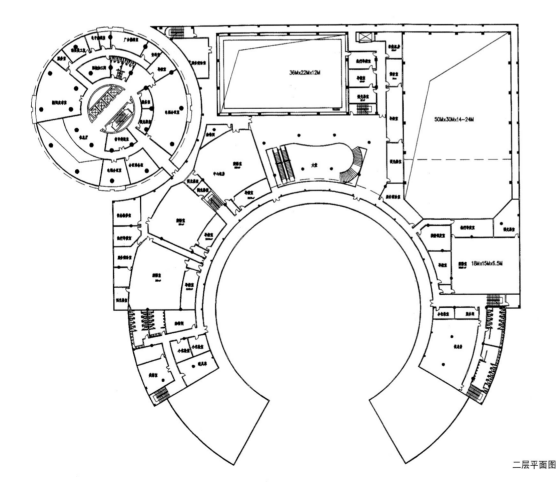

二层平面图

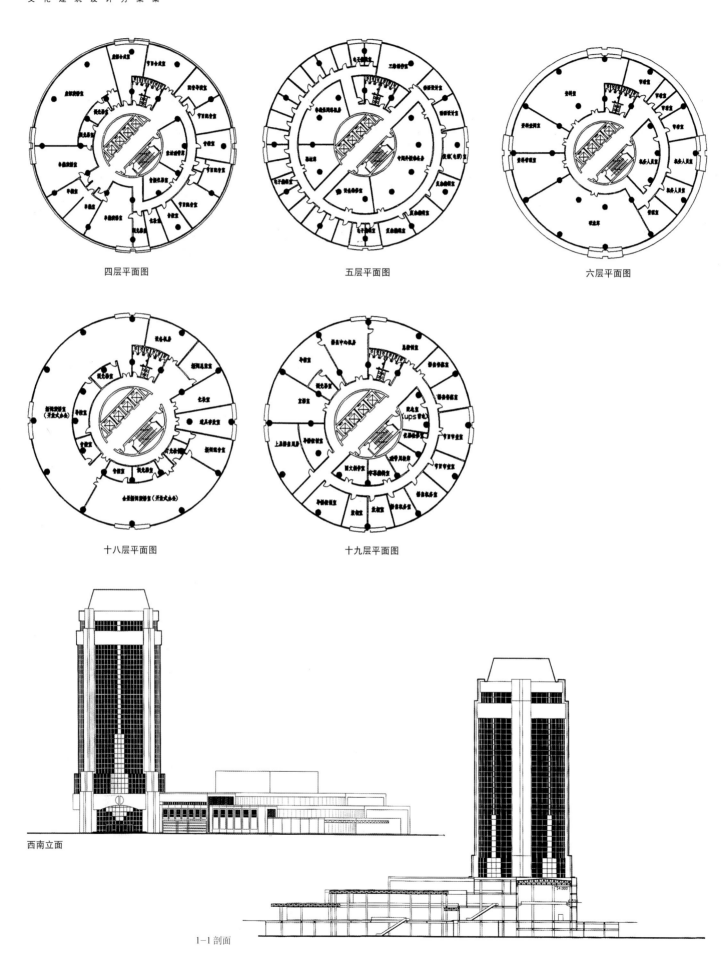

四层平面图

五层平面图

六层平面图

十八层平面图

十九层平面图

西南立面

1—1 剖面

方案九：广电部设计研究院

南面透视图

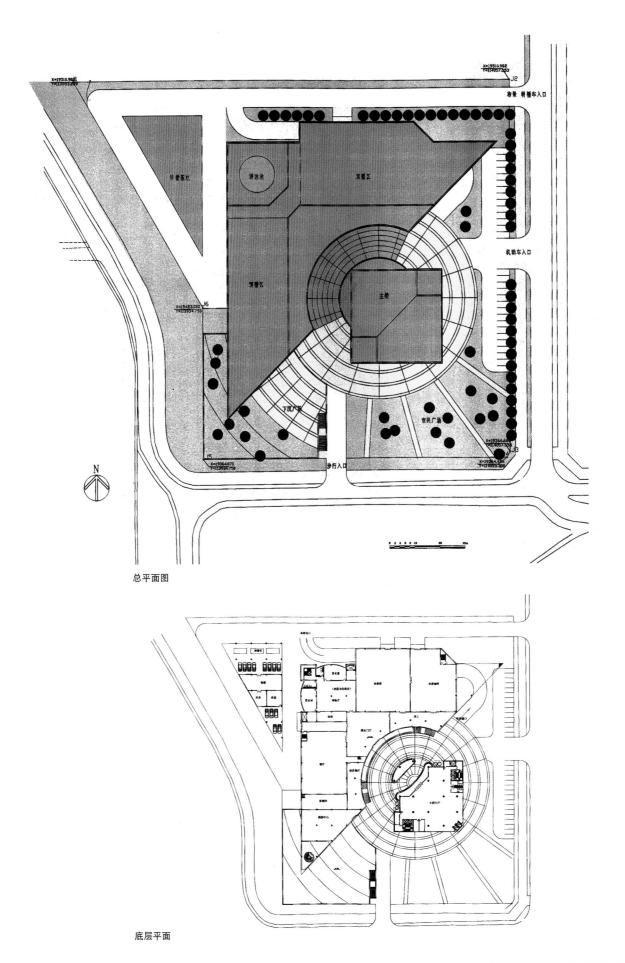

总平面图

底层平面

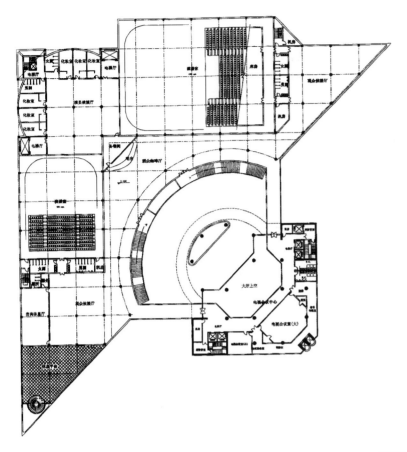

二层平面

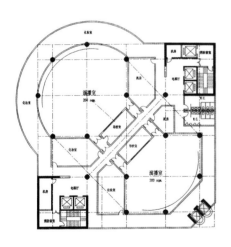

三至五层平面

六至八层夹层平面

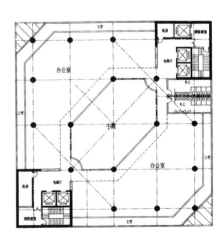

十八层平面

东立面

南立面

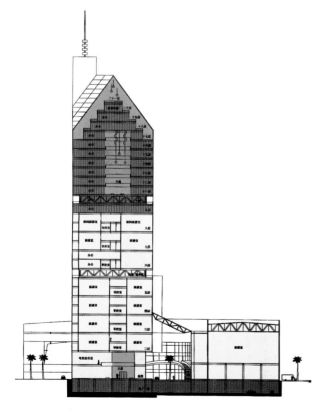

剖面图

六、深圳市电视中心工程国内投标情况简介

1.国内投标

根据市领导关于"深圳电视中心工程的设计招标,采用公开征集建筑方案,根据方案设计评议结果,有选择的邀请设计院参加工程设计投标"的精神,经广泛邀请及慎重选择,最后选定8家设计(公司)院参加了方案征集。

1997年11月26日在电视台召开方案征集发布会,共有8家设计(公司)院参加了会议,即:广州佘峻南建筑设计事务所、中国航天建筑设计研究院深圳分院、广电部设计院、华森建筑设计公司、华渝建筑设计公司、中南建筑设计院、广东海外建筑设计院、香港何显毅建筑工程师楼。

1997年12月16日收到8家设计单位的设计方案。

1997年12月16日~1998年1月5日,经评选,从中选出四家设计单位:华森建筑设计公司、华渝建筑设计公司、广州佘峻南建筑设计事务所、中国航天建筑设计院深圳分院,并另邀请了两家国内著名的甲级设计院:上海华东建筑设计研究院与上海建筑设计研究院,共六家设计单位进行了国内招标。

1998年1月5日在电视台召开电视中心工程设计招标会,6家设计单位参加了会议。

1998年3月20日前,收到8家设计单位共9个设计方案。(广电部设计院、建筑部设计院为后来无偿参与)

1998年3月28日~30日在银湖度假村召开了深圳电视中心方案评标会,市重点文化设施领导小组办公室、中心区办公室领导及电视台基建办主持,邀请了梁鸿文、颜松悦、许安之等国内著名的七名建筑师组成评委会,先由工艺专家进行工艺审定后,再经评委对九个投标方案进行了综合评定,最后推举上海华东院的方案(3号方案)与华渝设计公司的方案(2号方案)作为优选方案。

七、深圳市电视中心建筑设计方案评审意见

评委小组经过两天的工作，对9个投标方案，根据五个主要原则，即建筑与城市的空间关系、建筑的造型品格、建筑功能的合理性、群众公共活动场地开放性和地方气候特点的体现等进行评审，在投标方案中虽然有些设计构思有一定的特点和追求，但在城市空间关系、建筑造型及开放性空间的处理上都有较大的缺点，如5号、8号等方案，建筑主体与城市空间关系不协调；如6号、7号方案，在建筑形式上较陈旧，缺乏个性；又如4号、9号方案未能为电视中心的公众性活动提供足够的场所；4号、8号等方案存在过分追求形式而牺牲功能与效益的问题；同时，有个别方案与现有建筑形象过于雷同。经过充分比较，最后评委小组推举出2、3号方案作为优选方案。

对2号方案的评审意见：

该方案构思较明确、清晰，建筑造型简洁、完整，具有原创性特征，与城市空间协调，而自身的体形空间处理也比较丰富和统一。

存在问题有如下几点：

在室外空间设计方面，公众室外活动场所过于狭小，缺乏广场设计，台阶与场地之间比例失调。

在建筑布局上，主楼东西向布置不利于节省能源。

在建筑功能关系方面，主楼与附楼缺乏紧密的联系，人流与物流有交叉混流现象。

在建筑形式处理方面，主楼西立面过于简单，而东立面大面弧形幕墙造成室内通高不利于防火安全。

建议在功能与工艺流程上、主体与裙楼的联系上、群众活动场地上、交通流线上都要作较大的调整与修改。

对3号方案评审意见：

该方案建筑布局较合理、紧凑，充分考虑了与城市空间的协调关系，室外空间开放而富有层次，建筑功能分区明确，交通联系方便合理，对电视台工艺要求有较好的考虑，建筑处理能反映南方气候的特征，在形象处理上对高科技的表现有所追求。

存在的问题有如下几点：

在总体规划方面，该方案设计有个别地方与规划设计要点不符，如建筑高度、退红线要求、消防登高面宽度等都存在问题。

在建筑形式方面，该方案立面处理过于细碎、繁琐，且主楼与裙楼建筑风格不太协调，实际结构与表面形式不够统一，高层与基座部位高度比例失当，建议简化与统一立面形式，明确结构和外表形象的合理关系，加强各个空间和场地的有机联系，并严格按规划要点对退红线和建筑高度的要求进行调整。

参加评审会的专家有：

梁鸿文　项秉仁　颜松悦
胡镇中　许安之　潘玉琨
孟建民

1998年3月30日

八、深圳市电视中心建筑设计方案评审会纪要

1.纪要

1998年5月12日,深圳电视中心建筑设计方案评审会在银湖度假中心举行。这是根据市委有关领导同志的指示,就华东建筑设计院设计方案的修订稿(简称3号方案)与深圳华渝建筑设计公司设计方案的修订稿(简称2号方案)再次组织的一次评审。评审范围包括电视工艺与外观造型两方面。梁鸿文、许安之、孟建民、王骏阳、曾昭奋、程宗灏、金孟申等7位专家担任评委。华东建筑设计院与深圳华渝建筑设计院的代表分别就其方案向评审会作了方案说明与阐释,回答了评审会提出的有关设计方案的问题。

经认真严格评审,评委普遍认为,就电视工艺及设计深度而言,3号方案优于2号方案;而就外观造型及优美性而言,则2号方案较3号方案略胜一筹,故从整体上看,两方案各有其优劣,形成某种程度上的互补关系。客观地说,两方案均非完美,均有待于进一步修改完善,可望日臻完美。两方案均有调整完善的基础。经评委投票,赞成选3号方案的2票,赞成选2号方案的5票,票数比为2:5,但评委认为此非绝对优劣比或差距比。专家评委认为,作为一项技术含量高、工艺性强的电视工程,其工艺性要求理应置于首位,不仅能用,且应好用,即既能达到现实需要,又具有足够的可发展性、可预见性。而作为市中心区文化景观之一,且作为中心区"西大门"建筑,自然应优雅美观,与中心区整体规划和谐统一,故景观上的优美性应占重要地位。鉴此,尽管两方案均已较原设计有重大改进,仍应精益求精,进一步改进完善,以免使这项重要工程留有缺憾。

在听取评审组评审汇报后,市领导表示尊重评审组专家的意见。两方案均非十全十美,有矛盾、问题,可修改完善。电视中心是市中心区西大门第一建筑,具有举足轻重的地位,所以要设计好建筑,各有关经办单位都要把好关。在功能与造型的关系上,要保证功能上能用、好用,修改后要好用;在能用的前提下要侧重于景观。玻璃幕墙要用得适当,能节能就节能,玻璃幕墙不能影响整体美观。

由于2号、3号方案尚有不足,需进一步完善,根据专家及市领导意见,要求两设计单位用一个月时间再次修改各自方案,然后确定中标方案。

1998年5月10日~12日,市重点文化设施领导小组办公室与筹建办在银湖再次召开评标会,邀请了梁鸿文、程宗灏等七名专家组成评委会,对2号与3号方案进行评定。最后专家投票表决,2号方案深圳华渝建筑设计公司的设计方案得5票,3号方案上海华东院方案得2票。

2.定标

在国际、国内著名建筑和工艺专家评审的基础上,1998年7月9日,市委常委会议审议决定,最后拍板选定深圳华渝建筑设计公司方案为电视中心实施方案(深常纪[1998]13号)。电视工艺设计,经研究,则由广播电影电视部设计院承担。

3.设计单位的变更

原计划1998年12月30日完成工程的初步设计,1999年3月20日完成±0.000以下基础和地下室设计,1999年6月30日完成全部施工图。但华渝设计公司于1999年1月拿出初步设计,经评审未能通过;3月对修改版进行第二次评审,仍未能通过;5月第三次评审,只对已做出的建筑部分进行了评审,虽然勉强通过,但仍不理想;7月拿出其他部分图纸,仍未达到设计要求。鉴此,经有关方面再三研究并经原主管领导同意,1999年8月9日终止了原土建设计单位合同。经过充分考察比较,选定机械工业部深圳设计研究院为新的设计单位。双方于1999年9月20日正式签订合同,确定合同价(设计费及现场配合费)共计495万元。1999年11月11日初步设计方案通过了规划国土局组织的专家评审。

深圳市少年宫

一、建筑方案设计国际招标文件书

(一)深圳市少年宫建筑方案设计国际招标须知

1.概述:

深圳市少年宫是深圳市正在筹建的四大文化设施之一,也是由市政府投资的重点工程,为配合深圳市建设成为现代化国际性城市的发展战略,体现21世纪深圳的城市面貌和建设水平,深圳市少年宫的工程建设必须是高水准的设计、高质量的施工和先进的管理。为了保证该项目的高水平设计,决定对建筑设计方案进行国际招标。

该招标工作分两轮进行,第一轮为初步方案招标,已于1998年2月11日至4月中旬结束;第二轮为正式方案招标,由第一轮招标竞赛中的入选单位参与。

2.建设单位:

深圳市少年宫筹建办公室。

3.国际招标评审工作主持单位:

深圳市规划国土局

4.投标参赛单位

(排名不分先后次序)

邀请单位:

(1)JY建筑规划设计事务所(美国)

(2)山田雅美建筑研究所(日本)

(3)关善明建筑师事务所有限公司(香港)

(4)何显毅工程师楼地产发展顾问有限公司(香港)

(5)深圳大学建筑设计研究院(中国)

(6)深圳宗灏建筑师事务所(中国)

以及其他单位:

(1)深圳市建筑设计总院(中国)

(2)煤炭部北京设计院(中国)

5.设计依据:

(1)深圳市少年宫建筑方案设计国际招标须知。

(2)深圳市少年宫建筑方案设计国际招标任务书。

(3)深圳市中心区规划设计要点——深圳市少年宫。

(4)附件1:与该项目有关的水文、气象、地质勘察等基础资料。

(5)附件2:深圳市福田中心区规划图

(6)附件3:深圳市政厅剖、立面图

6.设计成果要求;

(1)工程设计要求:

①工程设计构思和创意、概况、功能、结构和设备系统要点的中英文说明。

②方案设计图纸(A0展示板:840mm×1190mm 一套)

③工程造价(中国广东省深圳特区造价)估算。

(2)方案具体成果要求:

①城市设计、环境、交通、功能等方面分析图。

②总平面图(彩色)(1:500)

③建筑各层平面图、4个立面图、2个剖面图(1:300)

④主要室内和室外空间设计效果图(不少于2幅)

⑤建筑群体日景、夜景效果图各一幅

⑥其他表现图纸及方式不限。

(3)以上成果及照片全部装订成A3册子(297mm×420mm)12份;每份应配有彩色透视效果图(至少四幅),比例不限,但图纸必须与展示板相符、清晰完整、尺寸齐全、准确,并且文件和说明要求符合中国建筑设计规范的设计深度要求。

(4)模型一个(比例1:300)

(5)提供有设计成果的电脑磁盘一套。

7.发送设计方案招标文件书和实地察看时间:

定于1998年4月29日9时(北京时间)在深圳市关山月美术馆6楼会议室发送招标文件书并组织实地察看,参加设计竞赛单位带有效证件及证明以及银行出具的、期限为三个月的、不可撤销的金额为15 000元人民币(境外单位为2 000美元的商业保函或等值现金,领取有关文件。押金在方案评选后退回本金(不计利息)。若参加投标的单位未按规定报送设计文件,则现金押金不退或招标单位通过担保银行课以15 000元人民币(境外单位为2 000美元)的罚款。

8.投标原则:

本轮国际投标被邀请单位共6家,非邀请单位自愿参加,其设计成果在评标时同等对待,但若未中标,招标单位不支付非邀请单位的工本费。

9.交图纸及模型时间:

参加招标的单位应于1998年6月22日16时(北京时间)前将有关设计资料送交深圳市少年宫筹建办公室(境外单位的设计图纸和模型可以于上述时间前通过航空快件形式寄出,并以邮戳时间为据)。

送标地点:深圳市红荔西路关山月美术馆417房。

附:模型应同时送达。未按规定时间送交设计资料者,除非因海关和货运等非设计方原因并有相关证明材料可酌情处理,否则参赛文件无效,投标资格取消。

10.评选设计方案的原则及方法

(1)评标委员会由国内外若干名著名建筑师组成。

(2)评选原则:

①方案必须符合中心区整体规划要求,与整体环境协调;

②方案必须符合规划设计要点,满足设计任务书的各项规定;

③方案构思新颖,具有标志性和原创性;

④建筑造型与尺度具有少年宫应有的性格,适合少年儿童特点;

⑤设计方案要实用、经济、合理;

⑥方案设计必须符合现行我国的各项规范、规程和规定。

(3)评选程序:

①评委的最少人数为5人,否则评选结果无效。

②由评委推选一名主席。

③评委将在投标方案中,投票选举出1~2个"优选方案",然后将结果交予招标主持单位。最终由建设单位在1~2个"优选方案"中选出1个"中标方案"。

④评审工作完成后,由评审委员会撰写"评审报告",由全体评审委员签名。

(4)评选结果的公布:

评委评标会将于1998年6月底举行,评选结果将于评选会结束后的10天内以传真加信函发出,通知给各投标单位。

11.有关问题的咨询及解答

投标单位可在接到任务书、须知等文件后,以传真或信件等文字形式向少年宫筹建办公室咨询有关问题,筹建办将及时以传真等文字形式予以回答,联系方式同第9条。

12.差旅

参加投标的单位,到深圳领取设计招标文件书和报送设计成果的旅费由投标者自负。

13.投标费用

"中标方案"的设计单位将直接与建设单位签订设计合同不另作补偿;除"中标方案"外的"优选方案"的设计单位将获得15万元人民币;其余投标方案中的邀请单位将获得10万元人民币(境外单位支付等值美元,废标不予补偿)。

14.关于中标方案采用实施的具体规定

(1)中标方案单位直接与建设单位签订设计合同。

(2)设计费率为建安(不包括展览及游乐设施、设备)建造直接费用的4%。

(3)设计内容:中标单位将负责整个少年宫项目的建筑、结构、以及其他相关专业的设计工作。

设计内容及深度必须达到中国和深圳市现行的各项设计规范要求。

15.著作所有权归属问题

参与本设计招标的作品,其著作权除署名权外均归建设单位所有。

16.实施方案的工程设计进度要求

实施方案的设计单位必须在各项设计依据文件获得后,30天内完成方案调整工作,并达到方案报建深度;方案获得通过后45天内完成扩大初步设计,并达到扩初报建深度;扩初获得通过后100天内完成施工图设计,并达到施工图报建深度。

17.设计招标的语言文字问题

(1)当设计方案任务书或须知等文件中的中英文理解有异议时,以中文为准。

(2)所有投标设计文件中的文字说明为中英文对照。

18.其他问题

(1)参加设计投标的方案,若不符合本招标文件书要求的将作废标处理,投标资料也不退回。

(2)所有设计成果禁止标注设计单位或个人名称。

(3)参加投标的方案评选后所有成果将不退回。

(二)深圳市少年宫建筑方案设计国际招标任务书

1.深圳市少年宫建筑设计国际招标的背景

深圳市少年宫是深圳市正在筹建的四大文化设施之一,也是市政府投资的重点工程。该工程地处深圳市未来中心区的显要地段,与正在筹建的深圳市文化中心(图书馆、音乐厅)互为相望。为了配合深圳现代化国际城市的发展战略,体现21世纪深圳的城市面貌和建设水平,市政府决定对其建筑设计方案进行国际招标。

该招标工作分两轮进行,第一轮为初步方案招标,已于1998年2月11日至4月中旬结束;第二轮为正式方案招标,由第一轮招标竞赛中的入选单位参与。

2.深圳市少年宫的任务和目标

深圳市少年宫是深圳市面向全体少年儿童(6岁~16岁左右)进行素质教育的重要基地。少年宫建成以后,将始终以全面提高少年儿童的基本素质为根本目的,以注重开发少年儿童的潜能,促进少年儿童自主学习能力、自我发展能力、自我创造能力的提高为己任。深圳市少年宫是全市少年儿童的科技教育中心、团队及艺术活动的阵地、信息交流和健康娱乐的场所。深圳市少年宫将是一个以少年儿童为中心,适应少年儿童多种需求及其未来发展变化趋势的融教育性、知识性、趣味性、参与性为一体的现代化少年宫。

3.深圳市少年宫的工程规模

总用地面积=26 352.2m²,确切面积以宗地图为准)

容积率≤1.1

总建筑面积≤30 000m²

4.深圳市少年宫的建设场地情况

该建筑场地处于深圳市未来中心区中轴线东侧,未来市政广场北面,东侧为行政用地,西与中心绿化带相连,与深圳音乐厅(正在筹建)相对,北隔红荔西路与莲花山相望,南临街区为另一待建文化设施(建筑场地详细情况见规划要点)。

目前,中心区的道路及市政管线设施已施工完毕。本项目场地内地势平坦,无需要折迁的设施,且场地地质适合多层建筑的建设。

5.深圳市少年宫的功能设置及面积指标

深圳市少年宫的总建筑面积为3万m²左右,由以下四大部分组成:

(1)"科技世界"(面积16 000~18 000m²)

"科技世界"即为科技展览活动区,它设立的目的是通过大量生动、可操作的具体模型或实物,并运用大量最新、最先进的科学技术展示手段,形象而直接地使孩子们了解现代科学技术的发展过程和成果,培养少年儿童对科学技术的热爱。科技活动区的设计应充分考虑少年儿童的心理特征,融科学性、艺术性、趣味性和参与性为一体。

"科技世界"中的活动项目可归纳为三大主题:"历史长河"、"今日世界"、"未来时代",它们分别表现了人类科学技术发展的过去、现在和将来。这种用时代的划分方式容易实现科技展示活动的艺术化,不单利于少年宫通过人类发展过程中所经历的重大历史事件及发明创造串编成众多有序的故事,使少年儿童产生浓厚兴趣并便于记忆,而且利于少年宫在管理上合理、安全地组织好参观人流,到达参观流线简单、有序、明了。

"科技世界"的项目功能及技术指标如下:

①入口大厅

功能包括:大堂、接待、咨询、物品寄存、纪念品售卖店、茶室、休息、卫生间、展馆办公室、保卫、消防值班室、设备用房。

②"历史长河"主题馆

功能包括:生命之旅、文明之旅、科技之旅三个分展馆及设备、办公等用房。

利用先进的多媒体电脑技术模拟时光隧道,并且带领热爱科学的少年儿童穿越时空,回到久已远逝的过去,从远古的地球开始探索生命发展的历程,亲手创造生命的萌芽,经历人类科技发展史中的重大事件,用自己的知识和智慧帮助历史上伟大的科学家攻克著名的科技难题,探索至今仍困惑人类的不解之谜。

游玩者参与这个游戏有两种方法:既可以从生命之旅开始到科技之旅结束,历经所有的人类发展历史,也可以由其中任一阶段开始。

A.第一分厅——生命之旅

a.生命的起源

用电脑三维动画模拟在洪荒年代,万物成长之前,地球的景象以及生命起源的多种学说理论。通过多媒体系统可以完成传统的阅读,可以观看清晰的图片、录像文件,还可以进行互交式的游戏节目。

b.生命实验室

由4台电脑及其外部操作设备组成,成为虚拟生命实验室,占地约12m²。游玩者亲手操作通过降温设备施展"降温大法"、通过发电设备施展"闪电大法"、通过降雨设备施展"雨水大法",专门的设计使得整个生命创造的过程紧张、刺激,游玩者实际体会"雷电创生说"的过程、亲手创造地球生命的经历必将令其难以忘怀。

c.地球生命的繁荣

整个进化以多媒体的形式表现。游玩者既可以根据自己的阅读要求查阅相关内容，也可以听从电脑讲解员的介绍。

d.恐龙的辉煌

神秘的恐龙

主控式恐龙迪斯科

游玩者可以穿上带有先进传感装置的"衣服"，其任何动作信息都会通过"传感衣"传给电脑，电脑会根据这些信息控制恐龙模型的动作，如果没有游玩者操纵，恐龙们也可以随着特定的音乐节奏唱歌跳舞。

e.飞越侏罗纪（六自由度动感旅行）

飞越侏罗纪采用六自由度平台模拟游玩者乘坐巨大的翼龙在侏罗纪世界飞翔的情景。

f.恐龙灭绝之谜

模拟气候的变化（过冷过热）及来自天空的大爆炸（通古斯大爆炸）。

通过多媒体查询系统或视频节目介绍从恐龙灭绝到人类出现前的历程。

g.人类的出现

人类的进化（多媒体演示亭）

人的进化（策略性游戏）

游客将乘坐时空飞船回到几百万年前，扮演一只古猿，在它（他）进化为一个具有原始文明人的过程中，他会碰到各种各样的困难和机遇。

B.第二大厅——文明之旅

"文明之旅"有三种游玩方法："大文明之旅"、"小文明之旅"和"伟大的实验"。"大文明之旅"的游戏内容覆盖整个农业及前农业时代的文明典型，较为系统；"小文明之旅"的游戏内容涉及不同的文明专题。"伟大的实验"揭示影响人类认识自然的著名实验奥秘，回顾科学伟人们的风采，培养游玩者尤其是少年儿童热爱科学的兴趣、勇于探索的精神。

a.大文明之旅（智慧性交互游戏）

游玩者乘坐的是带有4个显示屏的时空飞船，其中3个小显示器向游玩者展示当前各民族的文明发展状况，尤其是发展进程中的每一件大事，有电脑系统控制，游玩者可以通过其中一个大显示器了解自己民族的科技文明的发展状况，并运用自己的知识和智慧通过语音、操纵杆或键盘帮助自己的民族，游玩者还可以通过飞船中的时空设定装置自由设定前往其他的时间或地点，考察当时当地的文明，积极吸收其他民族的文明成果对发展自己的民族的文明大有裨益。

b.六感度小文明之旅

游玩者乘坐时空飞船，这只时空飞船

设在六感度平台之上，飞越世界上空，历经地球上的神秘文明遗迹，先进的六感度平台会根据剧情的发展而做各种复杂的运动，使游玩者身临其境。

c.六感度古建筑之旅

游玩者乘坐在六感度平台之上，飞越世界上空，历经地球上著名的建筑古迹。

d.伟大的实验

在此节日中，选择了历史上改变人类思想和人类工作生活条件的实验，具有相当的典型意义，组成一幅历史画卷，复制当时的历史气氛，实验环境、条件、场景的设计均完美再现当时的情景。

C.第三大厅——科技之旅

a.大科技之旅

在大科技之旅部分，游玩者继续扮演穿越时空的科学顾问，他所遇到的科技问题比以前更加复杂，将涉及电力、无线电、航海、航空和航天、生物学、医学、通讯等。

b.小文明之旅

速度之旅（六自由度动感旅行）

本节目将全面模拟人类有史以来各种具有代表性的代步工具，让游玩者真实地感受不同速度下的视觉效果。

人体之旅（六自由度动感旅行）

本节目将全面了解人体的各种组织、器官。

太阳系之旅（三维虚拟飞行）

本节目用非常简单的驾驶操作使得游玩者可以自由地在太空飞行，同时了解各个行星的特点。

c.伟大的实验

③ "今日世界"主题馆

功能包括：智慧宫、信息馆、影视特技馆、生命馆、环境馆、地球馆、能源馆、航空航天馆、探索馆等多个分展馆以及相应的设备、办公、后勤用房。

"今日世界"以喜闻乐见的形式向少年儿童们展现现代科学技术的前沿，重点突出信息技术、生命科学、能源科学、环境保护、地球科学、航空航天、激光技术、电子技术等内容。

a.信息技术的结晶—智慧宫

本节目由24个智能娱乐室组成，每4个智能娱乐室为一组，构成美丽的花瓣图案，象征着少年儿童是祖国的花朵，未来的希望。

这24个智能娱乐室，其功能都是一样的，它们组成庞大的多媒体信息网络，向参观游玩的人们展示着现代信息技术的最

新发展。智能娱乐室初看起来只是普通的工作间，房子中间有3张座椅和1个工作台，台上有1个无线键盘，其实这里是现代化的智能世界，房间的顶棚、地板和墙壁均为可视屏幕，屏幕为大而薄的数字式高清晰度电视机，像图画一样挂在墙上。4个座椅都是三自由度可控座椅，座椅上装有遥控按钮。

b.信息高速公路（少年网络工作站）

所谓信息高速公路，是指全国性或全球性的四通八达的电子通信网络，它能把个人、企业、机构和政府等连接起来，并能提供我们能想像得出的任何电子通信服务。在该工作站可进行：报刊阅览、博览群书、点播电视、会议电视、远程购物、远程教育。

c.多媒体技术

该节目是指计算机交互式地综合处理文字、图形、图像、声音等信息，使它们建立逻辑连接，集成为一个系统。通过少年宫的几个多媒体技术应用系统的参与，学生们可以对多媒体信息处理的数据压缩技术、声音处理技术、影像处理技术、视讯处理技术及多媒体信息的存储技术有所了解，达到教学目的。

交互电影

是指允许观众控制演出进程和内容的智能电影。

多媒体教学

是指运用多媒体技术，可以将晦涩难懂的语言描述形象化地表现出来，给学生的印象更生动、更直接。

电脑音乐厅

在电脑音乐厅里，学生可以在这里认识多种乐器，识别其发声特点，并可以选择自己擅长的乐器，通过MIDI键盘弹奏键盘乐器，并附以自动伴奏和音色选择。

动感汽车大赛

环球旅行

动物王国

植物世界

人体博物馆

d.专家系统

电脑医生

IQ测试

EQ测试

超级棋手

e.语音识别

智能书写系统

智能绘画系统

f.现代影视艺术

在少年宫中通过深入浅出的方法,将电影、电视后期制作过程中许多鲜为人知的手段和方法,直接展现在学生面前,会使学生大开眼界,而且还学到了不少的知识,达到寓教于乐的目的。

影视特技表演剧场(多功能表演厅)

青少年影视与卡通节目创作室,向学生们讲述计算机动画片的制作过程,让他们自己动手创作动画片,就是创建本创作室的根本目的。

g.今日科技

由地球科学、生命科学、环境科学、能源技术、航空航天技术等5个最具代表性的学科内容组成。

地球——人类的家园,包括以下内容:
太阳系结构空间立体模型
地球内部构造模型
环球航行

h.生命——永恒的主题,包括以下内容:
DNA探秘
仿真克隆机

i.环境与环境保护,包括以下内容:
未来水世界
土地沙漠化
人口蘑菇云

j.能源技术——文明的食粮,包括以下内容:
能源技术发展
未来能源
核聚变能源

k.航空航天,包括以下内容:
航空航天模型馆
制造中国的太空穿梭机

l.探索馆

本馆是以普及科学文化知识为目的的科技活动场所,光学部分包括以下内容:
辉光球
人体温差摄影仪
偏光显微镜下的世界
激光全息动物走廊
激光竖琴

其他学科,包括以下内容:
太空绿洲
龙卷风的形成
旋涡的形成
怒发冲冠
模拟地震平台
三基色合成颜色
光的合成与分离

动画的原理
电视扫描原理
微观世界探索
电影、电视中人物、场景的叠加
磁悬浮列车
声音位置的确定

④ "未来时代" 主题馆

功能包括:21世纪太空战、海底两万里、虚幻世界、未来坦克战、20世纪照相馆、火星历险、数字太空剧场等分展馆以及相应的设备、办公、后勤用房。

a.时间隧道与机器人世界

少年宫一共安装了两个时间隧道,一个把游客带回原始(开天辟地时代),一个把游客带到未来(2050年后)。

在 "未来时代" 大厅以及 "未来时代" 的其他几个演示厅中,接待游客的全部是智能机器人,有移动式和固定式两种。

b.21世纪太空战

21世纪太空战是15台六自由度主动式双人飞机之间进行的空中格斗。
六自由度仿真双人主动式飞机
空战游戏

c.六自由度仿真作战坦克

六自由度坦克是一种计算机模拟仿真坦克,仿真坦克中有11个座位,分别可以有11名游客同时参与。坦克车由六自由度控制平台控制其运动姿态,可以模拟坦克车在野外丘陵地带作战的各种可能发生的情况。

d.海底两万里

海底两万里是乘坐六自由度潜水艇的海底探险游戏。

六自由度仿真潜水艇:

六自由度潜水艇是采用六自由度平台模拟潜水艇在海上航行以及潜入海中的运行过程。潜水艇可以乘坐15至20名游客,游客在进入潜水艇后通过艇的弦窗和顶窗可以观察到外面的景物。六自由度潜水艇的弦窗全部由计算机大尺寸显示器组成,游客一旦进入了潜水艇后由于所有的弦窗显示的都是波涛翻滚的景观,游客们自然就进入了这仿真的海洋世界。

e.火星历险

"火星历险" 是一个场景游戏,是集计算机技术、网络通讯技术、影视动画技术与园林设计艺术为一体的高科技旅游项目。游客凭一张储值IC卡,通过 "角色扮演" 来参与整个交互历险过程,既可以观赏逼真的火星景观,体会征服火星的乐趣,又可

以通过电脑进入虚拟的火星世界,参与发生在火星历险中的各种紧张刺激的故事。

f.虚幻世界
虚拟枪战
虚拟汽车驾驶
虚拟空间飞行

g.21世纪照相馆

这家照相馆完全由计算机控制,照相者可根据自己的兴趣和喜爱通过计算机选择各种背景图案,整个照相馆的光线等所有有关的内容均由计算机控制。

h.数字太空剧场(与穹幕电影院合用)

太空剧场是一种大型观赏项目,太空剧场完全采用现代计算机技术和先进的球幕投影技术和设备设计而成。太空剧场以剧场的形式对游客开放,太空剧场的规模可大可小,完全取决于场地的大小。太空剧场采用倾斜30°、直径20至25m的半球形设计,一次观看的游客从几十人到几百人。

⑤穹幕电影院

功能包括:用作太空剧场、电子天象仪的穹幕电影院(为2/3球形建筑、内径25m左右,外观形状不限,内设可躺式座位200~300个)。

⑥备用展馆(面积:2 000~3 000m²)

功能包括:提供临时、短期展览用途的备用展馆空间;供其他展馆的展品维护、修理用途的维修空间以及展馆工作人员办公、研究、存贮展品的相应用房。

以上所有建筑空间均须考虑灵活、机动的建筑、结构空间设计,以达到展厅与展品的有机结合,并考虑将来扩建的可能性。

(2) "艺术天地" (面积:8 000~10 000m²)

"艺术天地" 即为文化艺术活动区,该场所既是展示深圳少年儿童最高文化艺术教育成果的园地,又是深圳少年儿童与港台及海外少年儿童进行文化艺术交流的一个中心。

"艺术天地" 的项目功能及技术指标如下:

①多功能剧场

功能用途:该剧场观众人数约为800人,既可放映普通电影,又可演出戏剧及进行各类文艺演出,同时也可用作大型会议厅。舞台前设可升降式乐池,舞台上面设大型最新电影屏幕,除电影放映设备外,配投影设备和大型多功能立体音响,使之在大型演出及电影放映时能取得极佳的音响效果。同时,舞台可设计成伸缩或旋转式,在大型演出和大型音乐会时把舞台伸展出来,制造演员和观众的融合效果并扩

充可利用空间，给舞台造型布景以极大的可塑性。

除观众厅、舞台外，可灵活地考虑前厅、休息厅、贵宾厅、侧台、化妆间、演员休息间、卫生间及设备等用房。

②少年合唱团

功能用途：提供50～100名少年合唱团成员用的合奏阶梯教室1间（能提供标准舞台的面积），该教室配置高级音响设备；合唱室四周配有分声部训练室4～6间（每间50～60m²），用于对各声部合唱少年进行专业训练；以上用房均考虑适当的层高空间和必要的隔声设施。另外设置2～3间教师办公室及库房。

③少年乐团

功能用途：提供30～50名少年乐团成员使用的、可进行民族乐器、西洋乐器训练的大演奏室2间（每间均能提供标准舞台的面积），该厅可考虑与合唱团的训练大厅兼用；小乐器训练间8～10间（每间50～60m²），其中包括钢琴、电子琴、钢琴、小提琴、管弦乐、琵琶、二胡、杨琴、古筝等。以上用房均考虑适当的层高空间和必要的隔声设施。

另外设置3～4间教师办公室及库房。

④少年舞蹈团

功能用途：提供30～50名少年舞蹈团成员使用的舞蹈排练大厅2间（每间均能提供标准舞台面积），大厅四周设落地舞蹈镜及练功杠，地板按标准设计，可进行民间舞、现代舞、芭蕾舞的排练，以上用房考虑适当的层高空间；另外设置3～4间化妆间、更衣室、休息室和办公室。

⑤常设艺术展厅（面积：1500～2000m²）

功能用途：提供绘画、书法、摄影兼用的公共展厅（用于展示名家及少年自己创作的作品）。

⑥绘画小组

功能用途：提供少年画室3至4间（每间60～80m²），画室要注意北向采光的问题；另外设幻灯教室及办公、仓库用房、工作准备间。

⑦书法小组

功能用途：提供少年书法工作室3至4间（每间60～80m²）；另外设幻灯教室及办公、仓库用房。

⑧工艺摄影

功能用途：提供少年工艺及摄影教室、暗房、工作间2至3间（每间50～60m²）；提供教室办公、仓库、休息用房。

⑨备用教室（面积：200m²）

功用用途：临时、短期教室或备用展厅。

(3)少先队工作及附属部分（面积3000～4000m²）

功能用途如下：

①少先队总辅导员室1间（面积50m²）

②少年心理咨询室3间（每间50m²）

③少年问题研究室3间（每间50m²）

④少年刊物编辑室5间（每间50m²）

⑤少年IQ、EQ测试室（可放在科技世界展区内）

⑥少年宫行政办公室（50人使用）

包括各职能部门办公室、会议室、财务室、保卫室、档案室、接待室、值班收发室、茶水间、卫生间等用房。

⑦设备辅助用房

(4)休闲辅助用房及可弹性使用的空间

功能用途如下：

①交通使用空间

②休闲空间

③咖啡、快餐店或职工食堂

④商店、小卖部、纪念品商店

⑤消防值班室、防灾系统中央控制室、特种设备用房、保安值班室

⑥临街处附建式公共厕所，面积不少于60m²

⑦预留用房

6.少年宫建筑设计要求

(1)设计总则：

①少年宫的设计必须符合深圳市中心区总体规划的要求，与周围环境和谐一，建筑外形设计既要有标志性，又要有原创性，在中心区文化建筑群体和谐统一的前提下，要有自己鲜明的个性。同时设计要考虑到少年儿童的心理需求和活动特点，以高效、安全、舒适为基本原则。

②少年宫的设计要估计到未来的发展，在建设上要符合可持续性发展的要求。同时，应注意建筑节能及室内外生态环境的创造，在建筑设计时以不影响周围生态环境为原则。

(2)总平面布局要点：

①少年宫是功能复杂，活动内容较多的公共活动场所，因而在总平面规划上应功能布局合理、精心组织交通，以满足各类型人流、车流及消防疏散的要求，合理安排机动车及自行车的停放场地。此外，侧广场考虑至少20辆大巴同时停放。

②注重场地环境的设计。场内园林绿化的设计不单要与建筑和谐统一，并且要

和中心区大型绿化地有所呼应，环境景观必须受到高度重视。

(3)建筑设计要点：

建筑设计的主要要求如下：

①功能分区

少年宫的功能较为复杂。有对外联系紧密的科技展览、文艺活动区以及功能特殊的球形电影院和多功能剧场，又有对外相对封闭的少先队工作辅助区。各区（特别是穹幕电影院、多功能剧场、科技世界展区）在总图设计时要考虑既能达到各自对外相对独立，又能对内相互紧密联系。

②平面布局及流线组织

少年宫各区功能有一定的独立性，要考虑它们相对直接、简短的对外流线；同时内部各区的流线亦可成环顺接。特别注意的是科技展区流线设计的合理、有序、简明、安全，使参观者按一定方向、次序参观而不要发生流线混乱、交叉、倒流的现象。

另外，各区流线的长度和高差变化均应考虑儿童使用的安全性和方便性。

③灵活的空间使用要求

现代化的科技展区应具有高度的灵活互换性，建筑设计中应提供大而开放，可灵活分隔、变更使用的空间，提高空间利用效率并作出可供将来增建、改建的灵活性考虑。

④安全、舒适的环境设计

少年宫的设计一定要注意少年儿童使用的特点，建筑内外均应考虑儿童使用的安全性和舒适性，并力争创造一个儿童喜欢，能留下深刻印象的场所环境。

⑤性格与风格特征

少年宫设计一定要把握住少年儿童活动场所的性格特征。同时，在如科技展区的不同场馆设计中，可尝试通过色彩、音响、灯光、气味等多种氛围手段创造一些具有个性的不同场馆的风格特征。

7.结构设计要求

(1)少年宫的科技展区及室外场地地板的承载力计算应考虑各种情况下的展品的布展方案。

(2)少年宫的科技展区的空间柱网应考虑空间灵活变化的特点和增建空间的可能性。

(3)为控制建筑造价，降低建筑成本，科技展区、球形电影院、多功能剧场均应考虑经济合理的结构方案和施工方案，协调精密设计与快捷施工的要求。

(4)在满足功能与追求造型的平衡中、达到结构体系设计与建筑体系设计的有机结合。

8.设备设施的设计要求：

(1)消防设计要求：

少年宫的消防设计应符合中国建筑设计防火规范及中国建筑设计规范，按一类建筑一级耐火等级考虑。

(2)采光设计要求：

少年宫的建筑布局，应结合深圳气候特点，充分利用自然采光和通风，并注意展厅的光线品质及节约能源，展厅的光线应柔和均匀，避免自然光线直接照射损坏展品。东西向开窗时，应采取相应遮阳措施。

(3)空调及通风设计要求：

少年宫室内环境要求也较高，展厅空间不仅要有舒适的温湿度，而且空气品质要求较高，以提供舒适的展览环境，宜采用中央空调系统，并考虑可分区单独调节，以节约能源及降低维护费用。少年宫其余各主要房间宜有自然通风。

(4)照明、广播设计要求：

少年宫的电气设计应体现各展厅工作空间灵活互换的可能性。并应设事故照明、值班警卫照明，并设紧急事故广播及各种活动音响讯号装置。

(5)网络及布线设计要求：

少年宫的网络和布线应适应未来信息化社会的需要，应考虑预留充分的发展余地。宜采用智能化网络及先进的综合布线系统，便于维修和更换。

(6)无障碍设计要求：

少年宫的设计应考虑到残疾儿童的特别需求，让残疾儿童也有学习和活动的场所，充分体现对他们的关怀和尊重。因而在设计上要提供完整的残疾人专用通道、垂直交通系统及残疾人专用卫生间等。

(7)其他：

少年宫设备用房应确保安全及防止噪声对外干扰。

9.特种展品或设备的技术要求：

(1)对重要或特种展品应有周详的防盗安全设施，展厅及设备室内应设安全防盗装置，由总值班室监控。

(2)对重要或特种展品展厅及设备室的空气品质及室内温湿度要求较高，应根据所展示展品或所藏设备的本身特性进行设计。室内还应有抽风、防潮设施，或采用特种建筑材料进行保存。

(3)设计单位在设计时需要对非建设单位提供的特种设备或建材的布置设计有所说明。

10.成本估算：

少年宫的投资总额初步估算为3～5亿人民币。

11.其他方面要求：

方案设计内容及时间要求详见《深圳市少年宫建筑方案设计国际招标须知》建筑设计应遵循中国现行的有关工程建设标准及设计规范，当与中国深圳市的规定不相矛盾时，可参考执行相关的先进标准，但需加以说明。

(三)深圳市少年宫用地规划设计要点

1.设计总则

为配合深圳市建设现代化国际性城市的发展战略，体现21世纪深圳的城市面貌和建设水平，深圳市少年宫的工程建设必须是高水准设计、高质量施工和先进管理的有机结合。

2.设计依据

(1)用地规划设计必须与深圳市中心区城市设计方案相协调。

(2)开发建设所涉及到的各项技术标准应符合中国和深圳市的规定，当与我国的规定不相矛盾时，可以参照国际相关的先进标准。

(3)开发建设必须符合深圳市社会文化的现状及未来发展的需要，可参照国际相关的先进标准。

3.用地性质

用地性质为文化设施用地，地块编号暂定为28-2。

4.用地面积

总用地面积为26 352.2m²(确切面积以宗地图为准)。

5.用地指标

(1)用地容积率不大于1.1。

(2)建筑高度不超过60m，建筑色彩要求明快高雅，相互协调统一。

(3)总建筑面积不大于3.0万m²。

(4)配建车位：210辆。

(5)在建筑物临街处设一座附建式公共厕所，建筑面积不小于60m²。

(6)绿化占总用地面积不低于40%，园林绿化、环境景观必须高度重视并有初步的规划设计。

(7)建筑退红线要求

用地西侧建筑须后退道路红线不小于

10m，东侧建筑须后退道路红线不小于10m、南侧建筑须后退道路红线不小于8m、北侧建筑须后退道路红线不小于15m。

(8)出入道路(或车辆出入口)：在用地西面四号路和南面六号路上可开出入口。在用地的西北角和西南角要预留地铁出入口。

6.设计要求

(1)项目要求设计成一个功能布局合理、交通便捷、环境舒适优美的市级少年宫活动中心，并要充分考虑远期发展与扩建的可能。

(2)用地整体的城市设计，包括空间形态、边缘界面、风格特色等方面必须与中心区整体环境和城市设计概念相协调。

(3)建筑风格、环境设计及活动场地的布置要体现少年活动的特点。

(4)建筑要考虑与西侧音乐厅、图书馆建筑处理的协调。考虑与北边莲花山公园、西面中央绿化带的关系。

(5)规划设计概念要新，以人为本，注重环境设计。

(6)合理组织交通，包括各种出行方式的分析、出入口安排、停车空间、内部人车分流等方面。注重地铁出入口设计的合理性及其上部空间的有效利用。

(7)不设围墙，保证地块内外绿地及景观的共享。

(8)应重视夜灯光效果的设计，使之能与中心区其他街区相配合。

(9)鼓励采用新的技术成果。

(10)考虑未来技术和信息发展对少年活动的影响，设计应有预见性，以适应将来少年活动的需要。

7.市政设施要求

该用地周围市政次主道路和各种市政管线均已建成。用地所需的给水、雨水、污水、电源、通讯等市政管线可就近接自市政道路下相应管线。

8.注意事项

(1)建筑物基础、地下室、专用道路及各种管线除与市政道路及市政管线连接段外，都必须在红线内布置，不得超越红线建设。

(2)消防、环保、绿化管理、卫生防疫均应按有关管理部门的要求进行设计。

(3)按上述要求进行的规划设计方案须报送市规划国土局审定。

(4)此规划设计要点仅供招标用。

二、投标方案

方案一：深圳市宗灏建筑师事务所
（中标方案）

设计意向

深圳市少年宫是深圳市未来跨世纪城市中心区的重点建设项目。深圳要向国际大都市的目标迈进，其教育水平、文化素质是重要标志之一，教育更是基础的工作。

深圳市少年宫地处中心区市政厅的"后花园"，北眺莲花山，与拟建中的文化艺术中心相对而视。

如此重要的项目，首先赋于本设计一种非同寻常的"城市"意义。我们的设计宗旨是在深圳市城市中心区最北端景色秀丽的莲花山下为孩子们创造一个自己的乐园。

在设计中我们首先考虑少年宫不应是一个封闭的、自我意识满足的内部功能空间，而应是融入城市环境的开放式的并富于未来少年特殊功能的综合体，我们尝试使它超越通常建筑的功能含意。努力启发少年特有的性格，确立其独有未来城市中心这个现代化"大都会"里的城市地位。

设计构思

要赋予少年宫鲜明的个性。首先要在建筑的形态和情趣上挖掘少年特点。在正方形的基地上，我们提出"少年山"／"科学山"及"水晶石"的设计构想。这个构想是在平静的地平线上破土而出崛起一座山峰，它长129m，宽128.5m，高40m，在沿东北西南对角线上将山峰一劈为二，分别取名少年山和科学山。山峰巍然矗立、气势磅礴，喻意蕴藏着无限的力量，少年是国家未来的希望，构想中的少年山／科学山喻意着少年为国家为人民勇攀科学高峰，为中华在下一世纪崛起于世界民族之林而努力奋斗。在少年山和科学山的核心上，也是基地的中心镶嵌了一颗巨大晶莹剔透的"水晶石"。它既是一个建筑功能性的空间，又是孩子们实现梦想的乐园。

少年宫严格对仗的方正原形与完美无缺的圆形"水晶石"大厅自然的契合映照了中国"天圆地方"的传统思想。

城市文脉

面对景色怡人的市政厅"后花园"——中心绿化带，少年宫通过开放的"水晶石"大厅及科学山二层休息厅把中心绿化带的怡人景色延伸进来，使中心绿化带的

透视图

透视图

夜景

景观与少年宫的开放空间融为一体。少年宫从西向东崛起的"山峰"，连续舒展，晶莹剔透的"水晶石"给中心绿化带乃至周围外部空间所带来的丰富活力和象征性，与北端隔路相望的中心区轴线视线控制点莲花山形成和谐的城市文脉。它将成为中心区城市中心轴线的又一标志性景观。

由市政厅未来的文化艺术中心及少年宫、莲花山围合成了一个"四合院"式的空间，营造出莲花山脚下特有的文化氛围。少年宫逐渐几何起坡的山形构想有力地支持了这一围合空间的形成。少年宫的形态

根本回避了面壁式的"水泥森林"。舒适而强烈的视觉效果与这个景色怡人的市政厅后花园形成了默契的亲和力。

建筑构成

我们回避了传统的将少年宫的户外活动与建筑本体孤立开来设计，然后被动搁置在一起的做法，而是打破传统的建筑功能概念，转而采用整体化的综合体设计方式。深圳市少年宫由"少年山"、"科学山"、"水晶石"三个截然不同的空间组成了一个有机的整体。它们各自都有明确的功能意义。

"水晶石"大厅面对中心绿化带的是一圈通长30m高的"玻璃屏风"，屏风后是通高的"少年山"和"科学山"组成的共享空间。中心绿化带以及周围的人们可透过屏风清楚看到共享空间中有规律地布置的内广场，绿化以及各层少年们的文化活动，也可看到"少年山"/"科学山"结构与"水晶石"大厅清晰的界面关系，并组织少年宫内各种竖向交通枢纽。一方面玻璃屏风会使中心绿化带的景色与"水晶石"大厅内部空间融为一体，另一方面其连续舒展、晶莹剔透的曲面，会给少年宫综合体外部空间带来丰富的活力和象征性，为深圳中心区未来时代感增添一笔浓彩。

总平面规划／交通流线

本案的人流设计绝不是只停留在交通工具功能的意义上，在满足了各独立区相对直接简短的对外流线及内部各区流线成环顺接的同时，赋予流线以少年朋友特有的志趣。

基地沿红荔路是正方形地带。少年山／科学山在西南角被切去四分之一，将巨大的水晶石大厅裸露出来。"山峰"原始粗选的材质与"水晶石"晶莹剔透的玻璃形成鲜明的对比，给人强烈的入口启示性。进入"水晶石"大厅，宽敞明亮的圆形空间给人以明确的交通导向性和视觉识别性。主要垂直交通（包括电扶梯、疏散梯、电梯）设于两"山"的开口处及与"水晶石"交汇处的界面上及附近，明确而集中。整个西面均让给人流活动，"少年山"里的剧场人流较集中，设计中将其入口直接对外，入口处台阶与"水晶石"主入口跌水阶梯连成一片，能有效地分流人群。球幕电影院和悬浮于水晶石大厅上空的"未来时代馆"由户外广场攀登"科学山"直接进入，流线清晰、妙趣横生，体现了强烈的少年特点。

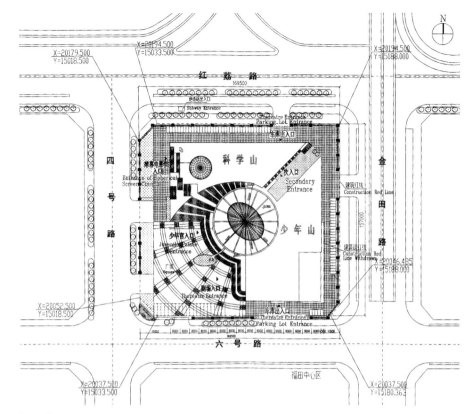

总平面图

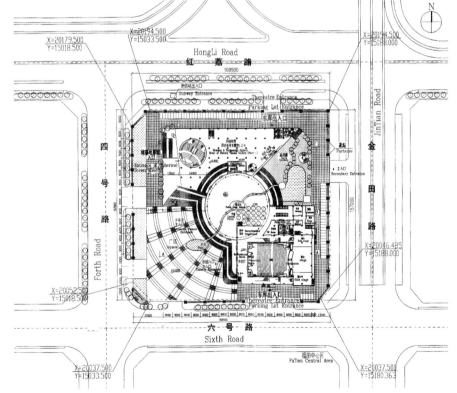

一层平面

　　缓坡而上的"科学山"在设计中有意考虑了攀登的坡度，使其适于孩子们玩耍攀登，让孩子们不自觉地感到"科学山"脚下已成为户外广场的一部分，于是户外活动的外沿和意义不再像传统建筑那样确定。

　　主要车流由红荔路，通过四号路导入再由六号路直接进入"少年宫"剧院下的一层架空停车场，方便快捷，不与人流交叉。管理人员办公由东面入口。货运入口设在东北角山峰开口处。残疾人通道亦由"科学山"／"少年山"间开口处进入大厅。

　　科学山

　　一分为二的"少年山"／"科学山"是少年宫的基本要素。"科学山"主要由"科技世界馆"组成。科学山构思中的"科学山"具有少年朋友特有的童趣，通常建筑物的第一立面和第五立面的界线在这里消失了，传统的建筑构件功能产生了变异，用于遮阳避寒的屋顶变成了可以攀登的山峰。用于围护空间的竖直界面概念模糊了。孩子们沿着"科学山"向上攀登可直接来到仿若飘浮于"水晶石"大厅空中的"未来时代馆"和"降落"在"科学山"脚下的球幕电影院。在科学的天空里"自由"翱翔。每月的第一天将由孩子们当中获得了科技成绩的集体或个人亲自登上"科学山"顶插上光荣的旗帜。科学山里西端是半地下高大尺度的多功能展示厅，这是一个可以感觉到五个级别标高的视觉空间。

　　由于内庭直径有56m，阳光充足、通风良好，科学山各层活动室可由内直接采光，临红荔路一侧可考虑全封闭(亦可考虑开固定窗)，目的在于可以获得宁静的活动空间。

　　少年山

　　少年山里主要由"艺术天地馆"组成，剧院和球幕电影院，剧院入口直接对外可以有效地分流人群，剧院两层观众厅的中间夹层，是相对独立的休息兼音乐咖啡廊。从"水晶石"大厅有扶梯可直接进入，这里既可欣赏对面文化艺术中心及中心绿化带的优美景色，又可感受到"水晶石"大厅浓浓的人情味。夜幕下停靠在"少年山"上的轻舟熠熠闪光，为少年宫增添了几分神秘色彩，其构思的形态效果有感于天外不明飞行物降落在"少年山"上。它是少年宫的制高点，可以眺望"山下"美好的景色。少年宫的管理区及入口也设在"少年山"的东侧。

　　"少年山"下悬空的二层空间是作者特

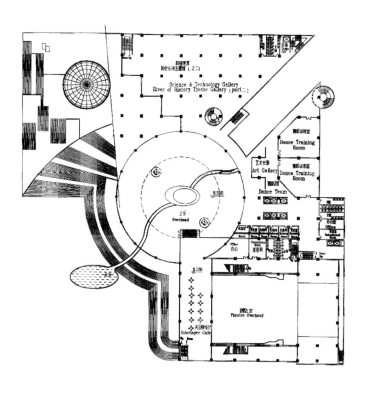

二层平面

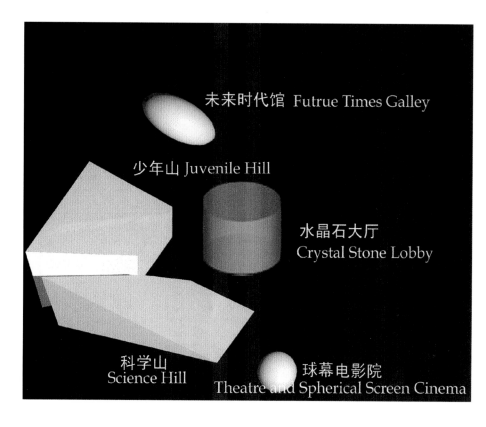

意设计的环境空间，这是满足了孩子们的亲水性，并与"水晶石"大厅的绿化及户外广场形成了一条轴线明确的绿色走廊。

"水晶石"大厅

镶嵌在少年山／科学山中间巨大的水晶石是本设计独具匠心的构想。

构想中的"水晶石"大厅是梦一般的乐园，在这里孩子们可以实现自己的梦想，在大厅的圆心设计了一个活动的童话岛，在这里每周孩子们可以编排上演自己喜欢的童话剧，如：安徒生的"卖火柴的小女孩"、"美人鱼"等。梦一般的童话世界将会让孩子们留连往返。

"水晶石"大厅就是两座山的联系，整个少年宫的交通中心，又为两座山提供了充足的阳光和良好的通风。我们将"未来时代馆"设置在它的上空（这在结构上是容易做到的），它的构思有感于"飞艇"和"潜艇"，夸张的尺度和飘移的悬浮感是少年激情的体现，孩子们都会想上去看个究竟，它同时也是"水晶石"大厅的"洋伞"。阳光透过"飞艇"的周围可以照射到大厅的每个角落。

"水晶石"大厅前后开敞，明亮通透。其功能源于我国建筑传统的"风雨廊"（只是尺度大一些）。两"山"之间的这个超大尺度的模糊空间与"少年山"下放大的开敞空间一起，为孩子们提供了一个风雨无阻的户外活动乐园。

重要的是所有少年宫中的活动不应是传统建筑封闭型的，少年宫内部各层孩子们的活动都能通过通高的共享空间相呼应。并且"水晶石"大厅乃至整个少年宫内部共享空间的景象又可透过面向中心绿化带的"玻璃屏风"清晰地传递出去。"玻璃屏风"高约30m，采用钢拉索结构固定，其结构部分与玻璃的联接拟用点支撑构造（DGP节点），可使人们的视线几乎无遮挡地穿透。以城市的尺度看"水晶石"大厅是少年宫朝向外界的一个透明"面具"，也是一层强烈吸引人们进入的空间"薄膜"。同时少年宫内部空间透过"水晶石"大厅，将户外中心绿化带、文化艺术中心怡人景色吸纳进来，使少年宫内外空间融为一体。

"水晶石"大厅不仅是一个过渡性、组织性的模糊空间，同时本设计特别赋予它以特异的功能。在"水晶石"大厅里，我们可以设计特殊用途的声、光、电、机械、设备效果（如可伸缩的垂直升降受力柱，用于组合灵活空间，悬挂式环行提升装置，升降舞台等），可以演示各种参与性强的活动（如模拟春、夏、秋、冬，战斗游泳等）。

本方案认为这是一个极为重要的空间。这是一个"犹豫空间"。它的功能是多意的暖昧的。这是一个能留住人的地方，人们在这里停留，轻松享受着正式参与少年宫活动前的"序曲"和各自分散活动后意犹未尽的回味。

"水晶石"大厅同时还具有超大展品演示的功能（如恐龙、飞机等），这样的展示，显然是不常见的。如果建筑一个固定的、永久性的如此庞大的空间，其建筑设备投资巨大不说，而且利用率低下这是不能接受的。本设计基于多功能、能源及可变性多方面考虑提出的设计是现实可行的解决办法。

环境设计／绿色走廊

如何启发少年宫的环境特征，并与中心城市总体环境相协调，是两个不可回避的设计主题。在本方案中，特别引入了模糊环境设计概念。由"水晶石"大厅、"少年山"脚下的开放空间所形成的绿化系统犹如"科学山"／"少年山"的山岭，形成了本方案特有的带形绿化链。在设计中由"水晶石"内流出涓涓细水顺阶梯而下，满足了孩子们的亲水性，试图创造少年宫有山有水，山水相连的生态情景，增强少年们的环境意识和生态观念。

如前所述，为满足各区独立功能而设的"剧院大阶梯"、圆弧形"水晶石大阶梯"、球幕影院阶梯、"未来进代馆"大阶梯在本方案中连成了一个整体，这个阶梯群已不是传统意义上的交通工具，丰富的高差，优美的旋转，庞大的气势为孩子们提供了一个别有情趣的新户外活动广场概念，在其上可以设计各样的平台、喷泉、雕塑、绿地，形成一个流水跌荡、四通八达、景观

东立面

南立面

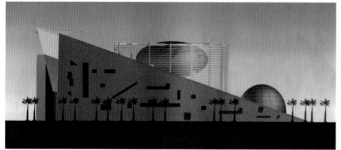

北立面

西立面

丰富的立体广场，它是户外广场的变异与
延伸，也是"绿色走廊"的组成部分。它
将户外绿化引入室内又把内庭户外化，这
个绿色走廊与立体广场所形成的活动系统
在山上山下、山里山外自然地渗透到各个
功能分区，并构成了一个有机整体。

主要经济指标：

总用地面积：26 352.2m²

总建筑面积：29 782.17m²

首层面积：10 004.79m²

二层面积：6 740.75m²

三层面积：4 642.70m²

四层面积：3 886.25m²

五层面积：2 505.22m²

六层面积：2 002.46m²

容积率：1.13

绿化率：42%

覆盖率：40.1%（包括灰空间 水晶石
大厅）

建筑高度：40m

建筑层数：7层（半地下车库及设备1
层地上6层）

剧院座位：1 000位

停车位：344辆（其中地下室小车：214
辆，室外小车：70辆 室外大车：20辆）

注：首层平面为地下车库及设备层，
为使车流能顺畅进出，进口处标高与地面
平高，逐渐缓坡进入半地下车库，最低标
高为−3.5m，其面积不计入总建筑面积。半
地下车库及设备层面积为16 384.00m²

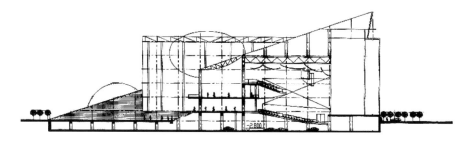

A—A 剖面

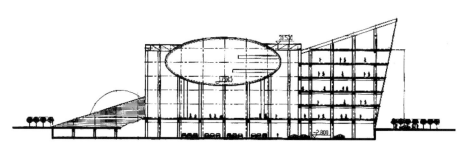

B—B 剖面

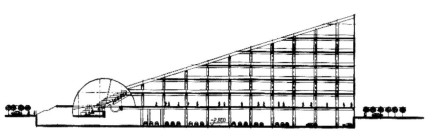

C—C 剖面

方案二：华森建筑与工程设计顾问公司（第一轮）

透视图

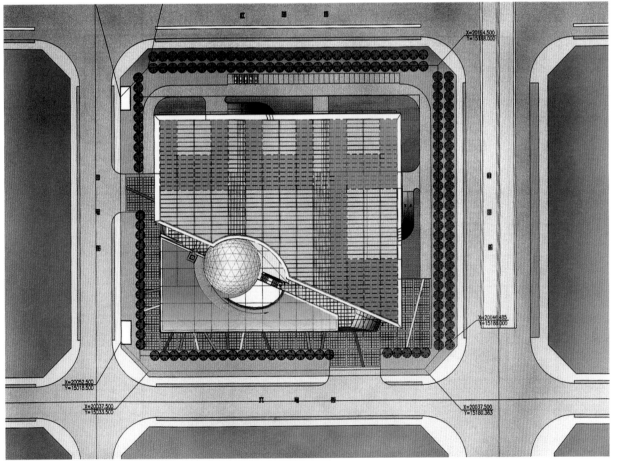

总平面图

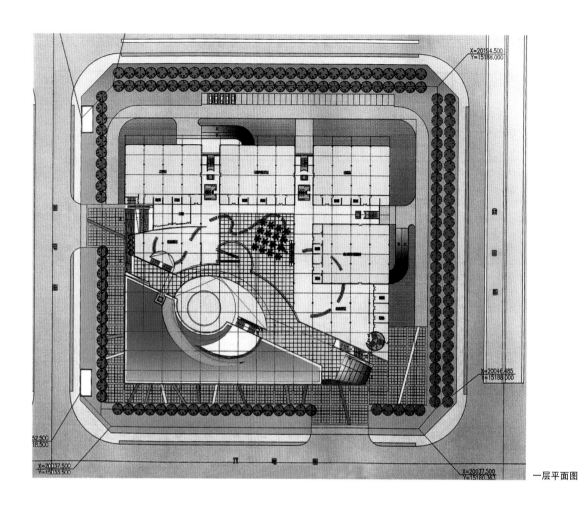

一层平面图

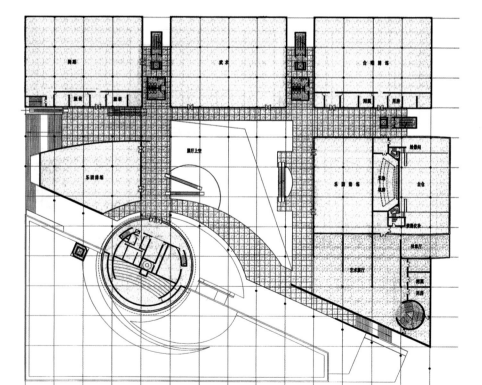

二层平面图

《深圳市中心区城市设计与建筑设计 1996—2002》系列丛书

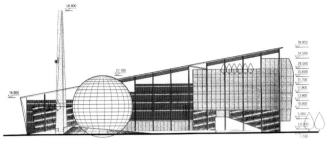

南立面图

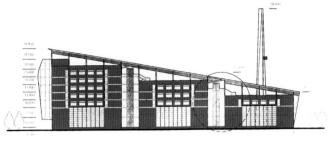

北立面图

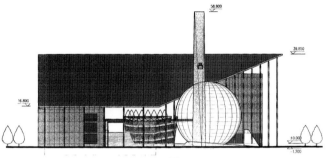

西立面图

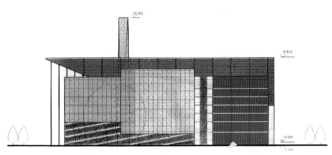

东立面图

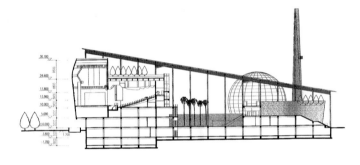

A—A 剖面图

方案三：新加坡诺玮设计工程有限公司（第一轮）

透视图

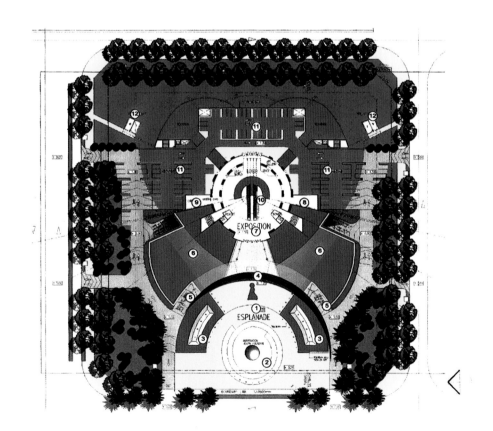

总平面图

1.广场
2.喷泉
3.喷泉
4.月门
5.坡道
6.反射池
7.展览
8.商店
9.咖啡厅
10.山峰
11.停车场
12.公厕

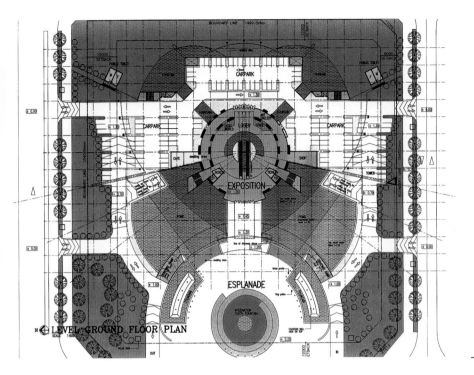

一层平面图

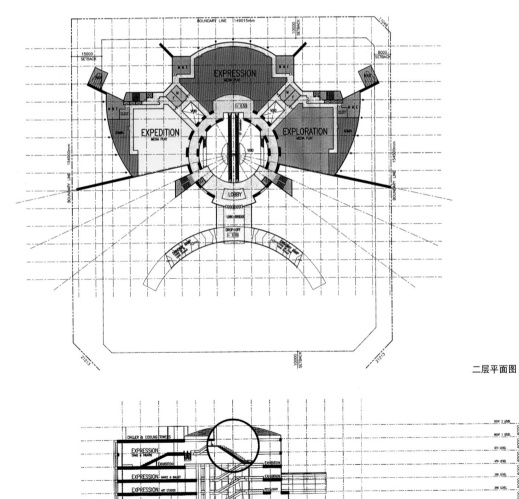

二层平面图

剖面图

方案四:(设计单位不详)

透视图

1. 科技活动中心
2. 太空馆(穹幕电影院及天象仪)
3. 多功能剧院
4. 文化艺术中心
5. 少年宫行政中心
6. 广场
7. 园林绿化
8. 滚轴溜冰表演
9. 露天广场
10. 茶座
11. 露天展览场
12. 倒影水池
13. 水晶瀑布
14. 花式喷泉
15. 人造水溪
16. 地下停车场车道
17. 服务停车场
18. 地铁出入
19. 行人天桥

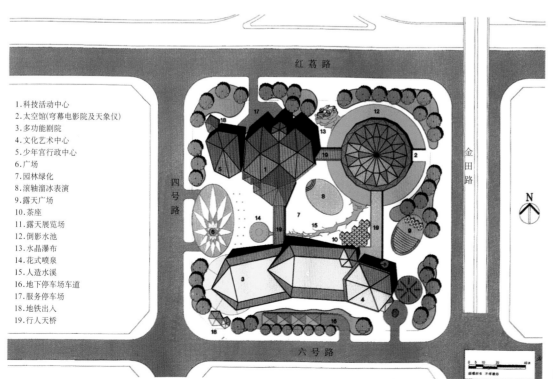

总平面图

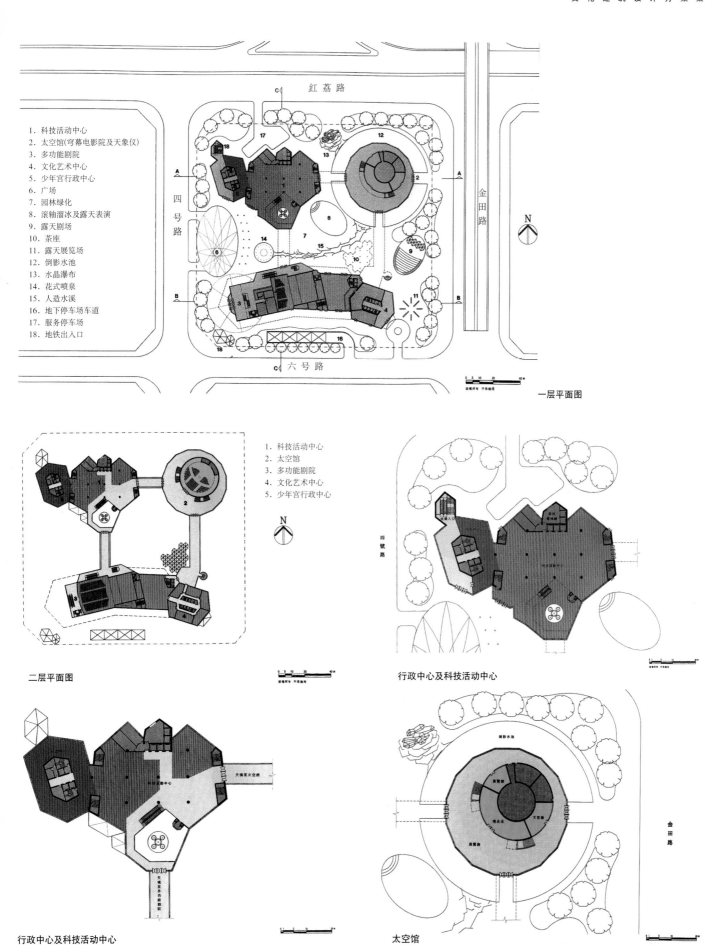

红 荔 路

1. 科技活动中心
2. 太空馆(穹幕电影院及天象仪)
3. 多功能剧院
4. 文化艺术中心
5. 少年宫行政中心
6. 广场
7. 园林绿化
8. 滚轴溜冰及露天表演
9. 露天剧场
10. 茶座
11. 露天展览场
12. 倒影水池
13. 水晶瀑布
14. 花式喷泉
15. 人造水溪
16. 地下停车场车道
17. 服务停车场
18. 地铁出入口

四号路

金田路

六 号 路

一层平面图

二层平面图

1. 科技活动中心
2. 太空馆
3. 多功能剧院
4. 文化艺术中心
5. 少年宫行政中心

行政中心及科技活动中心

行政中心及科技活动中心

太空馆

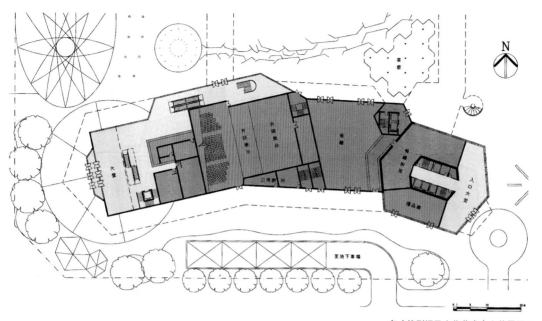

多功能剧场及文化艺术中心首层平面

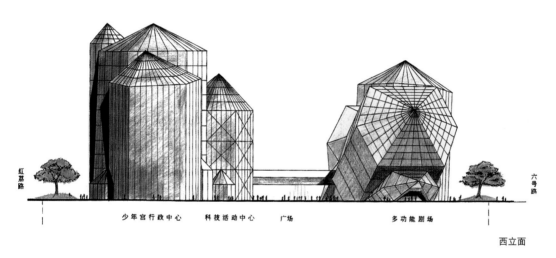

红荔路　　　　　少年宫行政中心　　科技活动中心　　广场　　　　多功能剧场　　　　　　六号路

西立面

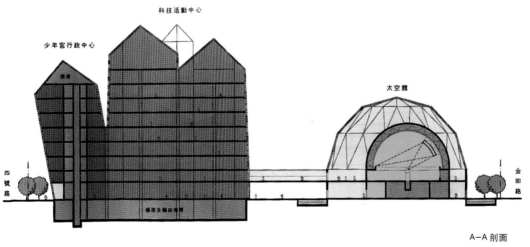

A—A 剖面

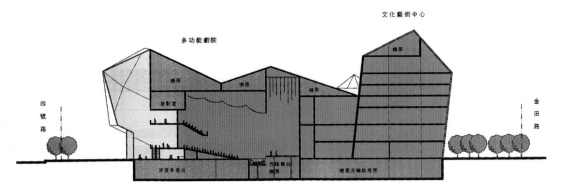

B-B 剖面

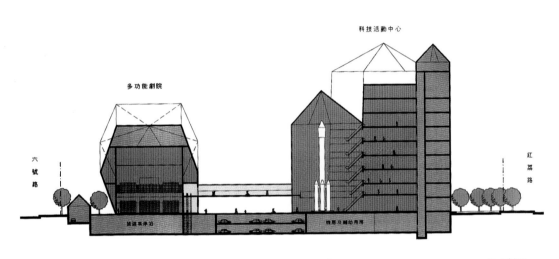

C-C 剖面

方案五：（设计单位不详）

透视图

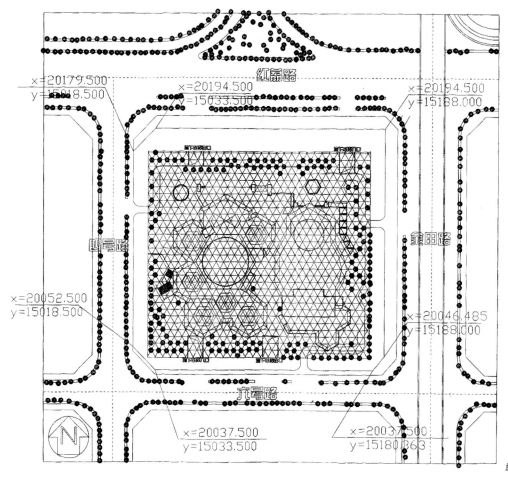

总平面图

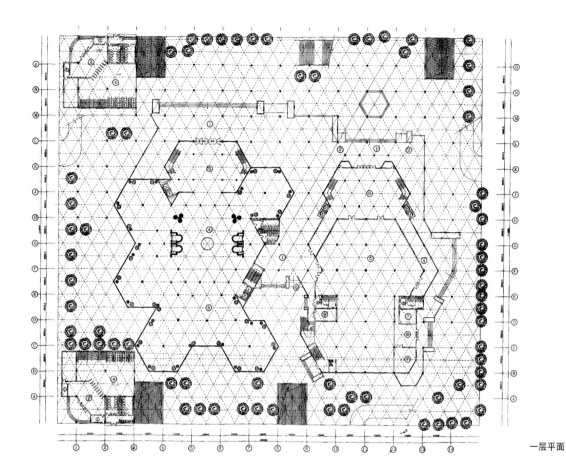

一层平面

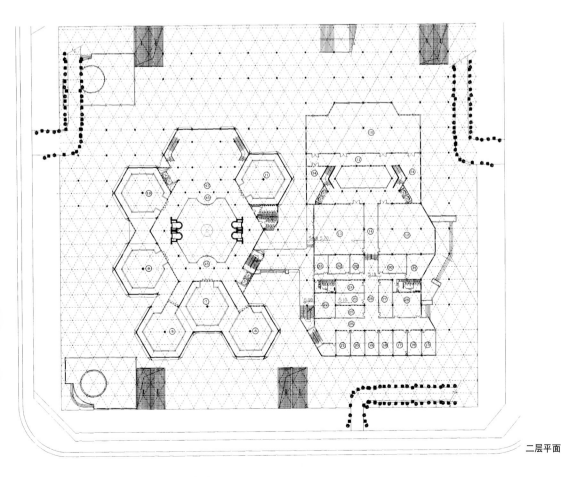

二层平面

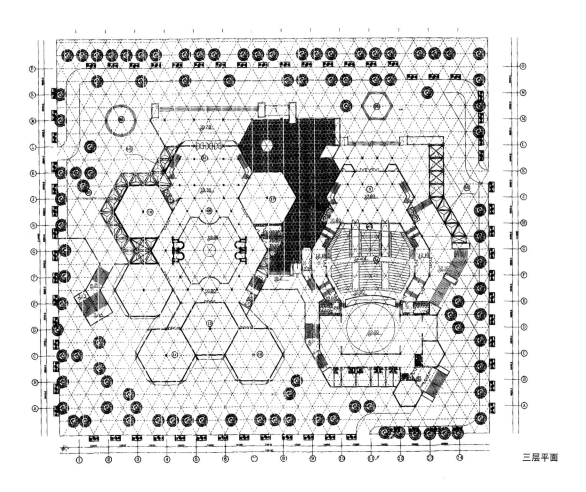

三层平面

西立面图

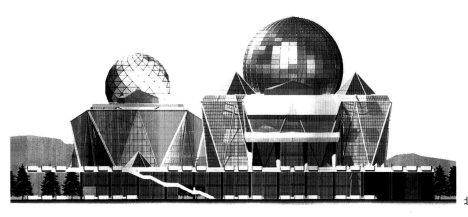

北立面图

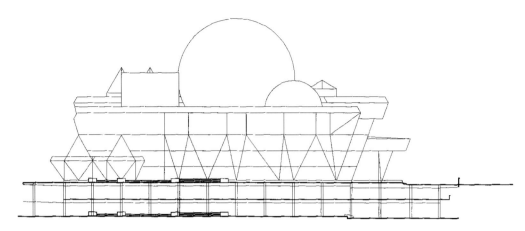

东立面图

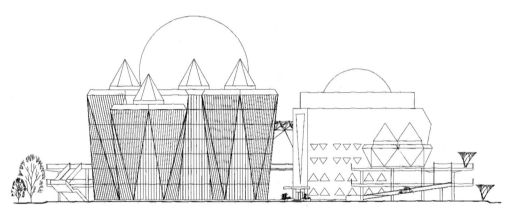

南立面图

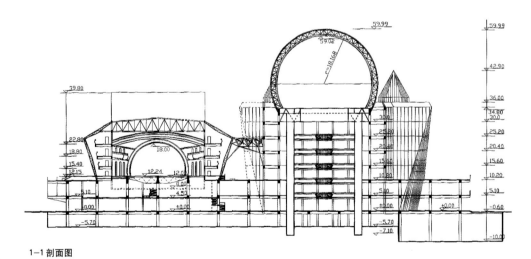

1—1剖面图

方案六：深圳大学建筑设计研究院（第二轮）

透视图

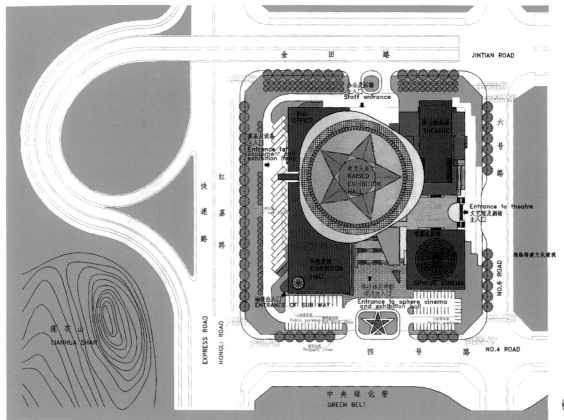

总平面图

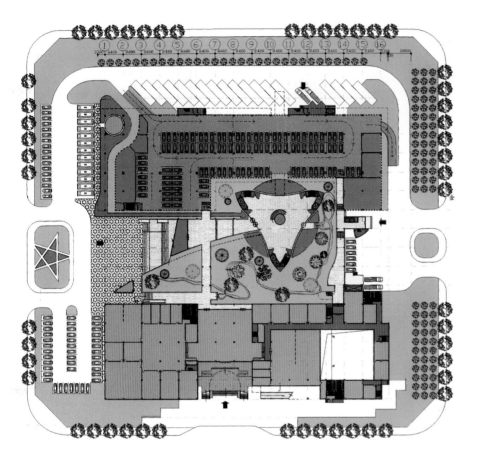

首层平面

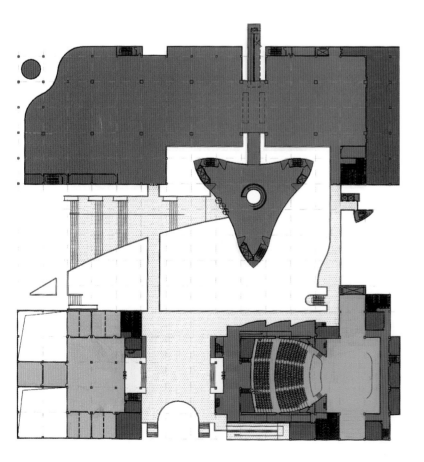

二层平面

西立面

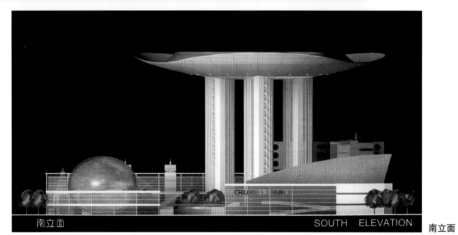

南立面

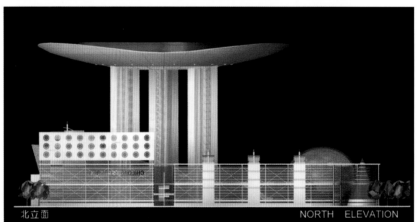

北立面

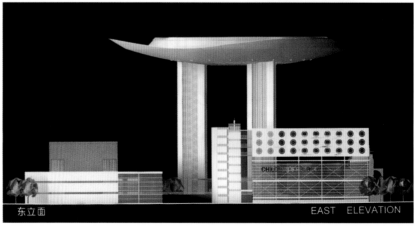

东立面

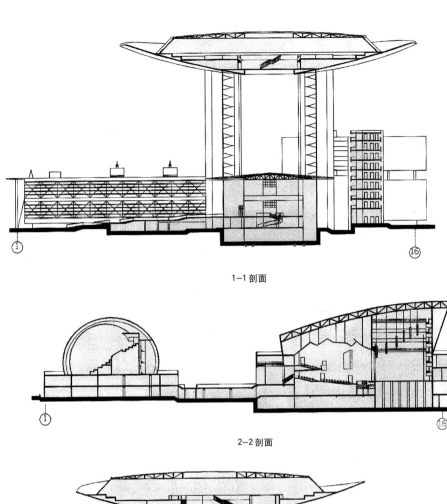

1—1 剖面

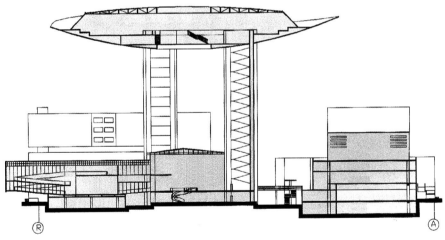

2—2 剖面

3—3 剖面

方案七：机械工业部设计院（第一轮）

透视图

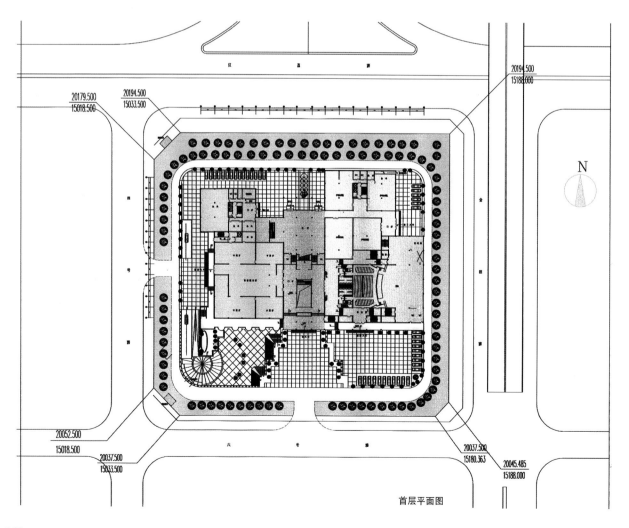

首层平面图

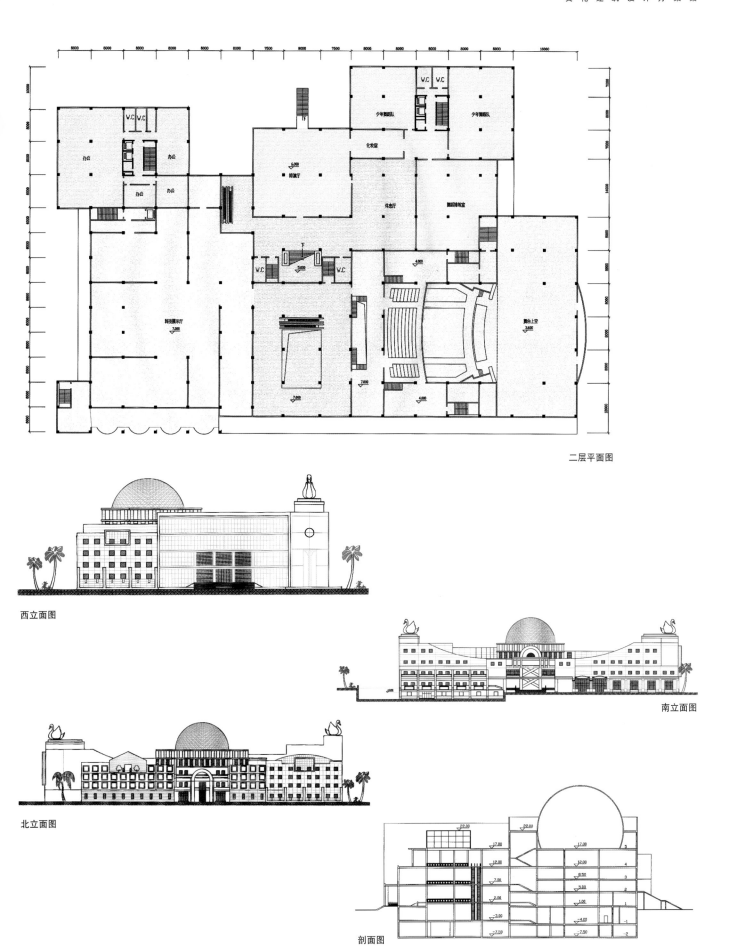

二层平面图

西立面图

南立面图

北立面图

剖面图

方案八：(设计单位不详)

透视图

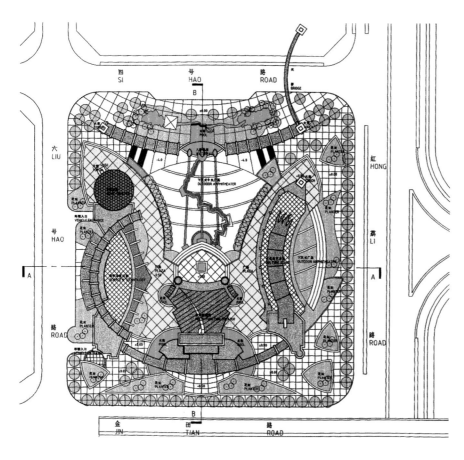

总平面图

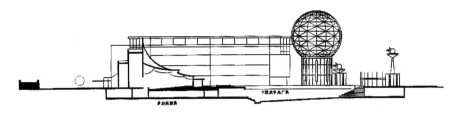

A—A 剖面

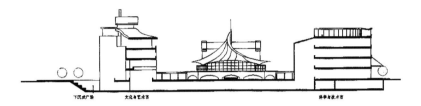

B—B 剖面

二层平面图　　　　　　　　　　　　　　　　地面层平面图

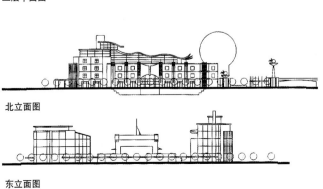

北立面图

东立面图

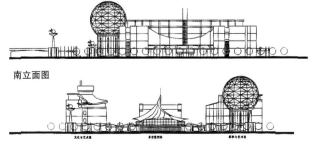

南立面图

西立面图

三、深圳市少年宫建筑设计方案评审意见

深圳市少年宫建筑设计方案的评审于1999年6月25日～26日在深圳市五洲宾馆举行，在经过认真阅读和充分评议后，专家们一致认为，本次参加投标的方案在设计构思、技巧和表现上达到了一定的水准，但又分别存在着较大不足之处，本着为深圳市中心区文化设施产生一个令人骄傲的面向下一世纪的少年宫这样的一种使命感和责任感，专家们在充分评议后经投票推荐5号方案(深圳宗灏建筑师事务所)和4号方案(深圳大学设计院)为最终实施方案之选择，现将评委会的意见表达如下：

5号方案：优点是具有较好的构思和想像力，建筑的外部体形与环境关系尚好，内部空间富有变化，适合青少年的特点，出入口的位置和总体布局及功能分布尚为合理。缺点是功能考虑仍嫌粗糙，少年山的概念与莲花山有重复，且安全性存疑。建筑屋顶可作绿化处理，中心圆柱体空间直径过大，使用功能不足，缺乏应起的交通组织作用，在垂直交通上应注意考虑大量人流集散的需求。另需重点提出的是本方案在造型上与国外近年已建成和发表的项目有过于相似之处，因而评委们认为此方案被采纳为实施方案的前提应是消除这种相似性，突出设计的原创性。

4号方案的优点是分散式布局，功能布局合理，交通组织通畅，形体和尺度又配合城市网络，适合青少年特点，特别是户外庭园和半地下室停车库均适合地方气候，结构简易可行，节省建造费用。但评委们认为此方案的造型构思有需再斟酌之处，特别是寓意过于直接而且造型欠佳，需加以认真修改。

对于其他未入选方案，评委们也都一一作了认真的讨论并提出有关意见附后，供有关人士参考。

总体来说，评委们恳切希望最终实施方案应有原创性、前瞻性，既要面向下一世纪人们对于生态环境的追求，又要支持和发展已经确定的中心区城市设计，既要给深圳市市民及少年儿童一个赏心悦目的优美的建筑物，又要提供少儿使用的先进设备，以利于发展他们的身心。建筑物还应该更加开放和有利于可持续发展。

1号方案(关善明事务所)的设计追求象征少年儿童进步、成长的动感形态。整体造型生动、简练，整体布局考虑到与城市干道的和谐衔接关系，处理手法自然。以侏罗纪公园及恐龙的景观构成作为少年宫入口的标志，对少年儿童具有探险启迪及热爱自然的教益。

由于受到飞翔形态的三角形主体建筑的边界局限，相关必要空间组织受到局限，导致面积不足，未能满足设计要求。此外，三角形主体建筑的尖角在风水上受到关注性的质疑。

2号方案(深圳市建筑设计总院)是一个独具匠心的设计方案。以土星作为屋顶，土星的透明球体空间以及光环具有强烈的视觉效果及标志性特征。尤其是从莲花山上俯视这座建筑，以土星作为少年宫的形象标志具有突出的象征性。同时，土星造型以其独特的大尺度高科技表现形态成为召唤、培育少年儿童向宇宙探索的凌云壮志。以圆形平面构图象征地球的意象，透明、轻盈、雅致的主体构成，体现了少年宫的明快、活泼的风格，充满空间的活力。功能组织合理，空间构成具有优化的实用性。

由于入口的对称感，使得主入口显得纪念性有余，具有少年儿童亲切尺度感的建筑特征性不足。土星光环于主入口处过高，以致在建筑基地的范围使儿童在视觉上很难感受到土星光环的形态。

3号方案(何显毅地产顾问公司)：总体造型设计独具特征。结构技术体系优化，具有实施的前卫性及合理性。功能组织概念明确，分区布局具有明显的合理性。整体环境设计适于少年儿童的室外活动及城市边线有机的衔接。

在深入考证功能组织及形态构成方面发现一系列不完善之处，而且作结构性的调整缺乏余地。

6号方案(日本山田雅美建筑研究所)：出席评审会的全体评审员几乎一致地认为此项方案设计构思具有细腻、周全、实用性强的特征。无论从功能及空间构成的形态，还是设计表现都已作到相当的深度。空中人工地盘的空间开发及地下空间利用方面作出了清晰的探索。总体形态构成活泼，具有独特的地方城市少年宫建筑的特征。

人工地盘及地下空间目前在中国的实施尚缺乏足够的技术条件。此外，地下空间的能源消耗也不太符合中国目前的国情。

7号方案(美国JY建筑事务所)：功能组织合理，分散式布局形成建筑群体的生动感，绿色空间的室内外渗透使得这座少年宫充满自然情趣。建筑的尺度具有对于少年儿童的亲切感，建筑空间构成中的公共空间适于少年儿童的活动方式。

建筑群体造型具有坚实感，但不太具有少年儿童的建筑特征。基地布局充实，但略显拥挤，适于少年儿童的户外活动空间略为不足。

深圳市少年宫建筑方案评审会
评委名单（按姓氏笔划排序）：
陈一新　深圳市规划国土局、中国一级注册建筑师
张在元　博士、日本东京大学建筑系教授
陈青松　新加坡著名建筑师、新加坡雅科本建筑事务所
项秉仁　博士、香港贝斯建筑设计公司、美国注册建筑师
崔恺　建设部设计院副总建筑师
章明　上海建筑设计研究院总建筑师、教授、中国建筑家协会理事
潘玉琨　华艺设计顾问公司副总建筑师
深圳市少年宫建筑方案评审会
技术委员会名单
陈主　团市委副书记、市少工委主任
邓爱国　市软件协会会长、高级工程师
杨素　市文化局社文处助理调研员
黄伟文　市规划国土局工程师
单协和　市青少年活动中心副主任
杨胜军　市少年宫筹建办主任

深圳市第二工人文化宫

一、深圳市第二工人文化宫建筑方案设计任务书

（一）建设项目名称：

深圳市第二工人文化宫

（二）项目建设的意义：

改革开放以来，我市经过十多年的建设，已由一个边陲小镇发展成为初具规模的现代化城市。随着特区经济的不断发展，职工队伍也在迅速壮大。目前，我市职工总人数达300多万人，但只有一个文化宫，远远不能满足广大职工群众活动的需要，与深圳这个现代化城市的建设格局极不相称。因此，全市广大职工迫切希望能尽快增加活动场所。

今年7月1日，分离百年的香港回归祖国，深港两地各方面的联系将更加密切，两地职工的政治文化联谊活动必将日益增多，由此亦迫切需要一个活动基地。

兴建第二工人文化宫是我市广大职工文化生活中的一件大事，为此，市委、市政府领导高度重视和关心市二宫的筹建工作。市二宫地处深圳市未来中心区，是新区城市规划重点配套设施之一，也是我市精神文明建设重点硬件设施之一。它的建成，将产生巨大的社会效益，有利于我市精神文明建设，起到中心区的文化辐射作用，可以满足不同行业、不同年龄、不同文化层次的职工对文化娱乐活动的要求。也为广大职工提供一个良好的文化学习、技能培训、健康娱乐的环境，成为广大职工的"校园"和"乐园"。

（三）项目建设地点和条件

1.地点：位于福田中心区莲花山东南侧，红荔西路与彩田路交界处。

2.条件：占地面积 10.4万 m²；

市规划国土局规定的设计要点：

建筑覆盖率＜10%；

建筑容积率≤0.25；

建筑高度＜15m。

（四）项目构成及功能

拟定功能项目8个，其中室内项目5个，室外项目3个，总建筑面积为25 000m²（室外项目不计建筑面积）。具体如下：

1.职工文化活动中心

面积：3 500m²。

功能：是职工进行思想教育和文娱活动的重要场所，设有综合展览馆、图书馆、阅览室、电教室、报告厅等。一方面，展示自特区创建以来所涌现的先进人物、先进事迹及深港工运历史，并且将职工群众的艺术作品（如绘画、书法、邮展、雕塑、工艺制品等）展示出来；另一方面，开展各种群众性的文娱活动及培训服务，包括歌咏（大合唱、小组唱、独唱等）、器乐（乐队合奏、独奏等）、舞蹈（民族舞、现代舞、交谊舞等）的活动，并向职工群众提供文化艺术、科学知识、职业技能等培训服务。

作用：通过各种活动，反映出特区职工群众的精神风貌及特区两个文明建设的成果，丰富职工群众的业余文化生活，提高职工群众的思想道德素质和科学文化素质。

2.职工科技活动中心

面积：7 500m²。

功能：是利用高科技设计的娱乐项目，主要有虚拟现实科幻城、激光娱乐场、仿真电子游艺场等。如虚拟现实梦幻城，是运用先进的电子网络技术，虚拟现实世界，通过人们视觉、听觉甚至嗅觉的感受，使人如亲临其境地领略观赏世界风光、太空遨游、参观博览会、到大学课堂听讲座等。

作用：使职工通过各种科技娱乐活动增加对现代科学知识的认识和了解，提高和激发职工群众对学科技的兴趣与热情，使之适应现代社会的要求。

3.职工康体活动中心

面积：5 000m²。

功能：开展各种群众性的球类运动，其中包括篮球、排球、羽毛球、乒乓球、桌球、壁球、保龄球等；开展职工健身活动，

包括健美操、器械健身配套设施等。

作用：通过各种体育运动，增强职工群众的身体素质和团结协作的团队精神，有利于全民健身活动的开展。

4.职工娱乐中心

面积：3 500m²。

功能：主要项目有交谊舞厅、影剧院、滚轴溜冰场、障碍滑板等。其中滚轴溜冰运用现代科学技术手段，与声、光、布景等有机结合起来，使人们在快速运动中感受到惊心动魄和紧张刺激的效果。

作用：这个项目特别适合青年职工，能增强他们的反应能力及敏捷性。

5.辅助配套项目

面积：5 500m²。

功能：主要项目有职工临时宿舍、发电、配电、职工食堂、仓库、维修车间、清洁、卫生设施、门卫等用房。

作用：后勤保障。

6.室外歌舞表演场

功能：为职工群众大中型表演、集会、游园等活动的场所，可同时容纳5 000人参加活动。

7.室外活动场

功能：拟建网球场4个（有灯光）、标准足球场1个。

8.露天游泳场

功能：拟建标准池、初级池、儿童池各1个。

（五）总投资估算

总投资1.32亿元人民币，其中室内项目总投资1.12亿元，室外项目投资0.2亿元。

（六）方案设计要求

1.要求按合适的比例设计完成方案平面图，并在图中注明设计技术指标（包括：占地面积、建筑占地面积、建筑覆盖率、建筑高度、总建筑面积、容积率、绿化面积、绿化率、道路广场面积等）和各个功能项目的名称及面积。

2.要求用文字说明设计的指导思想、整体布局及各功能项目设置的理由。

二、深圳市第二工人文化宫概念设计方案

（日本黑川纪章建筑都市设计事务所）

（一）方案说明

第二工人文化宫的设计需要满足以下三个条件：

（1）与中心枢纽区设计的协调性。

（2）与莲花山主体规划方案的协调性。

（3）与相邻的美术馆，在景观上的协调性。

A 方案

1.地面设计

中心枢纽区，其最重要的概念之一就是生态媒介都市的概念。被幽雅气息所环绕的风景园林就是根据这一概念设计的。A 方案中还提出了人造丘的设计方案。

2.生态回廊

生态回廊将建成由玻璃环绕的大通道。夏季只要将天窗关闭，不仅可以遮挡太阳，同时还可以利用太阳的能源。正面由于有叫作爱比的树木可以起到遮挡太阳的作用。只要将正面的窗户全部打开，不用空调同样可以起到通风的作用。冬季将天窗打开、正面的窗户关掉，由于太阳的照射，可以达到温室效应。

3.综合效应

充分利用所有设施的入口前厅来修建生态回廊，这样可以降低成本。另外由于各个设施相互连接，不仅利用起来很方便，而且下雨天不用打伞也可游览全园。

4.悠闲的羊肠小道

设施的周围虽然是露天，但可以利用

人工造的自然地形

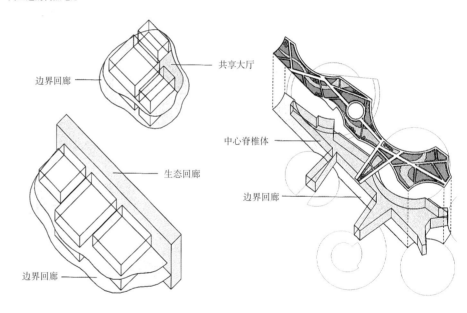

边界回廊
共享大厅
生态回廊
中心脊椎体
边界回廊
边界回廊

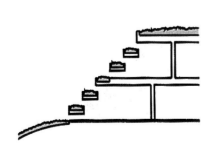

边界回廊

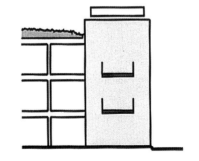

共享大厅

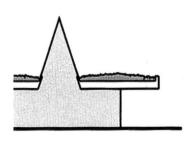

屋顶平台和下面的共享大厅

设施之间屋顶的遮盖建造步行道,游人可以不受炎热的夏季或者雨季的影响,尽可随意漫步其中。

5.与现存的美术馆共生

不仅不会与西部的美术馆发生冲突。相反,由于文化宫被赋予了自然色彩,可以达到互相衬托的风景效果。

6.与生态回廊相连接的运动广场

在生态回廊的旁边建造一个供各种户外及典典活动使用的广场。

7.森林运动公园

在由人工建造的、有自然起伏的森林空地中,建造网球场、户外游泳池等设施。同时将建造供观赏比赛用的、具有遮阳功能的观众席。

B方案

1.共用的入口前厅

为了减少运营成本,将修建一个低高度的、与其他低层建筑配套的、供整体使用的入口前厅。游人可不受炎热气候及雨天的影响,自由地往返于各设施之间。

2.屋顶公园

在低顶建筑物的屋顶上修建人造公园,与中轴线的风景对称,并形成新的景点。

3.抽象的几何图形

在人造公园的周围设计一些抽象的各具特色的几何图形。这种设计也符合中国前汉时期天文学者——淮南子的"天为圆、地为方"的宇宙观。

4.带遮顶的户外场地

不仅在室内,而是尽最大可能在室外也建筑一些低顶建筑物,以供游人在夏季或雨季游园。

(二)基地位置

第二工人文化宫位于中心区中轴线端部的莲花山东南角区域,正好与北面的体育设施和西面的中国传统文化公园相邻,主要的道路系统被设置在东面和南面的基地,并与西南角已建成的美术馆基地相连。设置主要的交通道与基地东边道路系统相通。在西面设置步行道连接莲花山基地所设置的地下铁出入口和穿过文化公园的中轴线步行大道。

根据以下条件设计工人文化宫:

·与中心区中轴线设计概念的统一协调性

·与莲花山基本规划的统一协调性

·与相邻的已建美术馆在景观上的统一协调性

关于第二工人文化宫的设计现状,我们准备了两个设计方案。一些概念性的要

素分别地融贯于两个设计方案之中。

(三)地形建筑(波动起伏的风景建筑)人工造的自然地形

所谓生态媒介都市的设计概念是设计中轴线的重要概念之一,以生态媒介都市的设计概念为基础的风景设计应该具有环境的亲和性。例如A设计方案,就是考虑到环境的亲和性,而设计了人工自然小丘。根据这样的概念设计的建筑称之为地形建筑。用这种手法可以将第二工人文化宫设施的建筑体和覆盖莲花山的风景园林融为一体。另外在北面的基地还增设了不少的屋外体育运动设施,例如:网球场、游泳池、足球场等。这些屋外运动设施被起伏的人工自然小丘所包围的同时,也被绿色

的树林而重围。从而因起伏的树林所形成的日影使屋外运动场的观战席避免了夏天的日晒。

(四)像室内一样的室外空间

考虑设计用一个公共场所来连接各种复杂的设施所必要的门厅和主要入口,可以节省建造,维持和运转费用。除此之外像这样室外和室内的流通空间有效地结合的设计手法使各种复杂的设施融为一体,人们不必走出室外就可以自由和方便地利用各项设施。各种设施的边界还设置了可以遮挡雨和夏日强烈的日晒并对室外自然风景开放的有顶空间。

在设计方案A里,构思了一个所谓公共空间的生态回廊。生态回廊是被玻璃的

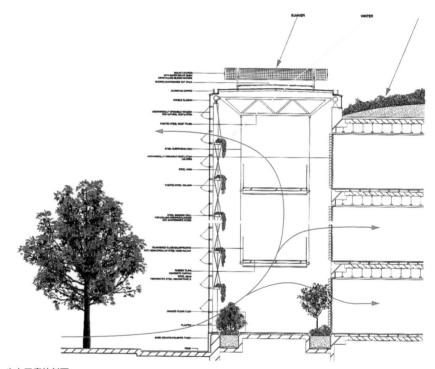

生态回廊的剖面

生态回廊的使用例(德国)

屋顶太阳能电池板

遮盖而围成的连接通道。回廊的屋盖设置了能遮阳且可自由开闭的百叶片。在设计方案B里，设计一个中心脊椎形的公共空间来连接各种设施。并在其边界设置可以享受屋外风景的开放式屋檐的延伸空间。在其屋顶花园设置风景平台，并使设施使用者很容易地从平台通向这个与有顶的半开放空间和室内公共空间。根据生态科学的原理风景平台作为中轴线扮演着重要的角色。

（五）生态科学技术

目前建筑工业上最大的挑战之一是设法减少建筑能源的消耗，这就要靠使用生态技术来实现。在主要的制冷、送风等电气供给循环中要消耗很多能量，主要的循环区域将成为受生态技术控制的自然通风区域，如生态回廊，或在自然风景屋顶下的隔热区域。在由自然土壤组成的厚屋顶层的覆盖下，可使室内温度受到控制，减少制冷消耗，并可降低建造中的这部分设备施工和维修费用。生态回廊是被玻璃的遮盖而围成的连接通道。回廊的屋顶设置了能遮阳且可自由开闭的百叶片窗。屋顶本身使用节省能源太阳能电池板做成。还种植了一些将来能遮阳并能净化空气的称为爱比的植物。在屋顶顶棚设置电动式的自由开闭窗，将窗打开，不用空调就可以起到通风的作用。

方案 A 总平面

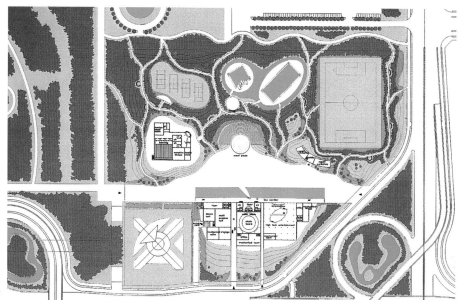

方案 A 一层平面

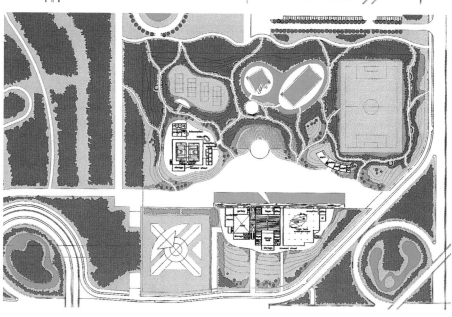

方案 A 二层平面

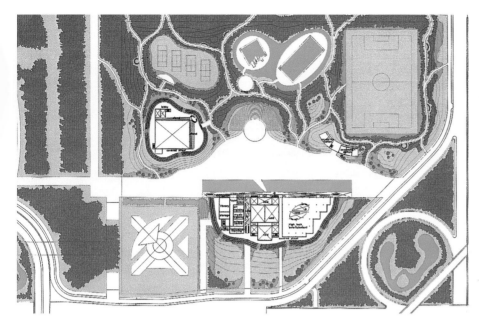

方案 A 三层平面

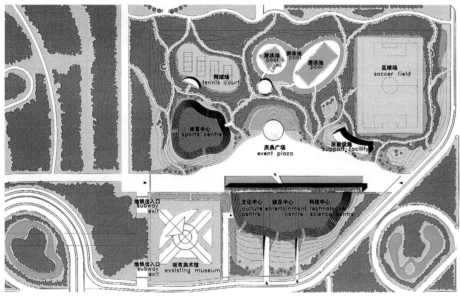

方案 A 屋顶平面

方案 A			一层	二层	三层	小计	要求面积
	1	文化中心	1 730	685	947	3 362	3 500
	2	娱乐中心	1 567	1 669	64	3 300	3 500
	3	科技中心	2 778	2 419	2 142	7 339	7 500
	4	体育中心	2 007	2 423	288	4 718	5 000
	5	后勤设施	500	500	500	1 500	
	6	生态回廊	1 400	260	260	1 920	
	7	总建筑面积	9 982	7 956	4 201	22 139	26 000
	8	建筑覆盖面积				10 500	10 400
	9	建筑覆盖面积／基地面积				10%	10%
	10	总建筑面积／基地面积				21%	25%

方案 B 总平面

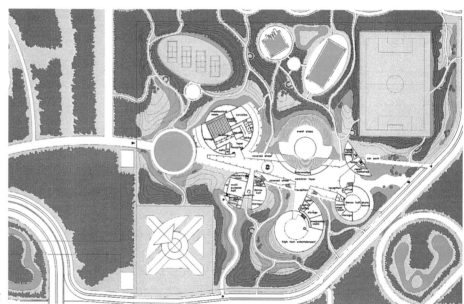

方案 B 一层平面

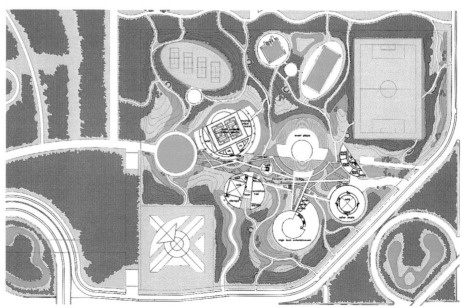

方案 B 二层平面

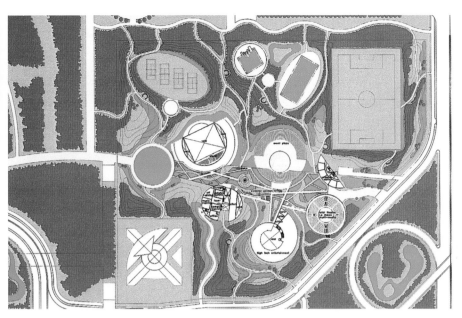

方案B三层平面

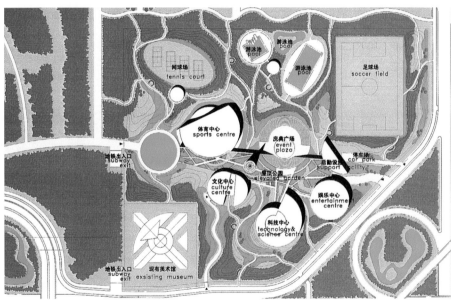

方案B屋顶平面

方案B		一层	二层	三层	小计	要求面积
1	文化中心	1 481	853	1 106	3 440	3 500
2	娱乐中心	1 256	1 137	1 808	4 201	3 500
3	科技中心	2 682	2 374	1 843	6 899	7 500
4	体育中心	2 589	2 053	248	4 890	5 000
5	后勤设施	528	528	528	1 584	
6	共享大厅	2 113			2 113	
7	总建筑面积	10 649	6 945	5 533	23 127	26 000
8	建筑覆盖面积				10 549	10 400
9	建筑覆盖面积 / 基地面积				10%	10%
10	总建筑面积 / 基地面积				22%	25%

三、深圳市第二工人文化宫概念设计方案第三阶段——深化设计

（日本黑川纪章建筑都市设计事务所）

修改此设计方案，遵照了1998年8月3日评审会上专家们的意见和在1998年8月5日与文化宫筹建部的会谈上所提出的要求，并结合了前方案A和B的优点。

（一）生态回廊周围聚集着各种功能设施，并与各种设施相连接形成了一个共享空间。

（二）扩大了主要入口售票处前的空地面积，以便在入园高峰时，能提供充分的场地。

（三）扩大了庆典广场面积是考虑到在任何时候都能确保容纳5 000人的空间，以便充分利用。

（四）重新考虑了游泳池的利用功能，设计了一些有特色的样式和供娱乐的设施，其中包括：15m高的水上滑梯和50m奥林匹克标准式游泳池。

（五）网球场的设置也被重新考虑，在主要的网球场增设了观看比赛的观众席和3个供学习及训练用的网球场。

（六）足球场地也增设了观众席。

（七）停车场设置在基地东南角的边界，露天梯式剧场的两边。抬高了处于基地东南角的支道，并与文化宫相连，以便游客从停车场走到文化宫的各种设施。地下停车场的面积将不被计算于总面积之内。

（八）在南部开发建筑的地下一层增设停车场。此地是往各个设施投递货物最方便的位置。

（九）生态回廊延伸至北侧现有的博物馆，大部分的回廊是有顶覆盖的，只有主要入口处的小部分回廊是露天的。生态回廊的两边设置如餐厅、商店、职工办公处等利用设施，并使它延伸至主要入口处。

（十）部分主要的设施如电影院，娱乐中心等是不需要自然采光的，于是设计把自然光集中于共享空间。

模型照片

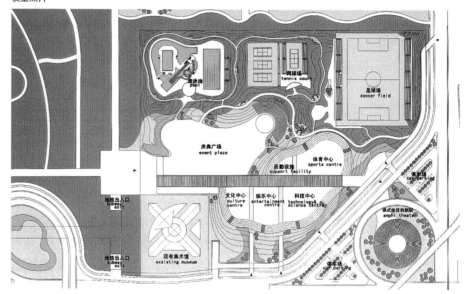

屋顶平面

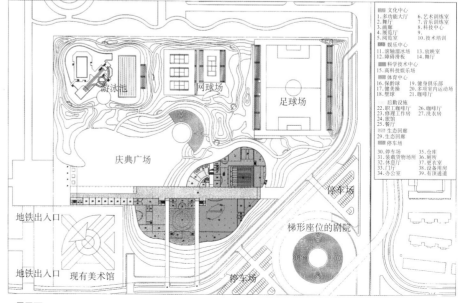

一层平面

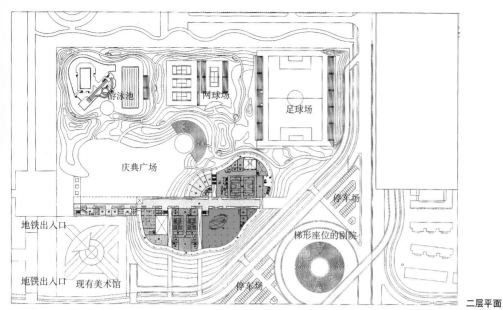

二层平面

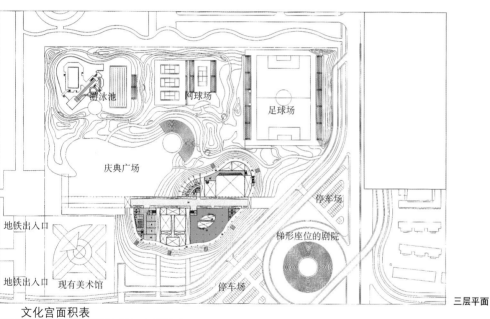

三层平面

文化宫面积表

		一层	二层	三层	小计	要求面积
1	文化中心	1 724	1 013	1 026	3 763	3 500
2	娱乐中心	1 843	1 711	—	3 554	3 500
3	科技中心	2 838	2 091	1 652	6 581	7 500
4	体育中心	2 769	2 177	364	5 310	5 000
5	后勤设施	1 279	1 279	389	2 947	5 500
6	生态回廊	2 852	1 815	1 411	6 078	—
7	总建筑面积	13 305	10 086	4 842	28 233	26 000
8	建筑覆盖面积				13 305	10 400
9	建筑覆盖面积／基地面积				12.7%	10%
10	总建筑面积／基地面积				27%	25%

四、深圳市第二工人
文化宫方案设计

（日本黑川纪章建筑都市设计事务所）

1　基本构思

（1）序言

将成为生态信息城的中心区中轴线地区包含莲花山有200hm²、面积可与纽约的中央公园相匹敌。在此中轴线上、第二工人文化宫位于莲花山公园的东南侧、占地8.2hm²。建筑用地西邻莲花山公园、北接生态植物公园；东南面紧邻主要干线道路、西南面与关山月美术馆相依。

第二工人文化宫包含文化活动中心、娱乐中心、科技活动中心以及健康体育中心等室内活动设施、同时也设置了足球场、网球场、游泳池等体育运动设施以及多功能广场等室外活动设施。各种设施的利用人数设定为每天3 000人左右。

作为生态信息城统一规划的一部分、第二工人文化宫的设计满足以下3点设计条件就显得非常重要：

①与深圳市中心区中轴线的设计思想相统一。

②与莲花山的主要平面相统一。

③与相邻的现存美术馆进行景观上的统一。

以上面条件为基础、本设计的基本思想为：强调同化莲花山地貌的水平线、以地貌状大地建筑（EARTH ARCHITECTURE）为主题、使之成为生态信息城良好环境的一部分、并且与周围设施在景观上共生。

室内各种活动中心以共享大厅——生态回廊为脊骨、通过建筑外檐的环游廊把人们聚集起来。从生态回廊可瞭望各种设施入口、使空间构成充满活力。

室外各体育设施被人工山丘分离、使人们在独自的森林中能愉快地运动。室外多功能广场设置于生态回廊和室外体育设施之间、平面设计充分考虑了满足各种纪念庆祝活动。

（2）生态系统

①地貌状大地建筑

本设计是提出把全体建筑物与人造山丘融为一体的、被称之为大地建筑的方案。被强调的水平线把可环游的各设施用地貌状的形态连接起来、同时通过夜间从各层发出的灯光来强调人造的山丘。

②生态回廊

生态回廊是被玻璃幕墙覆盖的宽阔的人行长廊。设置于此长廊屋顶的太阳能发电板代替遮阳板、既可防止太阳的辐射、又可利用清洁的自然资源来发电。玻璃幕墙设有可开闭的窗、以使自然的空气能顺利流入。这些窗的开闭可通过屋顶太阳能发出的电力来控制。

③综合效应

作为共享大厅的生态回廊、把各种设施的大厅以及门厅统一起来、可减少建设费用、同时利用者在雨天不用打伞也可周游于各个设施。

④环游走廊

在建筑物的外周设置了环游走廊、利用者不论在炎热的夏季或是在风雨之日、都能自由自在地畅游于各个设施之中。

⑤与现存美术馆共生

由于西南侧邻接现存的美术馆、本建筑并不与之争抢风景、而是与之协调、形成同化于自然的共生景观。

⑥室外多功能活动广场

室外多功能活动广场位于生态回廊与室外运动设施之间、设置了能举办室外音乐会、演出等的室外剧场、并且、还设置了能举办各种庆祝活动的活动广场。另外、

模型照片之一

模型照片之二

在室外剧场的观众席下部设置了后台等设施。

⑦森林体育公园

网球场、游泳池、足球场等室外运动设施,被进行风景设计的人造山丘所分离。人们可在独自的绿林中愉快地运动。另外,各设施还利用人造山丘设置了观众席。

(3)生态技术

当今建筑产业一个重要的目标就是节省建筑能源。根据生态技术此目标可望达成。对于成为主要流线的空间,由于制冷或换气,会消耗大量的能源,为节约能源,利用生态技术,进行自然换气,有效利用自然资源,遮阳以及隔热等,使空调负荷减小,以降低建设成本及运转费用。

①地貌状大地建筑

全体中心区中轴线规划的重要设计概念就是生态信息城。以此概念为基本、必须创造良好的环境景观。为使自然布置的设施取得更好的效果,网球场、游泳池、足球场等室外体育运动设施均布置于用地北侧。各运动设施被山丘围绕,使人们可在与自然协调的绿林中愉快地运动。另外,人造山丘也为观众提供了阴凉。因此,把此设计概念称为地貌状大地建筑。根据此设计方法,位于莲花山麓的第二工人文化宫的全部设施,不但保持了自己独特的个性、也取得了与周围环境的协调。

按照此基本构思,室内设施的各部分均被置于人造绿化的山丘之内。另外建筑物上部覆盖的土壤,可调节室内气温的变化,并且利用土壤的自然隔热性,可使冷冻设备的使用减少,从而对环境起到良好的作用。

②生态回廊

生态回廊是被玻璃幕墙覆盖的多功能人行长廊。在炎热的夏季,设置于长廊屋顶的遮阳板,既可防止太阳的辐射,又可安装为太阳能发电板来发电。另外,在玻璃幕墙上设置了植物架,此处的植物既可产生阴影,又可为大厅内部制造氧气。在玻璃幕墙外表并不使用空调,而是在上部设置由机械控制的换气窗,以使自然的空气能顺利流入。在比较凉爽的季节,打开屋顶的遮阳板,使阳光流入大厅,关闭换气窗可使利用太阳热起到温室效应。

③环游走廊

本建筑由室内共享空间(生态回廊)和室外共用空间(环游走廊)两种形式的空间流线构成。这种共用空间对于由各种用途

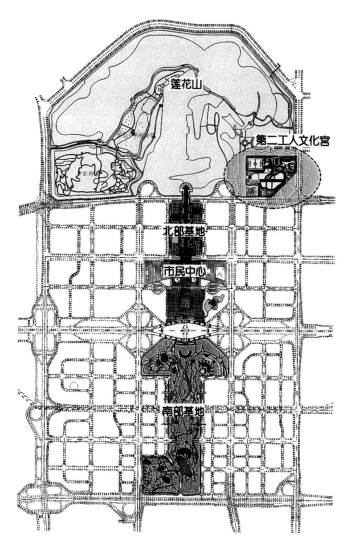

中心区中轴线公共空间系统示意图

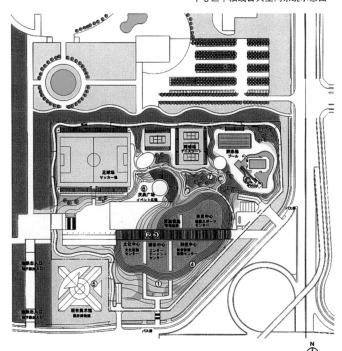

第二工人文化宫功能构成示意图

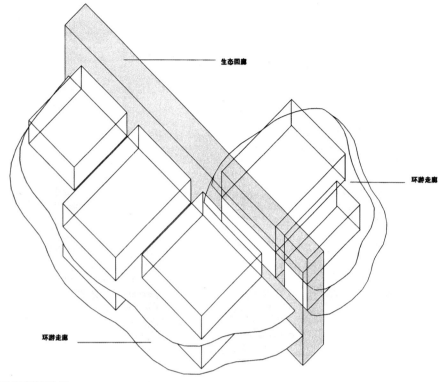

回廊组成的概念图

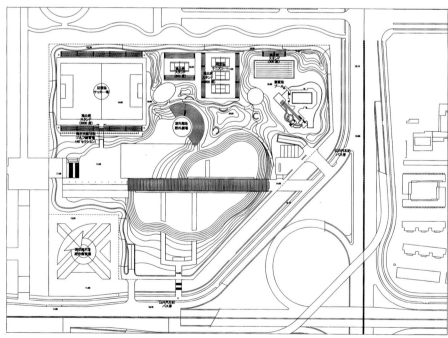

总平面图

构成的综合性建筑来说,既可降低建设费、设施使用费及保养费,又可使各个设施有效地集中起来,并且,还可促进各设施使用者的互相交流。生态回廊把各种设施的大厅以及门厅统一起来,形成一个巨大的共享大厅来连接各层的设施。另外,建筑物外周的环游走廊可使利用者周游于各个设施,在对外开敞的同时,也使人免受日晒雨淋。

④太阳能发电设备
太阳光发电装置

本文化宫为了尽可能创造良好的生态环境,设计使用太阳能发电设备。

作为吸收被称作清洁能源的太阳光发电的设备、太阳能发电板被安装在生态回廊屋顶的遮阳板上。

由于太阳能电池发的电容易受天气的影响而变化。因此,把它的系统与电力系统连接起来。由于设置了功率调节器,使电力系统的电流不至于回流。另外,为使太阳能电池的电流均匀,而使用蓄电池。

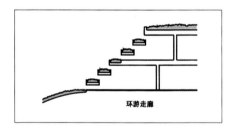

环游走廊

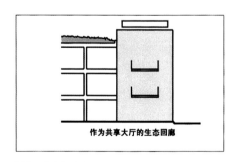

作为共享大厅的生态回廊

两种回廊空间形式

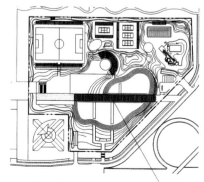

能设置太阳能电池板的位置

《深圳市中心区城市设计与建筑设计 1996-2002》系列丛书

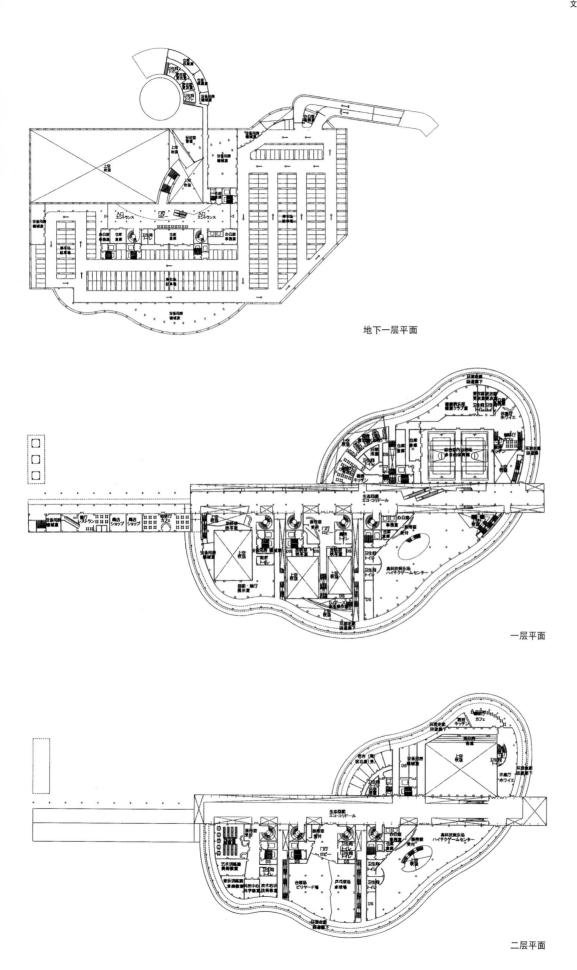

地下一层平面

一层平面

二层平面

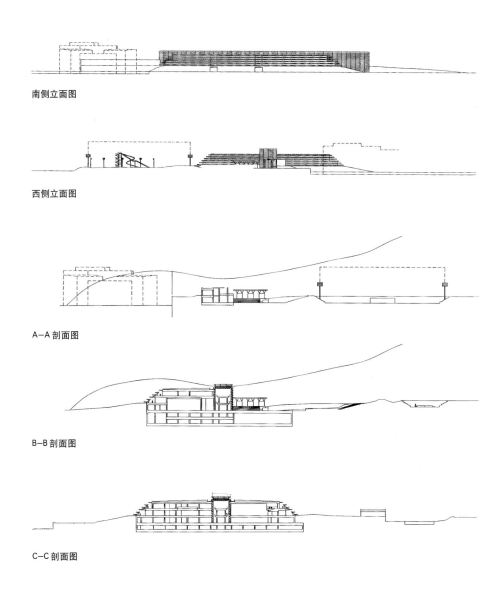

南侧立面图

西侧立面图

A-A 剖面图

B-B 剖面图

C-C 剖面图

面积表

	地下二层平面	地下一层平面	一层平面	二层平面	三层平面	小计	总建筑面积	总建筑面积
文化活动中心	81	81	1 796	765	1 077	3 800		
娱乐中心	5 092	81	1 847	780	1 445	9 245		
科技活动中心	81	81	2 654	2 010	1 529	6 355		
健康活动中心	81	81	2 667	2 491	1 136	6 456		
后勤设施	710	405	1 505	1 290	402	4 312		
生态回廊	0	1 640	2 485	2 291	1 801	8 217		
小计	6 045	2 369	12 954	9 627	7 390	38 385	39 732	58 870
室外设施	0	478	869	0	0	1 347		
停车场	6 467	12 671	0	0	0	19 138		
总计	12 512	15 518	13 823	9 627	7 390	58 870		
建筑占地面积						13 823		
建筑覆盖率						16.8%		
建筑容积率						37.5%		

五、深圳市第二工人文化宫环境设计

（日本黑川纪章建筑都市设计事务所）

（一）设计基本思想

作为生态信息城统一规划的一部分、第二工人文化宫的设计满足以下3点设计条件就显得非常重要：

与深圳市中心区中轴线的设计思想相统一。

与莲花山的主要平面相统一。

与相邻的现存美术馆进行景观上的统一。

以上面条件为基础、本设计的基本思想为：强调同化莲花山地貌的水平线、以地貌状大地建筑（EARTH ARCHITECTURE）为主题，使之成为生态信息城良好环境的一部分，并且与周围设施在景观上共生。

室内各种活动中心以共享大厅——生态回廊为脊骨，通过建筑外檐的环游廊把人们聚集起来。从生态回廊可瞭望各种设施入口，使空间构成充满活力。

室外各体育设施被人工山丘分离，使人们在独自的森林中能愉快地运动。室外多功能广场设置于生态回廊和室外体育设施之间，平面设计充分考虑了满足各种纪念庆祝活动。

（二）生态环境设计

当今建筑产业一个重要的目标就是节省建筑能源。根据生态技术此目标可望达成。对于主要流线的空间，由于制冷或换气，会消耗大量的能源，为节约能源、利用生态技术，进行自然换气，有效利用自然资源、遮阳以及隔热等，使空调负荷减小，以降低建设成本及运转费用。

（三）场地空间构成

为了与莲花山的环境协调，场地由起伏平缓的人造森林构成。周边地形为朝建筑物倾斜的平缓坡地，通过轮廓线的连续性来与周围环境呼应，有利于建筑与森林融为一体。在林间布置与室外设施相通的小道和石椅，并点缀以小型休憩场所，人们可以在林阴中舒适地漫游、散步、消遣。另外，布置在生态回廊与室外设施之间的大型庆典广场，也为人们提供了户外多功能活动的场所。自由、开放的露天环境，将会

地貌状大地建筑

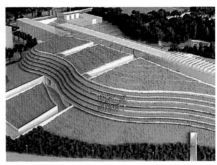
环游走廊

生态回廊

太阳能发电设备

室外多功能活动广场

室外体育设施

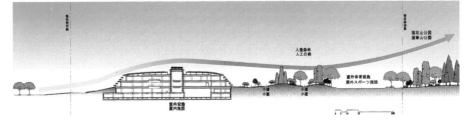
人造森林景观

文化宫屋顶的绿化

室外体育设施的绿化

小型公园

道路边的树

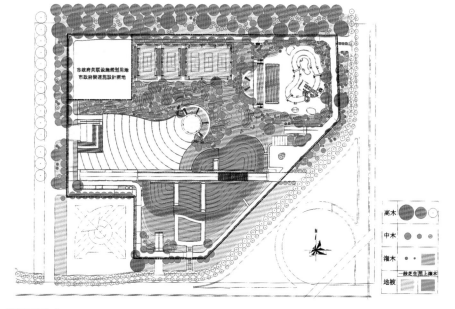

植物空间构成

吸引人们各种的活动，而形成热闹的场所。

（四）绿化设计

1.基本构思

与周边设施的景观共生以及与莲花山空间的一体化是本绿化设计方案的基本方针。

文化宫的屋顶采用灌木绿化，其周边采用草坪与花灌木来点缀。通过该手法，使文化宫用地南侧的空间与北侧的森林有一个自然过渡。

屋外运动设施周边采用高木和中木围合，在与莲花山形成共生空间的同时，又可形成使人们可在舒适的林荫下散步、观看比赛的娱乐空间。

2.植物空间构成

通过植物的种类、空间配置方式所形成的开敞空间及封闭空间与地形的变化相配合，来创造出丰富的森林景观。

例1与例2表现的是在小径一侧有山丘的情况下植物的空间构成。

例3与例4表现的是在小径两侧有山丘的情况下植物的空间构成。

3.场地工程作法

场地工程作法设计（1）

场地工程作法设计（2）

4　场地照明设计

基本构思

本照明计划依据不同的场所，采用不同的照明形式以及照度来进行照明灯具的配置，从而创造出各种不同的气氛。

5.外部场地标志·建筑小品设计

基本构思

对中轴线整个范围的标识牌、建筑小品等进行统一的规划设计是很有必要的。若每个街区采用不同的标识系统，容易引起利用者的混乱。另外，不统一的建筑小品会使全体缺乏整体感，也会破坏中轴线的基本构思。因此，为了与周围环境呼应，保持新中心轴线地区环境的整体性，文化宫采用与北部地区相同的设计体系，进行标识牌及建筑小品的规划设计。并且，尽量选用耐久性好而低造价的材料及以简洁的造型来统一风格。

外部标识牌

在设施区域范围内及周围，为了明确畅通地引导人流与车流，在设置导向标识牌时，将统一信息内容、造型、形状、色调、字体以及保持情报内容的连贯性。同时进行容易辨认的、风格统一的标识物设计。

182

标识牌信息内容的分类:

(引导人流)

·提供广范围的信息的地域地图(Town Map)

·提供附近地区信息的区域地图(Area Map)

·表示设施的方位·方向的标识(Direction Sign)

·表示设施·功能分区的标识(Location Map)

(引导车流)

·提供一般及后勤用停车场的信息(Parking Sign·Service Sign)

·设置在建筑用地外,表示设施方向的道路标识(Road Sign)

(其他)

·提供各设施的活动等信息的看板及广告牌(Billboard·Poster Board)

把这些标识牌设置在一定的位置,清晰地对人流进行引导。

另外,考虑到残疾人的使用,在地上铺设引起注意的铺装、引导铺装,以及设置点字或触摸感知图的标识牌,使所有的人都能方便地使用。

其他建筑小品

设置在外部的建筑小品,有休息用的座椅和垃圾箱·烟灰缸。

座椅

沿连通室外体育设施的小道布置有4个小型休憩场所,配置了供游客休息用的座椅。

这些座椅统一设计,选用耐久性好、不易破损的材料制作,主要以固定式为主。给人们提供观赏体育比赛及在林阴中休闲的场所。

垃圾箱·烟灰缸

在座椅及设施出入口的附近设置垃圾箱·烟灰缸,并统一设计。选用耐久性好又低造价的材料。每组垃圾箱分瓶、罐、杂志及其他垃圾等3类,采用分类回收的方法,以便于资源再利用及废物回收。

例1

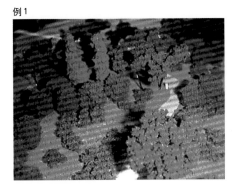

例2

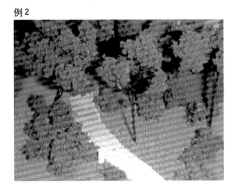

例3

例4

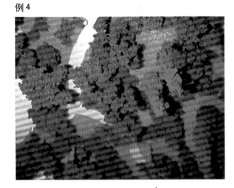

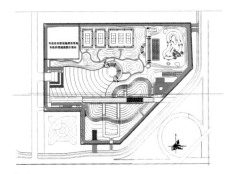

索引

植草花格砌块施工例

路灯例 1

路灯例 2

索引

磁质地砖 100×100 [广场 图案部分]

磁质地砖 100×100 [适用于步行者] [游泳池]

小块花岗石 90×90 [适用于紧急车辆]　花岗岩喷熔处理 300×300

纹理

磁质地砖 100 × 100	磁质地砖 100 × 100 (适用于步行者)
小块花岗岩 90 × 90 (适用于紧急车辆)	花岗岩喷熔处理 300 × 300 (适用于紧急车辆)
花岗岩喷熔处理 300 × 300 (适用于步行者)	

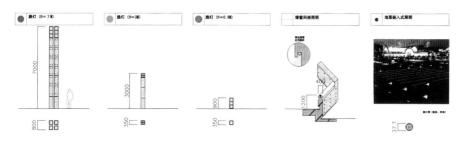

路灯例 3

引导人流

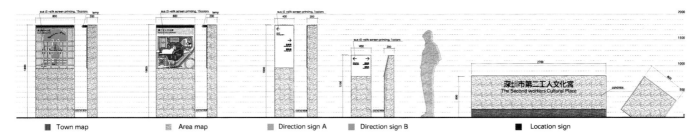

| Town map | Area map | Direction sign A | Direction sign B | Location sign |

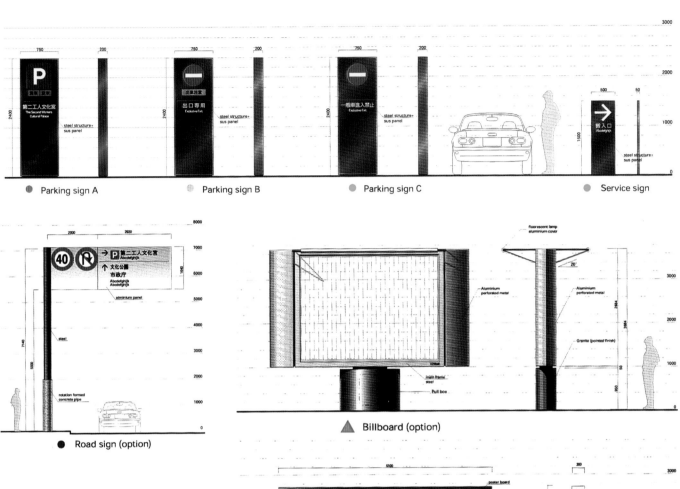

Parking sign A   Parking sign B   Parking sign C   Service sign

Road sign (option)

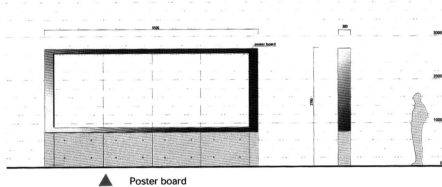

Billboard (option)

Poster board

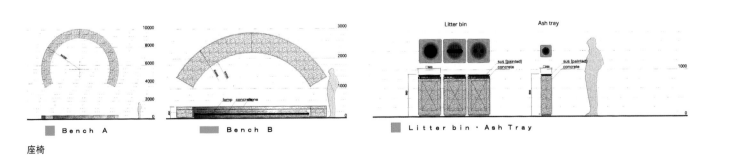

Bench A   Bench B   Litter bin · Ash Tray

座椅

深圳市高新技术成果交易会展览馆

一、中国·深圳高新技术成果交易会展览馆建筑方案设计招标书

(一)项目概述

为实施"科教兴市"战略,加速高新技术产业发展,积极有效地推动我市人才、技术、资金的引进,深圳市委、市政府决定与科技部、信息产业部、对外贸易经济合作部以及中国科学院联合举办中国·深圳高新技术成果交易会,兴建高新技术成果交易会展览馆,使深圳成为区域性的科技成果交易中心,同时为全国的高新技术成果实现产业化服务。本次交易会将成为"两岸三地"均参与的真正全中国意义上的盛会,是我市的大事。

为了使中国·深圳高新科技成果交易会办成大规模、高档次、国际性盛会,深圳市政府决定在福田中心区的黄金地块中,划出5.4万m²的土地,用于建设本次高新科技成果交易会的展览馆。

本项目要为交易会的展示和交易活动提供理想场所,使参与者在此场馆内得到高效率以及设施完善的服务。场馆设计要体现深圳的国际水平以及体现深圳市创建国际性大都市的气魄,使展览馆成为深圳市的新景观。

(二)标书正文

1.招标目的:

"中国·深圳高新技术成果交易会展览馆"建筑方案的设计招标。

2.招标方式:

邀请国内外建筑设计专家、机构参加竞标。

3.招标时间、地点及说明:

· 发标时间:1998年10月28日

· 发标地点:深圳市科学馆705室

· 收标时间:1998年11月27日17:00时之前

· 收标地点:深圳市科学馆705室

· 投标方须按时到发标地点,领取招标文件,并按时将投标文件密封交收标地点,进行编号、登记。

4.现场踏勘及业主答疑:

· 定于1998年10月29日上午9:00,

业主组织各投标方进行现场踏勘。

· 定于1998年10月29日下午3:00,业主就本次方案招标向各投标方解释有关问题。

5.投标文件要求:

· 图纸内容:

方案设计说明——设计构思(项目构成及总体构想)、结构、水、电、空调、通信、消防、环保等的技术特点,技术经济指标,造价估算。

总平面图——比例1:500,表达详细

平面图——含各层平面,1:300

剖面图——主要剖面(至少二个),1:300

立面图——四个方向,1:300

表现图——外观效果图,室内效果图,深南路夜景效果图(至少各一张)

· 文件要求:

所有图纸统一尺寸,一律采用A1图幅一套,另加A3图幅10套。

所有图纸、文件均不注明投标单位和设计者姓名。

6.评标机构及时间:

· 本项目的建筑设计方案由业主组织的"专家评选小组"进行评选。

· 评标时间截止于1998年12月10日,初选两个方案入围,由业主(市领导小组)确定实施方案。

7.评选办法:

· 专家评选小组审查、评议,根据公平、公正、公开的原则初选两个方案入围。

· 专家评选小组质疑(针对入围方案)。

· 入围者答疑。

8.重要事项说明:

· 若本次投标方案少于4个,则视为无效招标。

· 作废标书:未加密封的标书;无单位法人代表印鉴的标书;未按规定完成的标书;内容不全或字迹、图纸模糊不清的标书。

· 展览馆的设计应与周边环境协调(展览馆西边是电视台,东边是市民大厦)。

· 方案中标者获得中标费5万元,于公布中标方案之日起20天内,到市科学馆705室领取。

· 业主优先考虑委托方案设计中标方进行下一步的设计工作。

· 若方案设计中标方继续下一步的设计工作,方案中标方将被邀请为建筑设计顾问,或委托全部设计工作。

· 所有投标方案的版权均归业主所有。

· 所有招标文件,业主均不退还投标方。

· 未尽事宜请与业主方联系。

(三)方案设计任务书

1.规划设计要点:

· 用地性质:临时展览场馆

· 用地面积:54 073.80m²

· 总建筑面积:25 000m²

· 覆盖率:不限

· 容积率:< 0.5

· 建筑层数:1~2层

· 建筑高度:≤ 45m

· 建筑退红线要求:东面退30m,北、南、西各退10m。

2.规划及市政条件:

· 该建设用地位于福田中心区,场馆的设计应与周边建筑及环境协调。

场馆主入口可南向而设,机动车出入口可设在南向或北向,人行出入口设在南、西、北均可。

· 该建设用地的场地平整,场地绝对标高约为9.5m。

· 市政水、电、气、通讯等接口在周边市政道路上。

3.建筑功能设置:

见附件。此处仅列出主要功能及规模,投标者可在此基础上灵活创作。

4.设计方案要求:

· 建筑造型及立面处理手法应体现鲜明的时代感,充分显示高科技的特征,与周边建筑、环境协调,可同时考虑灯光、环境绿化工程。如有可能,可设计一个标志性建筑。

· 平面布置方面要求人流、车流、物流分开,整个场馆的功能空间布置、场馆内外交通组织设计合理。

· 方案中应反映各专业的基本要求和可实施性。

· 场馆内要求布置适当计算机网络和Internet网线,整个场馆采用结构化布线。

· 方案应考虑场馆建造、运行使用的经济性。

· 场馆各厅的安排要大小结合,既要适应大型展览,也要适用一些小型展览。

·场馆结构形式宜采用组装式轻钢大跨结构，考虑可拆迁。

·主场馆设置在地块 A，室外停车场（兼作室外展场）及辅助性用房设在地块B。

展馆要做到"三结合"，即：

(1)集中交易与常年使用相结合。

(2)国内与国外相结合。

(3)成果展示与产品展示相结合。

·展馆单方造价应控制在 2 500 元／m² 以内。

(四)建造计划：

1998 年 10 月　方案设计招投标

1998 年 11 月　专家评标

1998 年 12 月　确定方案，施工图设计

1999 年 1 月　施工招投标

1999 年 2 月　开始施工

1999 年 6 月　场馆竣工

1999 年 7 月　投入使用

(五)附件：

附件：设计功能基本要求情况表

序 号	名　称	规　模	面积(m²)	高度(m)	备　注
1	主展示馆		11 000	11～12	高度指净空，可错落布置，可局部设计二层
2	其他展馆		12 000	8	分设四个可互通的展览馆，其他要求同上
3	多功能厅	容纳400人			兼报告厅、投影厅、大型会议室、新闻信息中心，设同声翻译系统
4	会议室(2间)	容纳100人			适用于小、中型会议
5	洽谈室	10人×10间			30m²×10=300m²
6	门厅				兼景观厅
7	贵宾厅(2间)	容纳50人			兼会见厅、分设在大厅左右
8	室外停车场				兼室外展场
9	餐饮、商品区				另外在室外设置
10	库房区	若干间			用于展品储放，场馆物品存放
11	办公管理用房				含场馆行政业务管理、物业管理等
12	商务中心				含电信服务、文档制作等
13	总控室				内设全馆监控装置等
14	大型显示屏	15m×20m			设在室外
15	卫星通讯天线				

二、投标方案

方案一：中建"深圳"设计公司方案（中标方案）

前言

1. 为迎接深圳市委、市政府与科技部、信息产业部、对外贸易经济合作部以及中国科学院联合举办的中国·深圳高新技术成果交易会，深圳市决定于中心区显要地段建设高新技术成果交易会展览馆。本项目要为交易会的展示和交易活动提供理想场所，使参与者在此场馆内得到高效率以及设施完善的服务，场馆设计要体现深圳的国际水平以及体现深圳市创建国际性大都市的气魄，使展览馆成为深圳市的新景观。

2. 该项目要求设计要体现鲜明的时代感，充分利用现代信息技术显示高科技的特征，要成为一个标志性建筑。同时，该项目为非永久性建筑，造价严格控制在 2 500 元/m² 以内，并考虑可拆迁，尤其重要的是要求展馆从设计到竣工（包括设备安装与装修），必须在半年的时间内完成，并投入使用。

基地分析

目的：从城市设计角度确定造型与构图中心。

基地东西长 300m，南北长 200m，而建筑高度仅 20~30m，若大范围内，造型上必然有突出的重点，而不可能平铺直叙，而这种重点确定在哪里，将决定本项目对城市景观是否是一种贡献。

经过在基地周围的道路上反复穿行，反复琢磨，四周城市街道与基地在视觉和行为上发生接触的频率越高的地方，越是人们期待景观重心出现的地方，考虑景田立交桥的作用，经过图中分析，我们把景观重点放在图中阴影部分，在此布置吸引人流的入口，重点处理空间和造型。

两大难题及要求

难题之一：时间

如此大规模的复杂工程要求于 6 个月内全部完成，这对于建设工作是有相当难度的，这就要求设计工作对项目的建造、运行、管理、使用的全过程以及造价和工期能够有效的控制，为6个月内完成项目提供切实可行的条件，如果抛开这一点，再优秀的方案也将是不成立的。

难题之二：造价

2 500 元/m² 的造价，对于一个包含众多技术门类和科技含量很高的现代化展览建筑来说，是极其紧张的，所以，方案中的每一项技术举措都应有切实的经济依据。

鸟瞰

重要景观方向

重要景观方向

重要景观方向

立交影响没有好的观赏面

基地分析

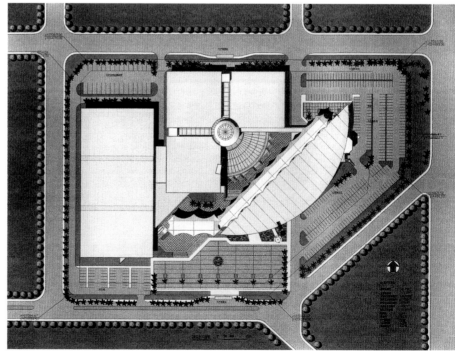

总平面

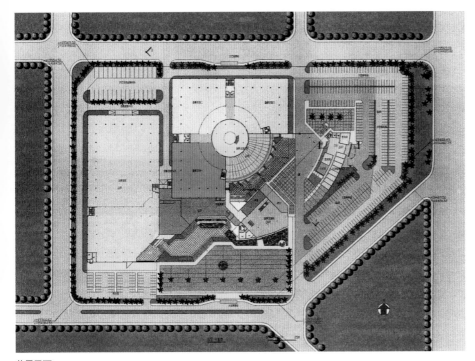

首层平面

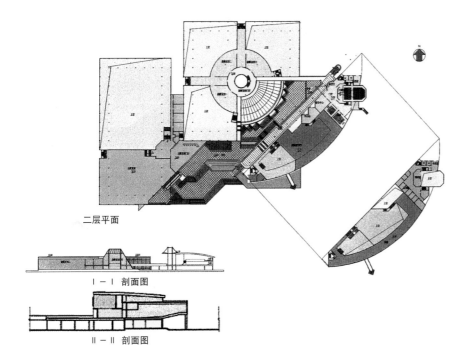

二层平面

I－I 剖面图

II－II 剖面图

要求

深圳市福田中心区是深圳建设面向新世纪的国际大都市的体现，中心区已确定的总体规划起点高，超前性强，很多方面为世界所瞩目。今年以来，市政府加快了中心区的建设步伐，本展馆的建设正处于中心区全面启动的时刻，是中心区最早成型的项目之一，作为一个开端，对体现中心区风貌，增加市民和投资者对中心区的信心，有着不可估量的重大意义，同时，展馆作为高新科技成果的展览交易中心，必须传递科技进步的信息，体现大都市的气魄，时代感明显，这就要求展馆的空间和造型是一个吸引人的杰出的城市景观。

以上的难题和要求显然存在难以调和的矛盾，解决好这一矛盾将是本次设计的成功所在。

设计策略——两个层面

经过对如前所述的难题和要求细致的分析，我们认为两个难题是本项目的本质，而要求是一种表象。所以我们把本设计分为两个层面：

第一，本质层面

本质层面是指大量性，控制性的层面。在这一层面内，为解决时间与投资两大难题，要求在设计里充分注重可实施性，采取普遍的、成熟的、选择性广泛的技术，材料及施工队伍，以压低造价，减少施工难度，减低管理工作的强度以提高效率。所以我们提出三不用：

造价高的不用；

技术难度大的不用；

即不贵，也不难，但费时费力，协调工作大的也不用。

这"三不用"使我们在整个项目中大部分内容得以完成，从根本上保证了工期，控制了造价。

但是仅这样做是远远不够的，在本质层面的基础上，我们应当集中有限的资金和精力，以力求表象层面的完美。

第二，表象层面

表象层面是指使用者可以直接感受的，要求着重处理和修饰的，实际所占的比重是很小的，但给人的印象和感受则代表着整个项目的全部。所有景观的，审美的，环境的因素均体现在这一层面上。

要处理好这些方面的问题，需从城市设计，空间组合，造型特色，环境创造和局部用材上做细致的设计。下面从基地分析、空间组织、功能流线、造型处理、交通组织等几个方面对表象层面做细致的阐述，之后再把解决造价与工期难题的诸多技术措施详细列出，以勾划出方案的完整轮廓。

空间组织

从中心区已确定的几个项目看，市民中心、文化中心、少年宫、购物公园等项目，都存在由建筑围合的、与城市空间联通的吸引人的公共空间，极大地丰富了城市环境，使城市变得亲切，富于人情味，是一种开放的理念，也是汇聚人气的绝妙手段，人们可以看到诸多成功的范例。

我们通过几个展馆的围合，产生了一条线性空间，将两个景观重心自然连接起来，所有展馆也通过这一空间得到有机的联系，通过膜结构的顶部覆盖，使之成为半开敞环境，可以安排室外展场、表演舞台、餐饮休息、绿化喷泉等等内容。更重要的，它是一个永远向市民公开的空间。

从更大的范围看这一空间的存在，把益田路和深南路从空间和视线上联系起来，对行人来说是一种极大的吸引，顺此方向向东北延伸，正是市民中心的位置，这正隐含着本建筑对中心区整体规划的理解和尊重。

功能流线

经过上述室外公共空间组织，功能的安排变得清晰了。各展馆均可以独立使用又相互联通，又通过高差的变化，获得了一组丰富的参观流线。

例如主展馆，一、二层均有出入口，而主入口设在二层，有效地增强了二楼展位的使用价值。同时参观者进入展厅，可以俯视一层展厅的全貌。为被参观对象提供不同的视角，这正是参展者梦昧以求的。

交通组织

占地巨大的展馆不同于一般的单体建筑，交通流线不应是强制集中的，而应是多方位连接外部交通，本方案做了清晰明确的处理。

造型设计

本设计膜结构丰富灵巧的形象充当了造型的主角。膜结构生动又富于韵律，价廉便利，适合非永久建筑的性质，既加强了空间效果，又使规律的建筑群获得了富于朝气的升华，传递出极强的现代感，特别是夜间，变幻莫测的五彩灯光射在膜上，形成光怪陆离的天幕，特别在中心区未完全形成的时候，是中心区汇聚人气、形成热点的独特风景线。

沿深南路的四号展馆，以拱形屋面和弧形外墙，再一次加强造型上的效果。

西、北两个面临次要道路，目前人流稀少，一段时期以内，其景观意义在于遥远的红荔路、彩田路上及深南路的西方向，由于视距大，变化丰富的造型意义不大，而简单明确的形象和色彩更能传达高效快捷的时代感，而高高在上的膜结构丰富的天际线，也不致使西、北两面变得乏味。

技术措施及造价估算

上面所阐述的问题都是如何塑造良好景观和环境的努力，也即表象层面的问题，下面就解决时间和造价上的难题而采取的技术措施详细阐述。

本设计从体系上划分两个体系，人行活动在不多于三层的混凝土结构上，大部分展馆和空间还是直接做在地面上的，而围护结构和屋面结构均采用轻钢结构加压型钢板的组合形式。

二、三层的混凝土结构造价低廉，且面积并不多的压型钢板，在大跨度建筑、工业建筑中使用广泛，其色彩丰富、安装便利迅速、技术成熟、产品选择范围大。如深圳的赤晓公司、广州的"BHP"公司等国产品牌都达到很高水准，且交货及时，价格合理。

屋面结构，拟采用最普遍的平板和拱形网架。目前网架公司很多，选择余地更

大，由于竞争和技术进步，造价已降至包工包料300元／m²的市场价，这无疑是最具时间和经济效益的选择。

起画龙点睛作用的少量膜结构，我们也做过详细的调查，目前最好的产品来自法国法拉利公司的建筑膜材，据国内专业公司北京光翌公司称包括支撑结构，造价在1 000元／m²以内，所以膜结构也是一个极现实的选择。

其余玻璃、环境等内容不多，可以根据投资情况灵活调整。

经过以上的分析和努力，将造价控制在2 500元／m²以内是完全可以做到的。

展览馆夜景

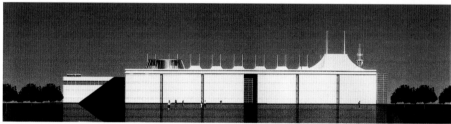

西立面

南立面

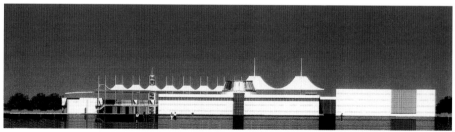

北立面

东立面

扩建方案研究

方案 1

说明

本方案展厅为一层，占用民田路。通过三个宽敞的出入口与 A 馆直接相连，之间有 1.6m 的高差需用台阶坡道解决。货物通过四周道路出入。会议办公设备等设三至四层夹层。

经济技术指标：

总用地面积：14 749m²

总建筑面积：19 943m²

一层展厅面积：12 749m²

办公会议面积：3 214m²

设备及仓库面积：1 560m²

交通及辅助设施面积：2 420m²

总平面图

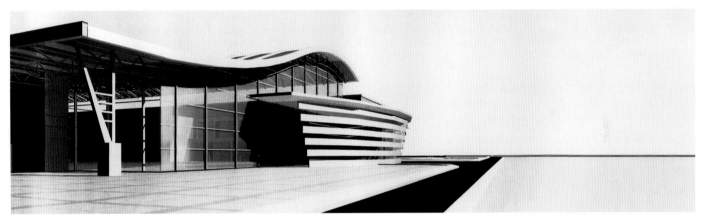

深南路沿街透视

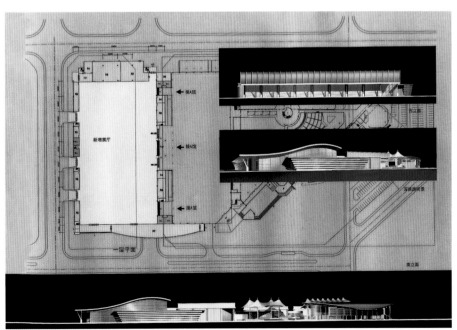

平、立面图

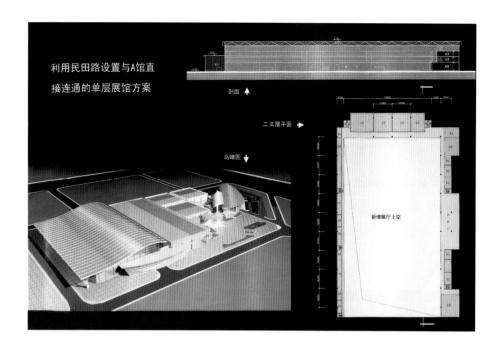

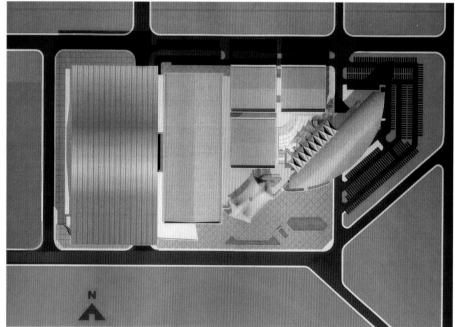

总平面图

方案 2

说明

本方案展厅共二层，保留民田路，于路上架空设D2展馆，扩建用地上建单层展馆D1，空间完整。与原馆二层用廊桥相连。货流于民田路上。

经济技术指标：

总用地面积：14 749m²

总建筑面积：22 591m²

一层展厅面积：8 532m²

二层展厅面积：6 652m²

办公会议面积：3 227m²

设备及仓库面积：1 753m²

交通及辅助设施面积：2 427m²

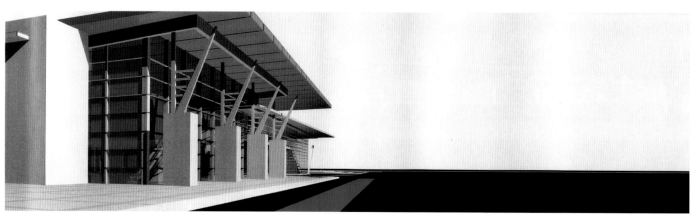

深南路沿街透视

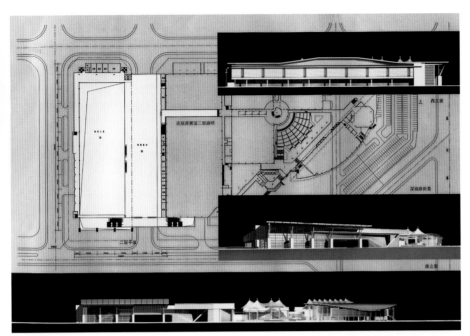

平、立面图

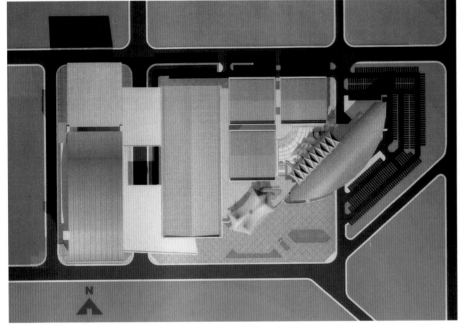

总平面图

方案 3

说明

本方案展厅设两层，共三个展厅，每层净高均大于 9m，D1 展厅高度大于 20m。三个展厅可独立使用，互相穿插形成丰富室内空间，用扶梯和廊桥与原馆相接。部分覆盖民田路。办公、洽谈、设备等辅房设四层夹层，北面留有小部分停车供办公会议使用。货流于民田路上。

经济技术指标：

总用地面积：14 749m²

总建筑面积：25 420m²

一层展厅面积：7 850m²

二层展厅面积：8 245m²

办公会议面积：3 640m²

设备及仓库面积：2 260m²

交通及辅助设施面积：3 425m²

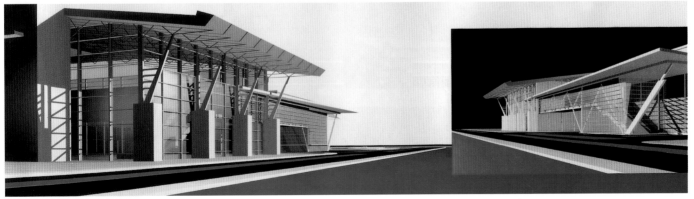

深南路沿街透视

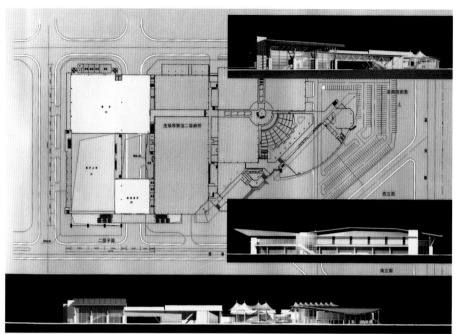

平、立面图

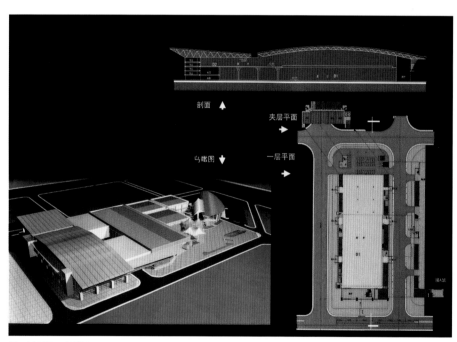

平、剖面图，鸟瞰图

方案二：日本设计公司方案

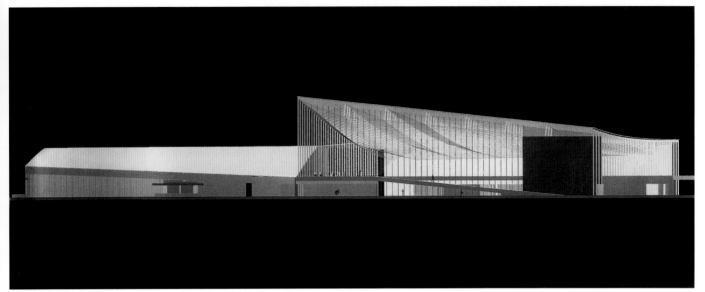

透视图

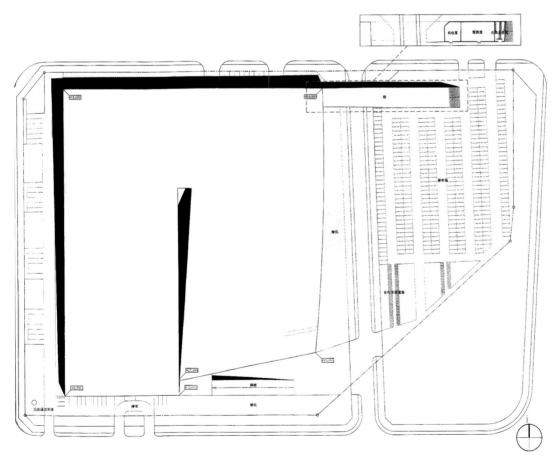

总平面图

一层平面图

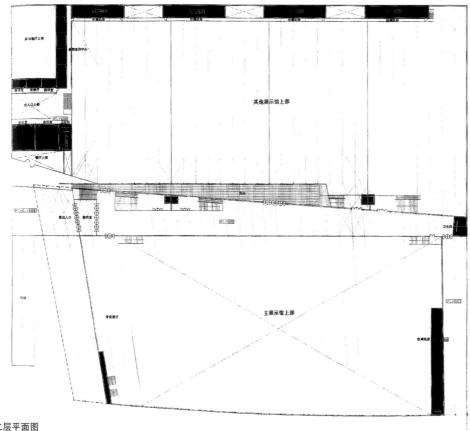

二层平面图

透视图

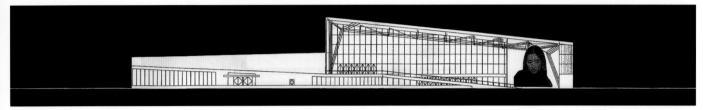

南立面图

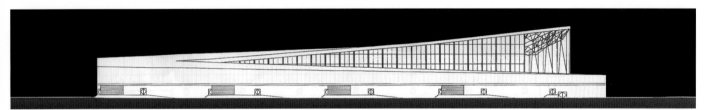

西立面图

北立面图

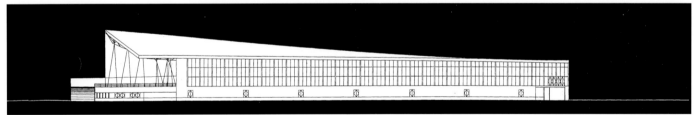

东立面图

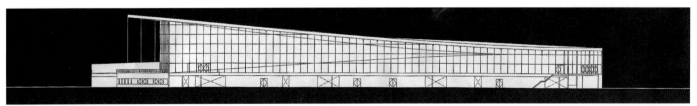

A—A 剖面

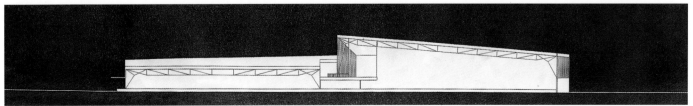

B—B 剖面

方案三：(设计单位不详)

乌瞰图

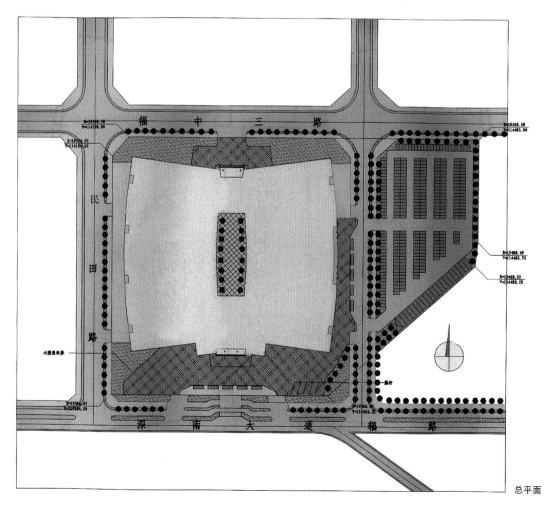

总平面

198

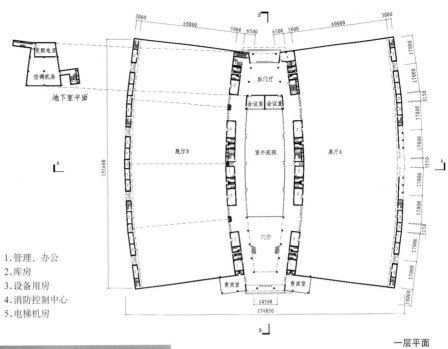

1.管理、办公
2.库房
3.设备用房
4.消防控制中心
5.电梯机房

地下室平面

一层平面

南立面

东立面

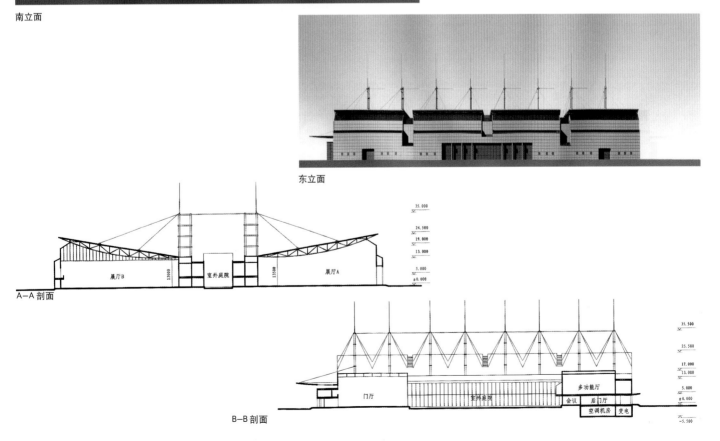

A—A 剖面

B—B 剖面

方案四：陈世民建筑师事务所方案

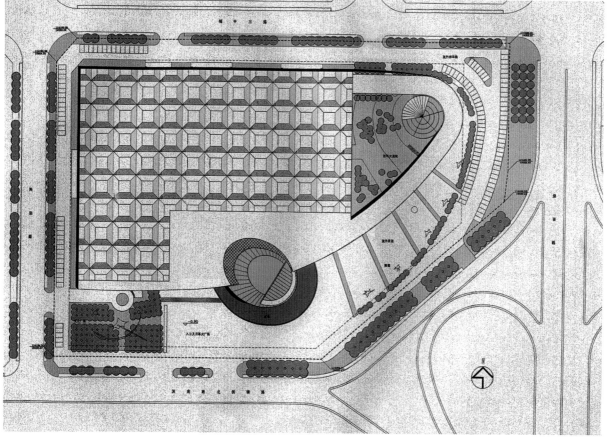

总平面

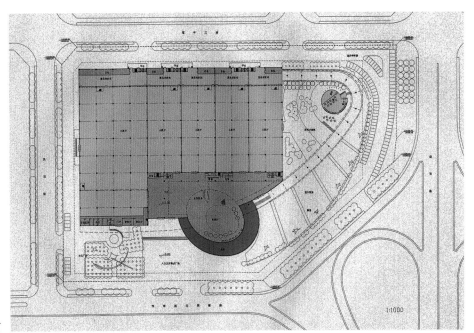

一层平面

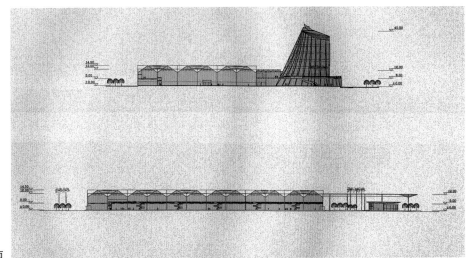

剖面

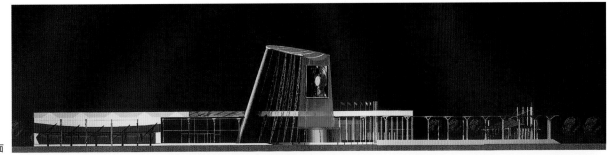

南立面

东立面

方案五：（设计单位不详）

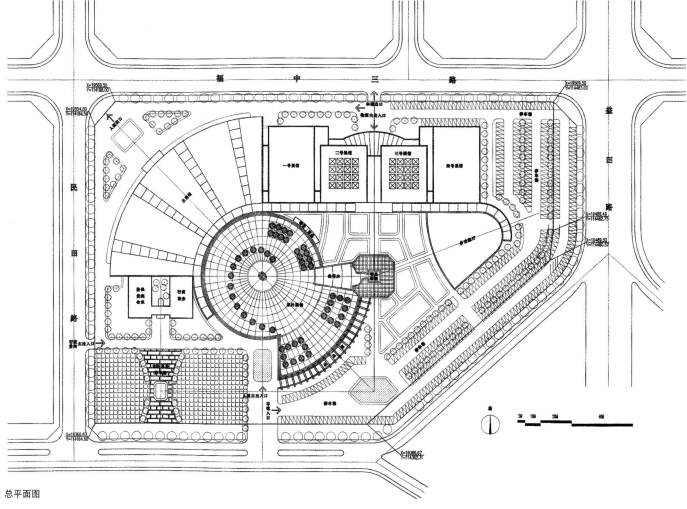

总平面图

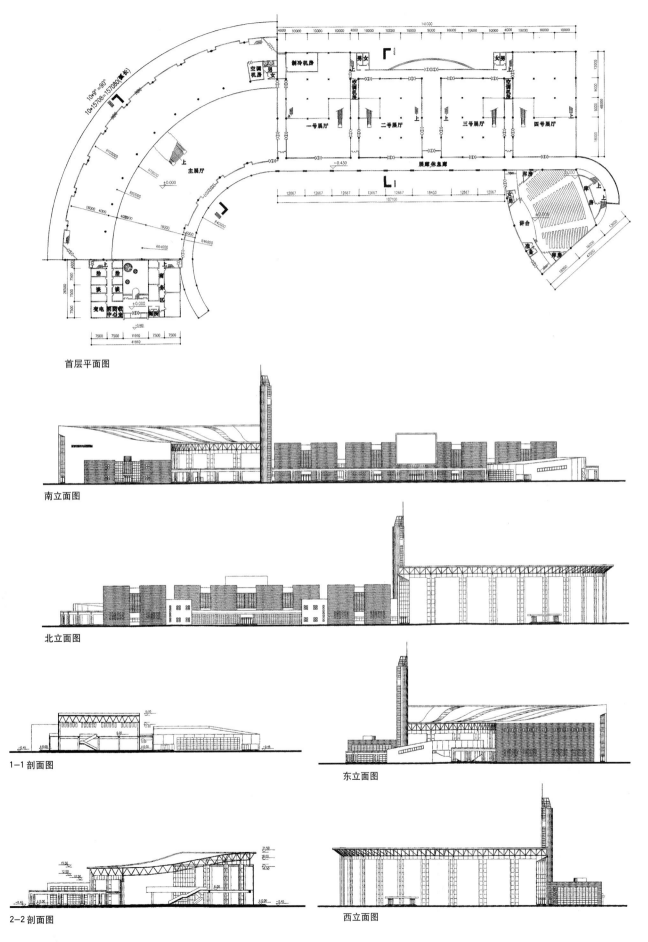

首层平面图

南立面图

北立面图

1—1 剖面图

东立面图

2—2 剖面图

西立面图

方案六：（设计单位不详）

鸟瞰图

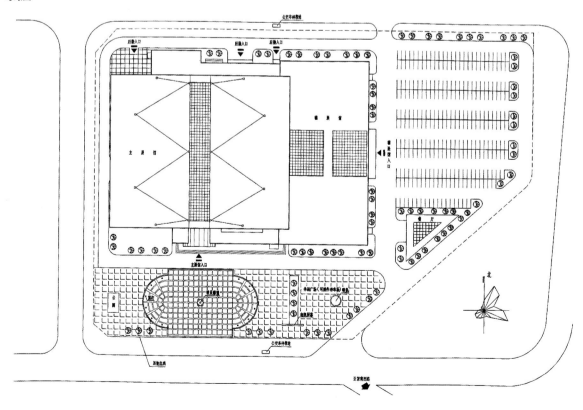

总平面图

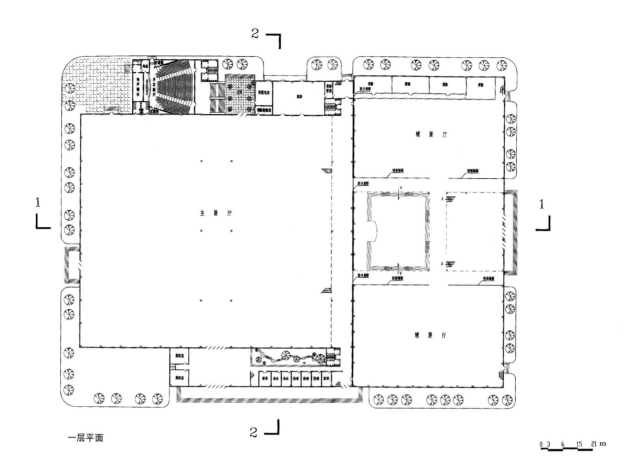

一层平面

0 3 6 15 21 m

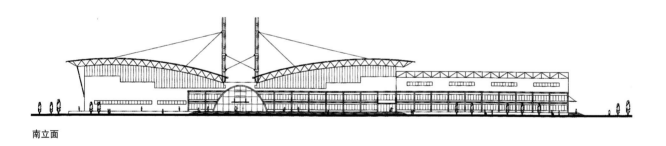

南立面

0 3 6 15 21 m

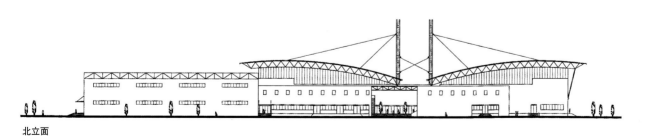

北立面

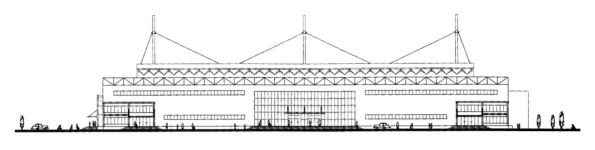

东立面

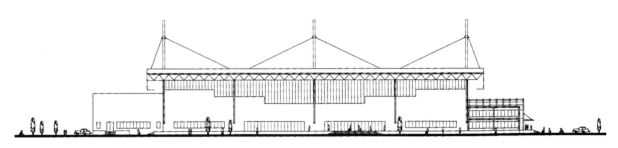

西立面

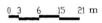

0 3 6 15 21 m

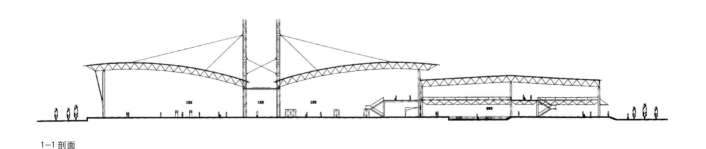

1-1 剖面

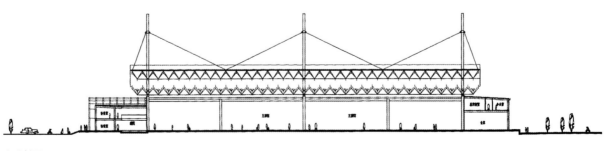

2-2 剖面

0 3 6 15 21 m

方案七：（设计单位不详）

透视图

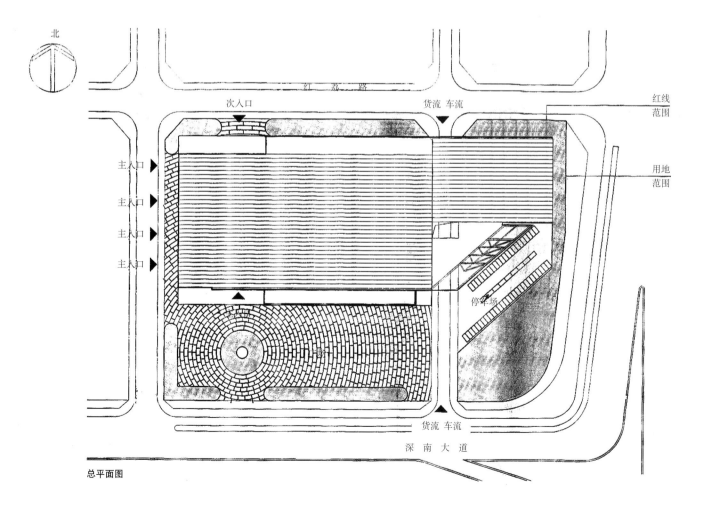

总平面图

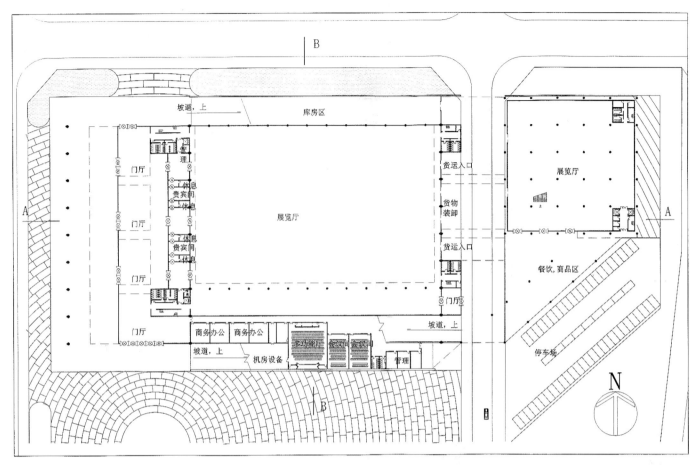

底层平面图

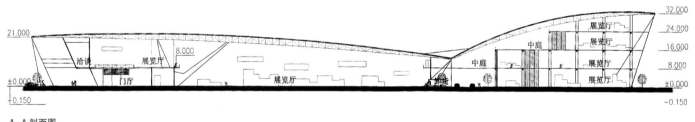

A—A 剖面图

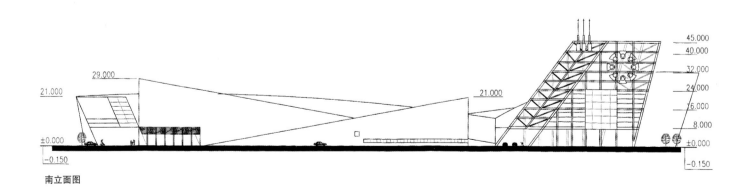

南立面图

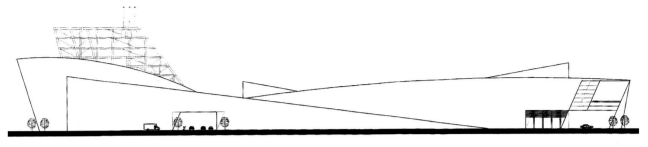

北立面图

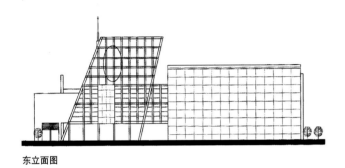

东立面图

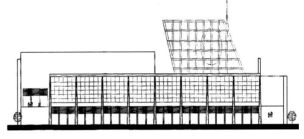

西立面图

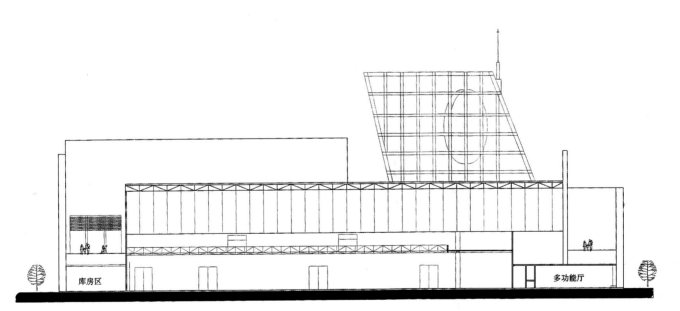

库房区　　　　　　　　　　　　　　　　　多功能厅

B—B剖面图

方案八：（设计单位不详）

透视图

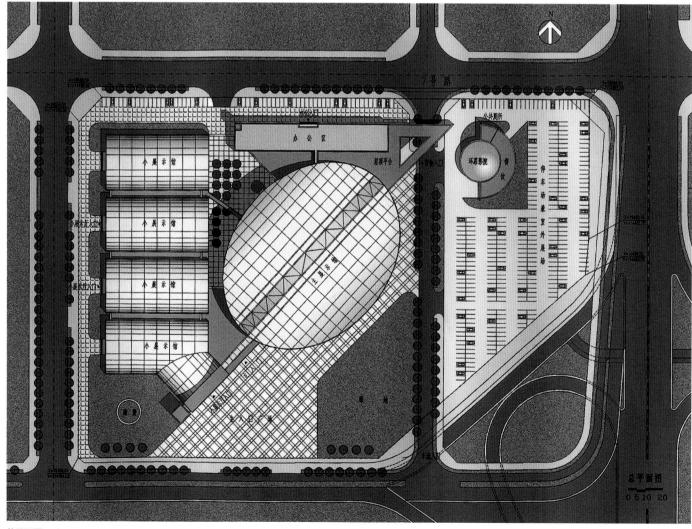

总平面图

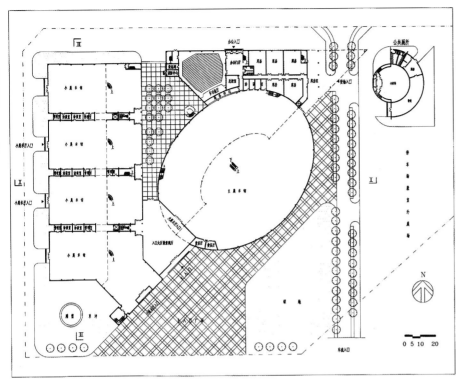

一层平面图

东南立面图

北立面图

西立面图

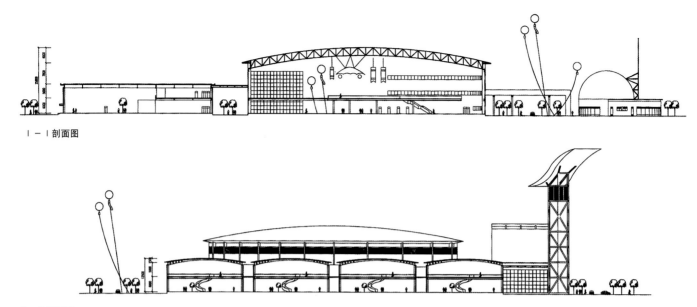

Ⅰ－Ⅰ剖面图

Ⅱ－Ⅱ剖面图

方案九：（设计单位不详）

鸟瞰图

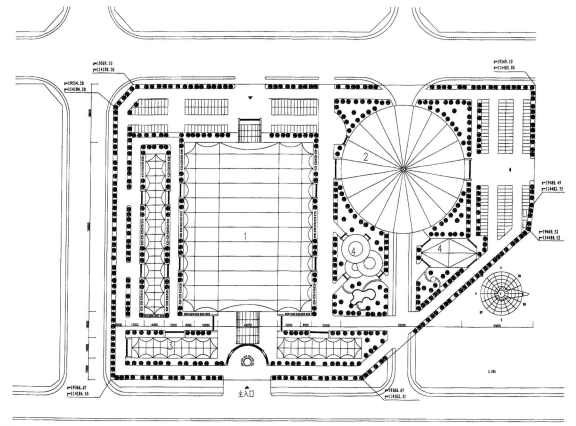

总平面图

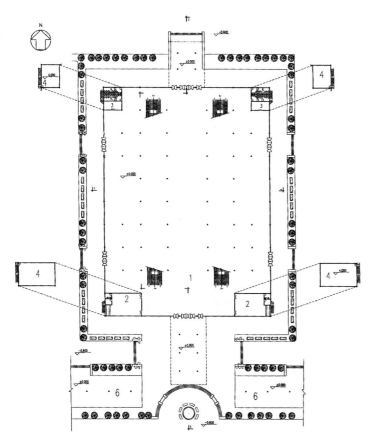

一号展馆一层平面图

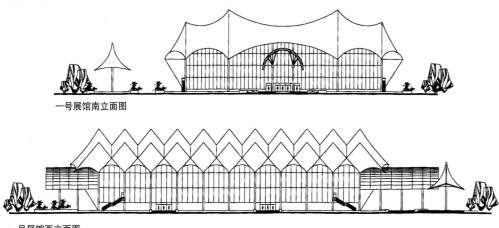

一号展馆南立面图

一号展馆西立面图

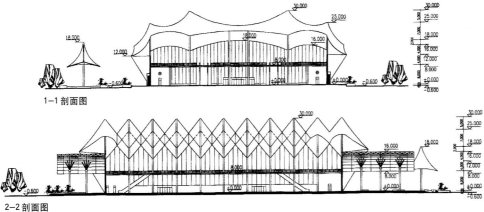

1—1剖面图

2—2剖面图

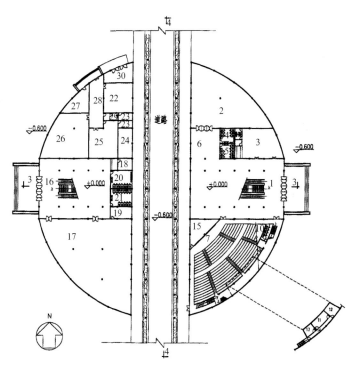

1.大厅：620m²
2.展厅：480.81m²
3.贵宾厅：151m²
　其中：茶水间：4m²
　　　　洗手间：4m²
4.男洗手间：25m²
5.女洗手间：25m²
6.小方厅：100m²
多功能厅
7.多功能厅(460座)：754.39m²
8.多功能厅男洗手间：27m²
9.多功能厅女洗手间：27m²
10.阶梯座下仓库：378.19m²
11.多功能厅放映室：32m²
12.倒片室：20.1m²
13.配电间：20.1m²
14.走廊：10m²

15.准备间：14.1m²
16.后门入口大厅：620m²
17.4m 高展厅：754.39m²
18.警卫值班室：20m²
19.办公室：30m²
20.男洗手间：30m²
21.女洗手间：30m²
设备用房(4.5m 高)
22.配电室：100m²
23.值班室(2间)：15m²
24.水箱室：200m²
25.泵房：75m²
26.空调机房：232.5m²
27.消防控制室：94.98m²
28.人员出入口门厅：107.5m²
29.内部卫生间(2间)：12.5m²
30.变电室：56m²

二号展馆一层平面图

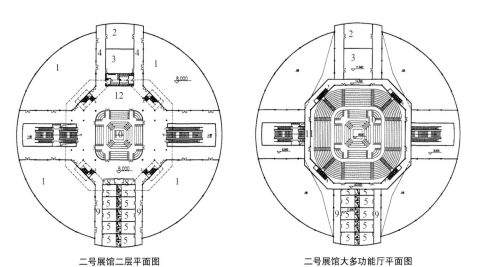

二号展馆二层平面图　　　　二号展馆大多功能厅平面图

1.大展厅(4间)：2817.64m²
2.会议室：128m²
3.会议室：143.26m²
4.走廊：184.32m²
5.洽谈室(20间)：614.4m²
6.洗手间(8间)：40m²
7.洗手间(2间)：11.2m²
8.商务中心：35m²
9.走廊：153.6m²
10.大多功能厅：1035.2m²
11.载重平台：667.2m²
12.二层大厅过廊：492m²

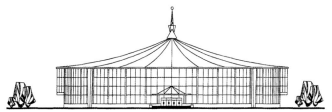

二号展馆东立面图　　　　　　二号展馆南立面图

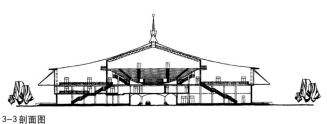

3—3 剖面图

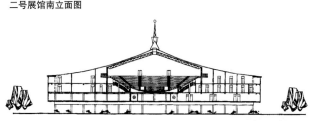

4—4 剖面图

三、深圳市高新技术成果交易会展览馆周围道路环境整备计划

(日本株式会社 GK 设计公司)

深圳市高科技成果交易会展览馆周围道路环境整备计划

(一)总体基本概念

深圳市高新技术成果交易会展览馆邻接市府大楼,位于深圳市新中心区,它南临深南路,东接益田路,与生气勃勃的街道景观融为一体,显示着具有象征意义的城市景观。高交会展览馆周边的街道环境,亦代表着整个城市的形象,需要一个高质量的、具有象征性的设计。因此,街道环境整体,应与高交会展览馆建筑相协调,在烘托、点缀建筑物的同时,也力求设置在这里的街道小品表现出展示会场空间的特点。

另外,各种街道小品在表现建筑物特点的同时,还必须与深圳市中心区整体的统一构思相吻合。特别是对在大范围内行驶的交通车辆的标识系统来说,必须把整个中心区作为一个网络系统来进行计划、设计。

为了保持统一性,为游客导游的综合标志牌要具有统一字体、颜色和设计。清晰流畅的交通和显而易懂的标志也是十分重要的。

(二)基本角度

高交会展览馆周围环境的整备计划,准备从以下4个角度来进行:

·生态环境的形成

与生态回廊的概念相呼应,将把高交会展览馆周边的环境建设成深圳市中心区先进的并为地球环境作贡献的区域。具体来说,就是考虑利用透水性铺装、太阳能发电,以及积极绿化停车场等。

·象征性空间的形成

从位于城市中心,并以先进技术为对象的高交会展览馆的特点出发,将进行不同于其他性质的象征性环境设计。具体来说,就是对各种道路设施进行象征性设计的同时,还准备设置大会期间的临时表演装置。

·容易识别的环境的形成

由于有大量的来宾,空间整体的关系必须容易识别。因此,把街道小品作为风景来设计的同时,还要考虑设置引导行人与车辆的标志牌。

·结合城市整体网络系统

该设计在很好地烘托高交会展览馆的同时,从功能上讲,也应该是容易识别、便于使用的作品。特别是对于在大范围内行驶的交通车辆来说,需要结合城市整体的网络系统,设置各种标志及设施。

(三)设计概念

该设计将以"生态科技设计"为具体设计的基本概念。

这也是把生态媒体城的城市设计概念作为基本,象征性地表现高交会展览馆的先进技术特点的设计。具体来说,就是创造全生态系的良好环境,积极进行绿化,以及导入轻快的、现代的材料和各种电子技术,以创造出复合的、协调性的作品。

(四)环境整备计划方针

考虑到高交会展览馆所处的地理环境,在进行它的周边环境整备计划时,需要注意以下几点:

1.与生态回廊的关系

高交会展览馆邻接中心区中轴线的生态回廊,根据其共通的基本构思,应力图形成一个协调的环境。

2.与主干线道路的关系

高交会展览馆毗临两条主要干道——深南路和益田路,各道路上的景观对创造高交会的形象将起重要的作用。另外,由于深南路上将设置城市大门,所以,应充分考虑两者的相互关系,创造出象征性的、

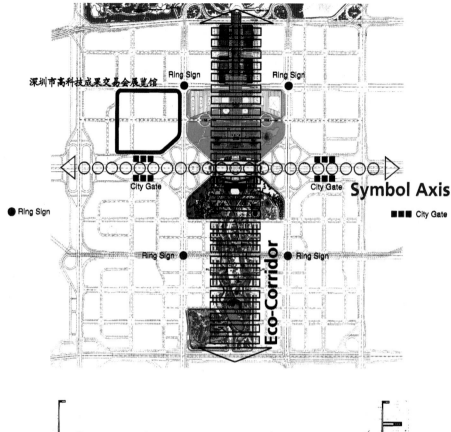

深圳市高科技成果交易会展览馆

指示牌系统

良好的城市景观。

　　3.与交通入口的关系

　　预计大会期间，将有大量的来宾，因此必须保证他们顺利地通行。特别是为了顺利找到公共汽车站、停车场等位置，应该结合景观的形成来设置各种标志牌。

　　4.深圳市高科技成果交易会展览馆周围道路环境整备计划

　　(1)座椅：

　　·坐面使用穿孔铁板的高精度造型。

　　·底部使用在当地(深圳市周边)生产的自然石料。

　　·根据分划坐面，一人可坐的位置大小一目了然。并且，还可衍生出连续坐位型、5人坐位型等各种各样的形式。

　　·配备坐凳的扶手，设计成使老年人很方便地坐立的行动无障碍的形式。

　　(2)区分回收型垃圾箱：

　　·采用可分类回收瓶罐、报纸杂志、一般垃圾的设计。

　　·同时标记简单易懂的图形及文字，以方便回收。

　　·投入口的形状设计为与所装垃圾种类相吻合的形状。

　　(3)附设照明的车障：

　　·内部装有照明的车障

　　·设置在路口，既可保证安全，又可增添夜晚的景色。

　　(4)照明：

　　·车道照明由与建筑相协调的轻型的钢架结构构成。

　　·设置在人行道时，可同人行道照明结合。

　　·设置在车道中央隔离带的类型。

　　·作为中心地区的标准型设计提出的方案。

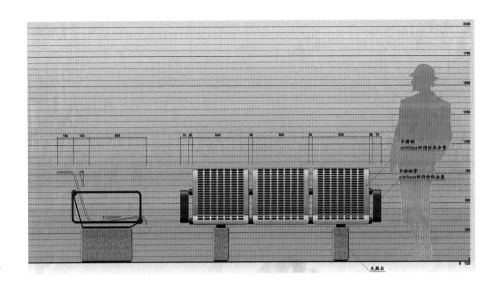

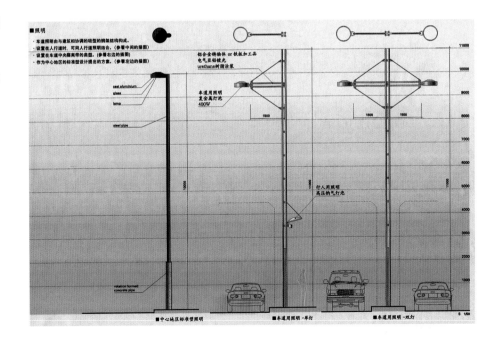

（5）大门纪念牌

大门纪念牌 A 方案：

·设计在贵宾（VIP）流线的会馆的各个
路口上，创造出具有象征印象的大门纪念
碑。

·将纤细的金属圆环装饰板状物组合
成光的塔。

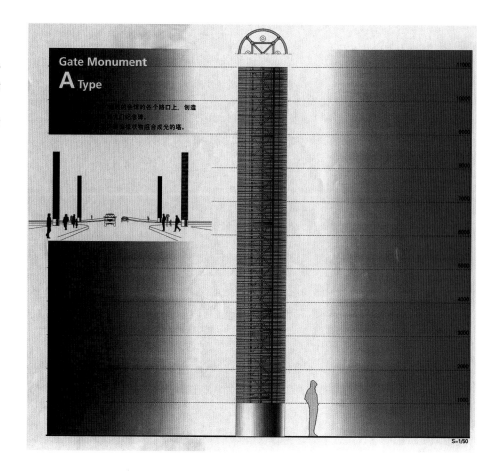

大门纪念牌 B 方案

·设计在VIP（贵宾）流线的会馆的各个
路口上，创造出具有象征印象的大门纪念
碑。

·内部装有发光体的纺锤形的纪念碑。

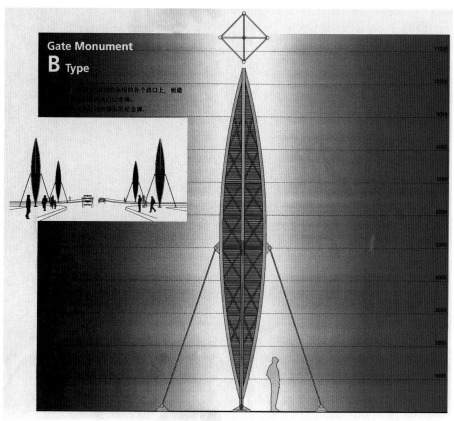

(6)屋顶：

· 基本结构是由 4 根纤细的钢管组合成的柱体。

· 使用铝制蜂巢屋面板，创造出轻快的、鲜明的印象。

· 使用纤细钢索的悬挂结构，创造出潇洒的、有节奏的空间。

· 在柱的上部，还可以安装旗帜。

· 标识与流线（人行走方向）相垂直，以一定的间距设置，创造出容易识别的空间。

(7)公共汽车站长廊：

· 在人行道处设置公共汽车站用的长廊。

· 采用悬臂结构形式，这样可有效地利用人行道的宽度。

· 采用单元式结构，既可作为单体使用，也可连续设置使用。

· 钢架结构和圆弧状屋顶的设计与各处相同。

停车场出入口屋顶 B 方案

· 是乘车到高交会展览馆的宾客最先经过的地方，需要创出使之充满期待感的形象。

· 考虑到与高交会建筑相呼应，采用有生气的薄膜屋顶结构。

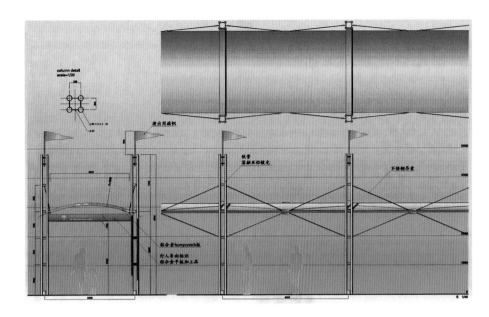

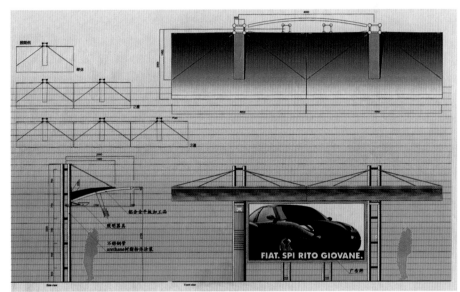

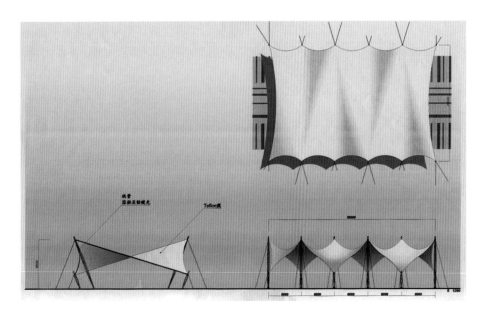

(8)行人用指路牌:

· 在各个路口设置行人用标识。

· 展览馆入口的引导和各个停车场的引导。

· 在与引导长廊、照明等相同的结构上，即轻快的、由4根柱组成的结构上，安装带有圆弧状的如同机翼般的断面的标识板。

· 标识板在各方向可自由地装卸，并可适应将来的变更。

(9)停车场指路牌:

· 在道路上设置引导标识。

· 在与照明等相同的柱上，安装系统化大型表示板，使之成为易于识别的标识。

· 在附页上设想了各处的信息内容。

(10)停车场出入口指路牌:

· 在各停车场入口部分设置。

· 在从右边车道可以看到的入口部分，采用各停车场的区域配色。

· 在出口部分，设置出口标识，以防止误入。

(11)停车场标识牌:

· 在树周围(树木的保护网)结合照明、坐凳设置标识。在停车场内部，设置数处，

以创造出容易识别的、有情趣的空间。灯光照射在坐凳及树木上，创造出别致的夜景。

· 在各个停车场，设置一个从远处可辨认的大型停车场标识。

(12)停车场指路牌:

· 设计停车场引导标识的表示板。

· 采用3块嵌板的方式，既可进行各种信息的交换，又可在将来进行更换。

· 这样的表示，形成一个有序的体系，能方便人们识别。

· 左上的记号与布置图相对应。

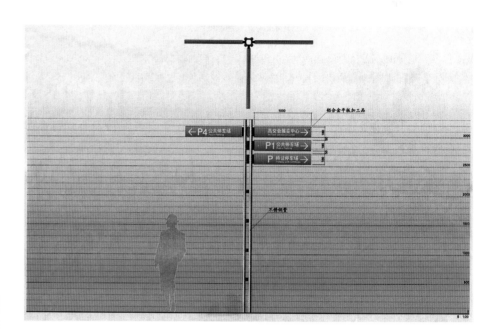

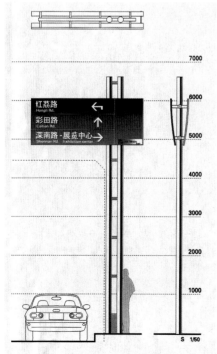

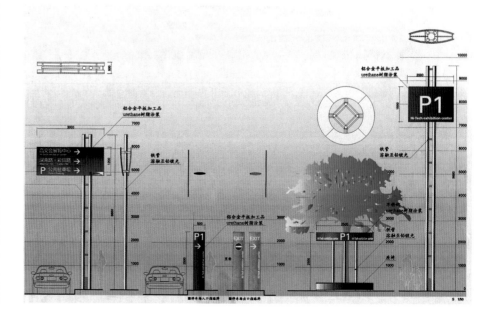

《深圳市中心区城市设计与建筑设计 1996—2002》系列丛书

(13)停车场区别色彩：

·各停车场分为8个区域,分别配置固定的色彩。

·色彩以彩虹的褪晕变化来表示,使人容易识别各个区域的关连性及独特性。

·也能起到引导行人到停车场的作用。

(14)广告牌：

·设置在停车场周边的广告板。

·由与其他建筑小品相同的语言,即钢架结构和圆弧状的表示面构成。

·板背面,使用穿孔金属板,即使从停车场看上去,也是质感很高的设计。

(15)电话亭：

·电话亭由4根纤细的柱子构成的钢架组成。

·根据设置位置的不同,可由1个电话亭到4个电话亭组成。

·考虑到易于识别,在柱端设置有电话的形象记号。

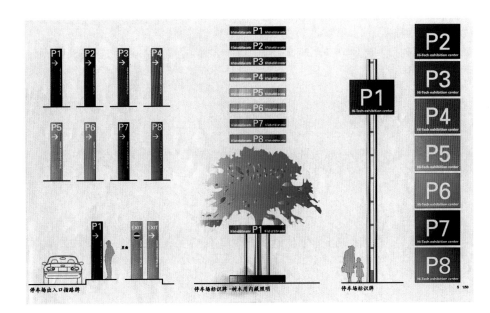

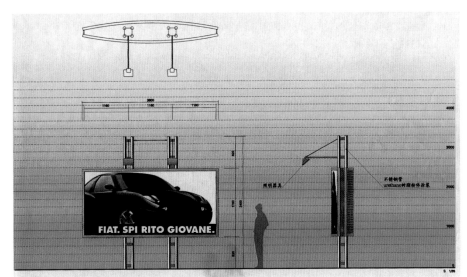

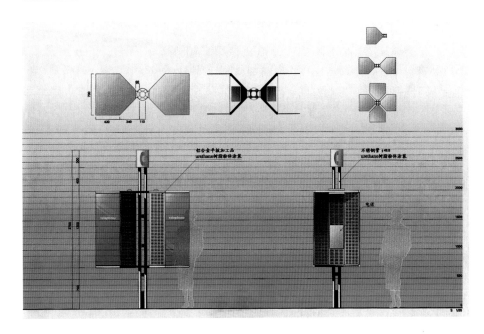

(16)铺装式样图：

·人行道的设计类型采用条形花纹。

·如采用实际的图案，会产生视线干扰。所以，在一般的人行道部分，均采用条形花纹的表现形式。

·在停车场的入口部分，可采用实际的条形花纹图案。

(17)LED内藏残疾人用导向铺装：

·视觉残疾者用的盲人路引。

·在日本，作为行动无障碍设计的一环，盲人路引的设计很普及。一般的设置方法如图所示。

·盲人路引一般为黄色，近年来，有重视亮度（光线的反射程度）不同的倾向。

·在路口等特别危险的地方，希望设置LED（发光体）发光地砖。

·在日本，开发有靠太阳能发光的地砖，从生态与技术相协调的观点出发，这是倍受期待的一种方式。

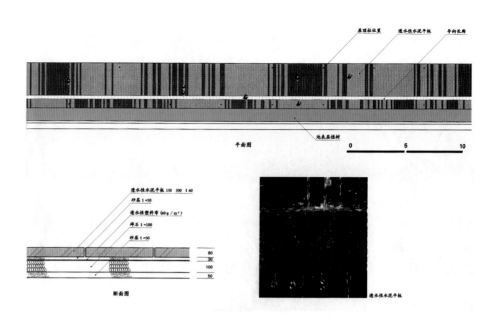

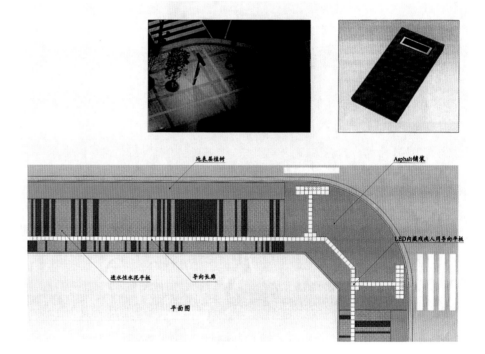

(18)环境小品配置图：

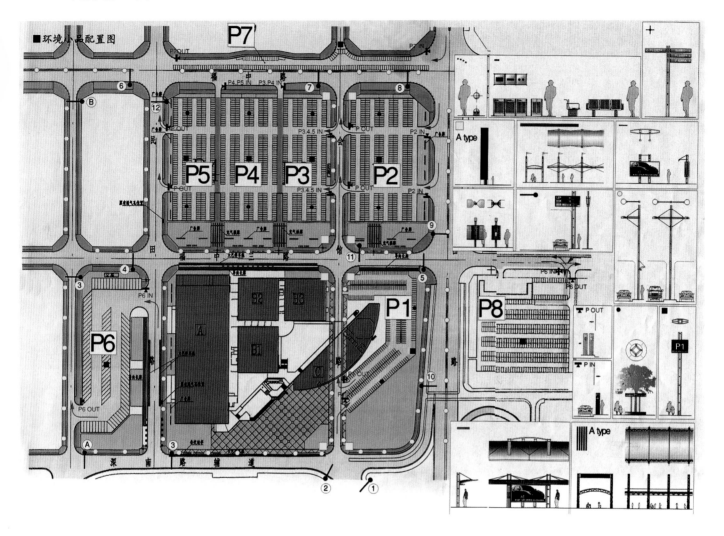

■环境小品配置图

后记

深圳市中心区文化中心项目的设计招标,参与的设计单位水平较高,世界知名的建筑师包括日本的矶崎新、加拿大的沙夫迪,香港建筑师严迅奇等。经过国际评委的评选,矶崎新的方案中标。

看过这几个投标方案,你会发现中标方案与中心区的整体规划和城市设计很吻合,虽然整体规模显得有点小。方案充分理解和考虑了与中心区北中轴线的关系,建筑的主立面玻璃垂幕全部向着中轴线,并做了一个连接图书馆和音乐厅的高架文化广场,与之相对的是日本建筑师黑川纪章所做的高架的中轴线,它们共同构成了市民中心的文化后院。

另外中标方案浓烈鲜亮的色彩也是一大特点。黄、红、黑,用色十分大胆,一开始,很多人难以接受,特别是西向的一大片黑墙,但设计师为什么这样设计呢,在招标方案中矶崎新的解释是源自中国传统文化中的五行相对应的色彩,但当我的眼睛偶然瞥到文化中心南面的市民中心建筑的时候,突然就明白了这种色彩的源头所在,文化中心建筑的色彩其实是受到市民中心红黄蓝色彩的影响,虽然矶崎新说了一套中国文化,但我认为他实际上是在呼应市民中心的强烈色彩。

第二名的方案是加拿大建筑师沙夫迪所做,他的方案建筑造型独特,两个螺旋形相对而立,曲线与光影的变化十分优美。也许是造型太优美了,使得当时确定实施方案时还颇费了一点周折。建设单位将招标评审出的一二名方案上报了市政府,两个风格迥异的方案引起了市领导们热烈的讨论。在领导们讨论研究的同时,国土局将优选方案在设计大厦规划展厅公开展示,征求市民意见,也召开了市内建筑专家的讨论会,最后的结果是殊途同归,各个层面的意见还是统一到了矶崎新的方案上。除了规划上协调的因素外,原创性的因素在比较中也占了上风。沙夫迪重复了自己

已有的作品,他在加拿大曾做过一个造型类似的图书馆,只是规模没有这么大,为了形式上的统一,音乐厅也采用了同样的造型。

市民中心文化后院的东边现在只有少年宫已基本建成。从城市规划与设计的角度看,该项目设计以一种强烈的雕塑感造型与北中轴线呼应,屋顶的北边从顶到地以大斜面直面向西,圆柱形的玻璃大厅及玻璃幕墙也都向西而立,L形的平面布局在西南角留出了一个广场,这些处理都有着明确的方向感,在众多的投标方案中对中心区城市规划和城市设计的对应处理本方案应该是比较重视的,除了在功能方面的处理比较有新意之外,这大概是它能中标的一个重要因素。有点可惜的是强烈的建筑形体因素没有充分挖掘利用,西向大大的斜面,犹如一个天然的观礼台,但现在除了在上面铺满石材外没有什么有意思的处理。

少年宫项目的方案在色彩的处理上只在北面墙上用了一些红蓝绿黄的小面积色块,还在圆形玻璃大厅内使用了3根颜色鲜明的立柱,比起市民中心和文化中心显得较弱,气势不够大,建筑总体的色彩不够鲜明强烈,以少年宫这种建筑的性质应该可以在色彩上做得热烈活泼一些,我记得在设计过程中曾经有人提议想在少年宫斜面屋顶上做大幅的壁画,不记得为什么没有采用,现在想起来那的确是个不坏的主意,既符合少年宫建筑的性格,也可与市民中心文化后院其他建筑相呼应,完成文化后院总体的色彩构成。

电视中心方案的确定也是一波三折,先是搞了国际设计招标,对于这次国际招标的中标方案,国际评委的评价是很高的,而实施这样一个比较有技术含量的方案,对于提升中国的建造技术也是难得的机会。然而,面对新结构和新技术的挑战,我们的建设单位没有应接,而是放弃了国际招标的结果,转而去进行国内征集和国内招标。

第二工人文化宫位于莲花山脚下,是黑川纪章建筑都市设计事务所设计的。黑川先生根据他为深圳市中心区中轴线公共空间系统所做的生态信息轴的概念并结合莲花山的自然环境,做出了一个大地状生态型的建筑,大部分建筑表面被植物所覆盖,突出于外部的是一个玻璃生态廊,总体上看与莲花山的环境很协调,但与工人文化宫那些很大众化的内容似乎不是很协调,这上设计更像是一个高雅安静的艺术馆或博物馆,好像不大会是一个开会、上课、打台球、扭秧歌、唱京剧的场所。

高交会展馆从严格意义上讲不能算是文化建筑,而且它还是个临时建筑。虽然如此,这个建筑确是中心区内少有的几个公认的国内设计单位设计比较成功的建筑之一。

该设计充分分析研究了项目周边的规划和城市景观,运用现代建筑技术和材料创造出比较鲜明的时代特色,如张拉膜结构技术的运用既给人一种新技术感受,也造就了一种轻盈飞扬、积极向上的形象,很符合深圳这种快速成长的南方城市的性格特征;而香蕉型展馆以及其鱼腹型屋顶的造型更像是书法中潇洒的一挥,给本来平淡无奇的展馆建筑平添了一点轻松和优雅的气质,从更大的范围来看,这一挥还从气势上呼应了市民中心建筑那大鹏展翅般的屋顶造型;另外在规划上,该设计对现有的道路采取了尊重的处理方式,让道路穿建筑而过,既解决了交通问题,也增加了人们体验建筑的途径,使人们能接近建筑、了解建筑,并方便地使用建筑。稍嫌不足的是展馆之间的结合部及中间庭院部分的处理,显得有点复杂和做作。

注:由于当时为不记名招标,所以本书少年宫和高交会展馆两个项目中很多未中标的方案设计单位已经无从考证。特此声明,请未被署名的设计单位谅解,并接受我们的歉意。

丛书编辑后记

本套丛书是对深圳市中心区6年多的城市规划设计与建筑设计及其实施过程资料的整理出版,可谓厚积薄发,水到渠成。在这之前,中心区在专业界的介绍,相对其多年丰盛的国内外设计成果来说是很不相称的。尽管这些年来,中心区的宣传工作也做了不少:编写过两个版本的宣传册子;内部编印过1996、1999年的城市设计国际咨询成果、社区购物公园设计、黑川纪章的中轴线规划、SOM的街坊城市设计、交通规划等资料;1999年委托制作了在当时国内罕有的10分钟动画;2000年制作了多媒体宣传片在莲花山公园的规划展厅长期公开播放。但除了2001年由《世界建筑导报》发行过一期容量有限的专集外,正式发表和出版的资料非常少。专业界对中心区较为全面的了解,应该是通过1999年北京举行的世界建筑师大会。由吴良镛先生推荐,中心区模型和动画参与了大会的展览,引起一些注意。德国包豪斯基金会就是这些注意者中的一个,他们寻踪而来,上门邀请中心区参加了2000年在德国德绍包豪斯举行的中国城市(北京、上海、深圳)规划建设展览。随着专业界对中心区的日益关注,以及中心区规划不断调整和项目建设的大量展开,提供详尽的资料,让各界人士了解中心区规划设计的进展和全貌并能展开一些研究和评论,这是中心区也是专业界所期望的一件事情。这样一件好事,由深圳市规划与国土资源局和中国建筑工业出版社,历时一年多的艰辛合作,于是有了这套精心选编、力求全面完整的中心区系列丛书。本套丛书实质是中心区6年城市设计和建筑设计成果资料的档案编纂,注重史料的原汁原味,不加修饰,不予评论。当然资料浩繁,篇幅有限,编辑还有个取舍删简的问题,所坚持的编辑宗旨,一是全面,二是完整。全面指的是内容的全面,城市规划、城市设计、法定图则、概念设计与前期研究、雕塑规划、交通规划、建筑设计、环境设计乃至室内设计等等,涉及城市建设面貌的各类计划和图纸尽录其中;完整指的是过程的完整,一个方案,从概念到可行性研究到方案设计,再从评议到工程报建审批直至项目实施,各个阶段的演变及其原因,都力求有所交代。追求这样的全面和完整,是因为只有从规划设计的不同类别不同侧面不同阶段

Editors' postscript of the series

A Chinese idiom says that when water is available, the aqueduct is ready. This saying exemplifies the six-years put into the Shenzhen Central District planning and design. Before this Series, the material available to the public has been only a small fraction of the material that has been generated over the course of the design and construction of the Central District. There had been a few efforts to introduce the Central District over the years. However, including a special issue of the World Architecture Review in 2001, publicly available publications on Shenzhen's Central District have been very rare. Not until the 1999 World Congress of the International Union of Architects was the Central District broadly known among design professionals. As recommended by Mr. Wu Liangyong, models and animations of the Central District were exhibited at the conference, and they garnered quite a bit of attention. The Bauhaus Foundation in Germany was among those interested. Later, the foundation invited Shenzhen to participate in the "2000 China (Beijing, Shanghai, Shenzhen) Urban Planning Show" in Dessau, Germany.

Due to the increasing interest shown by professionals, the consistent evolution of the Central District, and the development of its construction, those involved in the planning realized the need to publish detailed information that would reveal the process of the Central District's planning and design for research and commentary. The Shenzhen Planning and Land Resources Bureau and China Architecture and Building Press immediately reached an agreement to carry out the project. After a year of hard work, now we can present this Central District Series.

The series is an archive of the Central District planning and design over the years, and the data is authentic-without any modification and comment. Obviously, due to space limitations, the abundant data has been simplified somewhat. Two principles are followed: one is comprehensiveness, the other is completeness. The comprehensiveness refers to the content, which should cover urban planning, urban design, specifications, conceptual and preliminary designs, sculpture planning, traffic planning, architectural design, landscape design, interior design and the other plans and drawings related to urban design. Completeness refers to documenting the whole process of every project from concept to implementation, so as to illustrate each project's evolution and causes behind the evolution. Only with comprehensiveness and completeness can we have a clear picture of the Central District-a complicated and dynamic system-from all angles. Members of the Development and Construction Office of the Central District have understood this.

As members of a planning department specifically created for the Central District, they have often been asked two questions over the course of the six-year evolution of the Central District. One is, "who planned the Central District: John Lee, Kisho Kurokawa, or Obermeyer?" Another one is, "why does the

入手才有可能认识这个系统复杂同时又是在不断演变的中心区的真面目,这一点,尤其是中心区开发建设办公室的成员有深刻的体会。作为中心区专一的土地规划建筑管理部门,关于6年来中心区的规划设计的演变,有两个问题是经常听到人提出。问题一是:中心区的规划是谁做的?有人知道李名仪、有人说到黑川纪章、有人提起德国的欧博迈亚公司;问题二是:中心区的规划为什么总在变?不是常说实施任何一个方案都比一打变来变去的好方案强吗?要回答好这两个问题,可谓说来话长、一言难尽,想来想去,也只有把所有的方案摆出来才能说得清楚,这也算是编辑出版这套书其中的一个用意吧。城市规划设计及其实施过程中,有太多的影响因素,这些因素都会通过不同阶段的图纸反映出来。希望这套书的档案资料,能有助于读者了解城市规划的综合性、系统性和复杂性,能有助于读者从这些相对完整全面的资料中找到关于中心区各种规划设计问题的答案,能有助于读者提出更多关于中心区甚至是中国城市规划的问题,或者有助于读者从中找到自己的研究课题和素材,以及规划设计的参考范例。

虽然是档案资料汇编,十本书的工作量、难度和所需的时间还是出乎意料之外,加上年久日长也难免有所缺失遗漏,需要四处求索补齐,因此整理编辑的工作成了一项烦琐和艰难的工程。部分缺失资料也得到一些设计机构、建筑师、开发单位的支持,我们感谢本丛书所有出版资料相应的设计委托方对出版工作予以授权和配合。

在此谨对所有为丛书出版提供帮助的机构和人士表示衷心感谢。感谢在深圳工作的美国朋友迈克尔·盖勒高先生为全部英文的定稿付出了心血,特别感谢本书的责任编辑李东禧先生和唐旭女士,他们多次亲临深圳解决问题,他们的敬业精神促成了本套丛书的出版。中心区的规划设计仍在进行,这一少见的城市设计和建设实践,相信还会积累下更多宝贵的资料,到时候还需要这套丛书的续集来记录。

plan of the Central District keep changing all the time? Isn't it always better to stay with one scheme rather than a dozen?" It is hard to answer these questions without showing all the schemes. This is also one of the purposes of publishing this series. It is a long and complex process to take initial urban design concepts to final construction of roads and buildings. Although there is a saying that our city is "built up overnight" with the so-called "Shenzhen speed", there is also another old saying that "Rome was not built in a day". A careful reader may discover that the improvement of the Central District urban design also parallels to the progressive maturity of its administrators' understanding of urban planning issues.

It is unrealistic and dangerous to construct a city totally according to only one version of planning or only one person's will. The city must present the views of the people of all social strata and leave the distinct traces of time and therefore is always in a process of compromise and change. There are many factors having impacts on urban planning, and they are reflected by the drawings throughout the district's different phases. We hope that the relatively comprehensive data in this series can help readers find out the answers to the planning and design questions of the Central District, raise more questions about the Central District or even all China's urban planning, and sort out subjects and materials for research, or create models for further urban planning and design.

Although it is strictly a compilation, the work, the difficulty and the time spent on these ten books have far exceeded what we anticipated. Since missing files had to be tracked down, collecting material often became very complex and difficult. We also received support from many design offices, architects and developers. Kisho Kurokawa sent us the requested data from Japan as soon as he received our letter. In addition, we have received assistance from owners who have authorized us to publish selected materials.

Hereby, we would like to express our heartfelt gratitude to those organizations and people who have provided their invaluable help in publishing the series. Thanks to Michael Gallagher from the United States who works in the Urban Planning & Design Institute of Shenzhen and was the final English editor. Thus, Mr. Li Dongxi and Ms. Tang xu , the managing editor of the series, went to Shenzhen four times to make contributions. His patience and enthusiasm propelled the publication of this series.

The planning and design of the Central District is still going on. More valuable data will accumulate and be documented in subsequent volumes of this series.

丛书简介

一方热土，二次创业。

深圳新世纪的城市形象将在这里重点展开，国际花园城市全新的行政、文化、商务中心职能将在这里有效运行，特区二十年的发展实力和建设经验将在这里集中体现。

两千年之际江泽民总书记两度光临。此地成为市府客人必游之节目，成为地产商家必争之地盘，更成为国内外设计精英智力角逐的竞技场。谁都知道从边陲小镇发展到数百万人口的城市是一个奇迹，殊不知道又一个新的奇迹正在这块土地上酝酿着。蓝图经过反复描绘，建设已经全面展开，一个崭新的城市中心正在呼之欲出伸手可及——这就是深圳市中心区。

这里有全球罕见的太阳能大屋顶建筑，有概念全新的生态－信息立体复合空间的城市中轴线，有国际水准规模一流的会议展览中心，有气势磅礴尺度恢宏的城市中心大广场。在这个城市规划过程中，吴良镛、周干峙、齐康等院士的名字与中心区结缘。矶崎新、黑川纪章、亚瑟·艾里克森、海默特·扬、SOM等国际专业界的名家大师也纷纷为中心区出谋划策贡献才智。

本套丛书正是对深圳中心区规划与设计历程的忠实纪录，全过程展示自1996年以来中心区所有重要的城市设计和重要项目建筑设计招标成果，以及这一过程中观念的逐渐演变和设计的不断改进。全书共分十册，囊括中心区的城市设计、专项规划设计研究、法定图则编制和实施、重要

项目设计招标，乃至项目的环境设计和室内设计。

深圳市政府对中心区规划建设的高度重视、巨大投入和设立专门机构所进行的统一管理，在中国城市中都是少有的，而以大型丛书的超大容量来记录一个城市片区规划设计各个方面的档案资料，更是中国城建史和出版史上前所未有的一项事情。这一丛书的真正价值不但在于其沉甸甸的分量感、某项规划设计的国际水准以及资料的翔实，更在于系统和连续地记录了一个在中国少有的能够保持系统和连续的城市设计及其建筑实施的实例。系统和连续，这是深圳市中心区规划管理同时也是本套丛书的精髓所在。要在专业书刊中找到一个精彩的设计很容易，但要了解一个精彩

An outline of the Series

The New Central District is the center of the city's second downtown, the first of which was Luohu and Shangbu.

The image of Shenzhen in the new century is unfolded here; the new administrative, cultural and commercial functions of a world-class garden city will be carried out here; the strength and experience of the Special Economic Zone that has accumulated over the last two decades will be showcased here.

Here is the place where President Jiang Zemin stopped by twice in 2000; where guests of the municipal government will come to visit; where developers compete to invest; and where domestic and international design elites contest for design excellence. It is well-known that Shenzhen emerged from being a remote border town to a metropolis with a population of seven million, but less is known that there is another miracle planned here-that of the New Central District. The blueprints are on the board, construction has started, and a new urban center is emerging.

This is the Shenzhen Central District.

The civic center has a huge, super roof with solar panels; a three-dimensional central axis with new eco-media concept; a world-class convention and exhibition center; and a magnificent central plaza. Over the course of its planning, academicians like Wu Liangyong, Zhou Ganchi, and Qi Kang, along with world-renowned architects like Arata Isozaki, Kisho Kurokawa, Arthur Ericsson, and Helmut Jahn and the architectural firm SOM, have also shaped this project.

This Series records the process of design and planning for the Shenzhen Central District, presents entire schemes of international design consultations and major project competitions since 1996, and demonstrates the evolution of concepts and later improvements in designs. The ten volumes covers urban design, specific areas of study, development and implementation of the Statutory Plan, major design competitions, as well as environmental and

interior design that have taken place in the Central District.

It has been rare in China that a municipal government would pay so much attention, invest so much money, and empower such an office responsible for overall project management of a city's central district. It is also unprecedented in China to have so thoroughly documented and analyzed the construction and development of a single urban district. Its real value not only lies in its rich and detailed information, but also in a systematic and consecutive documentation. Because, in fact, a methodical framework and consistency have also been the soul of planning for the Central District. There are many publications that show works of good design, there are far fewer publications that explain how a design has been selected, revised, adjusted and executed. This Series tries to link results at various stages to make readers familiar with a true and complete story about the evolution of a particular urban design and its architectural schemes. This approach undoubtedly will have positive impact on academic research, urban design and

设计是如何从评议中脱颖而出，又如何被修改、调整直到实施，这种机会却是十分难得，而且极为珍贵。本套丛书正是试图通过多个阶段成果的链接，让读者能解读出一个个真实而完整的关于城市设计和建筑方案的成长故事。这对中国城市规划设计及建筑设计的学术研究、对中国城市规划的管理实践、对专业院校的教学科研,无疑都有着极为积极的意义。

十本分册简介分别如下：

《深圳市中心区核心地段城市设计国际咨询》是1996年举行的中心区最重要的一次城市设计国际咨询，由当时的深圳市城市规划委员会顾问专家提议举行的这次咨询，体现了市政府和规划专业界对已经历时十年研究不断的中心区规划设计的更高期望。美国、法国、新加坡、香港四个国家和地区的设计机构各显其能，设计构思精彩纷呈。国际评议结果为中心区确定了总的形态布局和很多为日后所继承和发展的设计概念，诸如250m宽中央绿化带、水晶岛、太阳能屋顶的市政厅、社区购物公园、二层步行商业街等等。

《深圳市中心区中轴线公共空间系统城市设计》是日本著名建筑师黑川纪章1997年接受邀请，对1996年城市设计国际咨询优选方案提出的250m宽中央绿化带所进行的深化改进设计。黑川纪章应用他的共生理论，提出了生态－信息轴线的概念。他把随轴线空间所展开的时序、动态、功能、节庆、形态、隐喻、透视等层面的变化富有创意地演绎成一部独特的城市音乐总谱，并将中轴线设计成立体复合的由一系列公园、广场和开发空间组成的城市公共空间系统。这一公共空间系统被誉为中心区的绿色生命线，是中心区的脊椎和灵魂所在。

《深圳市中心区城市设计及地下空间综合规划国际咨询》是1999年举行的在1996年中心区核心地段城市设计优选方案、1997年黑川纪章中轴线公共空间系统规划设计、1998年SOM设计公司的两个街坊城市设计等规划成果基础上，就中心区交通规划的系统改进、地下空间开发策略研究、城市空间形体的整体协调这三大课题进行的城市设计国际咨询，是对中心区已有规划成果的全面整合和系统优化。在为中心区开发建设全面展开创造规划条件的同时，优选方案系统的城市设计概念和超乎想像的创造力，也给中心区建设带来了挑战。

《深圳市中心区22、23-1街坊城市设计及建筑设计》是美国SOM设计公司1998年对中心区CBD的两个办公街坊所做的城市设计及其导则，以及根据这些导则所做的建筑设计方案招标成果。SOM通过实地调查、细心观察以及令人信服的城市设计分析，成功调整现有地块和街道网络，巧

planning management, and planning education.

An outline of each volume:

"The International Urban Design Consultation for Core Areas of Shenzhen Central District"

Proposed by urban planning experts, the international design consultation for the Core Areas has been the most important event in the overall course of the Central District, and it manifests the high expectations from the municipal government and planning circles after their ten years of research. Firms from the United States, France, Singapore and Hong Kong displayed their capabilities with brilliant designs. As a result, the international jury panel selected what was considered the optimal design-a design by Lee-Timchula architects of the United States. This master plan and most of its design concepts would indeed be carried out--including the 250-meter-wide central green area, Crystal Island, the civic center with its solar panel roof, community shopping park, and pedestrian shopping streets with skywalks.

"Systematic Planning for Public Space along the Central Axis of Shenzhen Central District"

In 1996, Kisho Kurokawa, the renowned Japanese architect, was invited to refine the concept and design of 250-meter-wide central green area that was proposed in the winning Lee-Timchula design. Based on his symbiosis theory, Kisho Kurokawa introduced the concept of an eco-media central axis. It is a unique urban "symphony" combining changes, dynamics, functions, festivals, forms, metaphors, and perspectives. The central axis is designed into a three-dimensional public space system comprised of parks, squares and developed areas. This public space is viewed as the green lifeline and backbone of the Central District.

"International Planning Consultation for Urban Design and Underground Space in Shenzhen Central District"

Based on the 1996 Lee-Timchula's winning urban plan for the Central District, the 1997 Kisho Kurokawa scheme for the public space system along the central axis, and SOM's 1998 two-block urban design, this international consultation emphasized three areas: traffic planning, underground space development, and overall urban space. It integrates and optimizes the existing Central District urban plan. At the same time, the systematic urban design concepts and incomparable creativity in the Optimal Design challenge the Central District construction.

"Urban Design and Architectural Design for Blocks No. 22 and No. 23-1 in Shenzhen Central District"

It includes the SOM's proposal of urban design and architectural guidelines for two large city blocks, and the results of architectural competitions according to those guidelines. Based on field investigation, careful observation, and convincing urban design analysis, SOM split the existing blocks into many smaller blocks. The American firm also created two small neighborhood parks in the middle of each of the original blocks, in order to open up the landscape and add value to each

妙地在两个街坊中间各辟一个小公园，全面改善了各个地块的景观条件和土地价值。SOM关于街道形式和建筑形体的控制通过其制定的城市设计导则，在随后的单体建筑设计招标中得到认真贯彻。这是一个极为难得的街坊城市设计及实施的范例。

《深圳市民中心及市民广场设计》是美国李名仪／廷丘勒建筑师事务所根据其在1996年中心区核心地段城市设计优选方案中所提出的市政厅概念，经过多轮设计和论证于2002年最终完成的一项庞大的工程设计。480m长的太阳能曲面大屋顶犹如大鹏展翅，覆盖着由三组建筑组成的巨大综合体，建筑面积达21万m²，包括政府办公、人大办公、礼仪庆典、市民活动、会堂、博物馆、档案馆及工业展览馆等内容。这个项目既是深圳市未来的行政中心，也是一个真正意义的市民中心。这一建筑及其前面的市民广场是整个中心区中轴线上的高潮和焦点。

《深圳市中心区文化建筑设计方案集》荟萃了中心区1996～2000年由政府投资建设的5个文化建筑的设计招标成果。包括音乐厅和图书馆两个建筑的文化中心项目由日本著名建筑师矶崎新在阵容豪华强盛的国际设计招标中力拔头筹。而深圳市少年宫和电视中心则是经过多轮的方案征集和招标评议，最后由本地建筑师中标。深圳市高新技术成果交易会展馆是通过国际设计招标确定方案，用不到一年时间筹建开馆，并且一年之内就进行扩建的高标准临时建筑。这些招标设计方案无论中标还是落选，都各具精彩之处，值得研究借鉴。

《深圳市中心区商业办公建筑设计招标方案集》汇集了除SOM所作城市设计的两个街坊之外的中心区1996～2002年商业办公项目。社区购物公园在1996年城市设计优选方案中被提出，是一个寓休闲、购物和园林于一体，作为办公区和住宅区之间空间缓冲过渡的特殊商业项目。完整的资料展示了项目从概念提出、任务书、方案国际招标、项目招标乃至建设的一系列过程和演变。其余五个商业办公建筑都是中心区的超高层建筑，尤其值得注意的是日本建筑师矶崎新参与的大中华交易广场（原名）设计招标的方案，对建筑空间做了空前的探索和创新。

《深圳市中心区住宅设计招标方案集》收集了1996～2002年中心区范围内的住宅方案，有13个项目及一个旧村改造研究，分布在中心区四周，居住人口总计约7万人。这些居住区无论对中心区的人气活力，还是对中心区的形态面貌都起着非常重要的作用。由于市场的原因，中心区住宅投资建设相对踊跃和早熟，中心区成为房地产市场销售的重要概念，这对中心区的规划管理带来了压力和挑战：这些位于中心区的住宅，是否充分发挥了中心区的土地价值，体现了城市中心地区住宅所应有的特点，并与中心区城市设计有良好的关系

block. SOM's urban design guidelines for controlling street character and building massing have even been implemented in later design competitions. This is a rare case in China where urban planning concepts have been fully carried through to completion.

"The Civic Center and Civic Plaza Design in Shenzhen Central District"

The second focus of the1996 Central District Urban Design International Consultation was to derive a concept for a new city hall, and Lee-Timchula Architects' concept of a city hall was an integral part of its winning urban design for the Central District. Their enormous city hall is the result of many design modifications and evaluations. It is a gigantic compound covered by a 480-meter-long roof tiled with solar electric panels, and resembles a giant bird spreading its wings. With a total area of 210,000 sq. m., the city hall actually consists of three buildings that house government offices, celebration halls, a civic entertainment center, museums, archives, industrial exhibition halls, etc. As the future administrative center of the city and as a real civic center, the

building, along with its front plaza, is the climax and focus of the whole central axis.

"A Collection of Cultural Building Designs in Shenzhen Central District"

This volume collects competition schemes for five cultural buildings developed by the government. The design of the Concert Hall/Library was awarded to Arata Isozaki, while the Children's Palace and the TV Center were won by local architects after rounds of competitions and bidding evaluations. The design for the High-Tech fair Exhibition Hall also resulted from an international competition. It is a high-quality but temporary structure that was completed within less than a year and seamlessly expanded just a year later. Whether competition entries won or not, all of them deserve further study.

"A Collection of Commercial Building Designs and Spaces in Shenzhen Central District"

This collection assembles the designs of all the commercial buildings and commercial spaces planned for the Central District other than the ones in the two blocks designed by SOM. The idea of a community shopping park was proposed in the Optimal Design in 1996. As a special commercial project buffering the space between offices and residential areas, the park provides for entertainment, shopping and recreation. Comprehensive data show how all the projects have evolved from concept to program, international competition, construction bidding, and finally to construction. The five office buildings are super-high buildings. Special attention is given to one of the proposals for the China Grand Trade Plaza (original name), by Arata Isozaki, who had an innovative idea of public space.

"A Collection of Residential Designs in Shenzhen Central District"

This collection assembles residential designs scattered around the Central District--including 13 new projects and a housing development renovation. In total, they accommodate approximately 70,000 residents. The residential areas play an important role in forming the dynamics and prosperity of the Central District, while the Central District ur-

呢？此分册对这些问题，提供了研究素材。

《深圳市中心区专项规划设计研究》是中心区1996～2002年城市设计不可缺少的组成部分，系统反映了对一些国际咨询成果消化吸收、改进完善、管理实施的过程。其中交通规划研究一直保持着对规划演变的动态配合和支持；行道树规划和城市雕塑规划体现了对环境要素整体性的重视以及在城市设计专项领域的探索；地下商业街、地下水系、广场及南中轴，以及一些

街区研究则是对城市设计概念的深化和延伸；成功应用电脑仿真技术进行城市设计和方案比较分析也是在中国城市建设史上的一项开创性工作；而这些规划成果的实施，最终将依靠法定图则的编制和执行。

《深圳会议展览中心》是一个几经周折于2002年最终落户中心区的大型项目。关于这个项目如何与城市功能布局、开发策略、交通设施相衔接的比较研究是大型建设项目选址，同时也是城市设计研究范畴

的一个典型实例。这些研究资料和过程的忠实展示，也是试图向公众解释这样一个几近戏剧性变化的客观事实：这个项目为什么从位于华侨城填海区由海默特·扬中标的精彩方案（该次国际招标详见《深圳会议展览中心建筑设计国际竞标方案集》，中国建筑工业出版社，1999年）变为中心区中轴线南端的由德国GMP设计公司中标的精彩方案？也说明了一个片区的城市规划随着城市经济发展不断调整并实施的过程。

ban plan has been instrumental in generating residential real estate sales. So far the market for residential real estate has been stronger than the market for office space. This creates a challenge for the planning and management of the Central District: How to have housing developments that are unique, economically feasible and enjoyable to live in yet also are street friendly and compatible with the general urban plan rather than inward facing?

"Specific Area Studies of Shenzhen Central District"

These are indispensable parts of the Central District urban planning, and systematically reveal how international consultation results have been digested, improved upon, and implemented. Of these studies, traffic planning

has always dynamically coordinated with and supports the whole planning evolution. Planning for street trees and urban sculptures enhances total environmental quality. Design research on underground streets, water systems, plazas and central axis is an important extension of general urban planning. In addition, successful adoption of computer simulation technology to conduct comparative analysis of urban design schemes has been innovative. All of these efforts will be implemented according to the Statutory Plan. The collection of these studies will help the reader explore specific fields of study in-depth.

"Shenzhen Convention and Exhibition Center"

This volume tells the story of a single large project now in the Central District. In terms of site selection and urban design study for big projects, this is a model for comparative study on how a project is linked with urban functional layout, development strategy and traffic facilities. The story reveals the process behind the changing of sites from a parcel on reclaimed land by Shenzhen Bay in Shenzhen's Overseas Chinese Town to a site on the south of the Central District axis. As a result, Helmut Jahn's winning design (International Competitive Design Collection for Shenzhen Convention and Exhibition Center, published by Chinese Building Industry Publications, 1999) had to be scrapped and GMP of Germany won the subsequent competition for the new site.

图书在版编目(CIP)数据

深圳市中心区文化建筑设计方案集／深圳市规划与国
土资源局主编.–北京：中国建筑工业出版社，2002
(深圳市中心区城市设计与建筑设计系列丛书)
ISBN 7–112–04951–2

Ⅰ.深...　Ⅱ.深...　Ⅲ.①文化中心–建筑设计–设计
方案–汇编–深圳市
Ⅳ.TU242.4

中国版本图书馆 CIP 数据核字(2002)第 081432 号

责任编辑：李东禧　唐 旭
整体设计：冯彝诤

《**深圳市中心区城市设计与建筑设计 1996–2002**》系列丛书

Urban Planning and Architectural Design for Shenzhen Central District 1996-2002

深圳市中心区文化建筑设计方案集

A Collection of Cultural Building Designs in Shenzhen Central District

丛书主编单位：深圳市规划与国土资源局

Editing Group:Shenzhen Planning and Land Resource Bureau

中国建筑工业出版社出版、发行(北京西郊百万庄)

新华书店经销

北京广厦京港图文有限公司设计制作

深圳利丰雅高印刷有限公司印刷

＊

开本：889 × 1194 毫米　1/16　印张：14$\frac{1}{2}$　字数：510 千字
2003 年 9 月第一版　2003 年 9 月第一次印刷
定价：128.00 元
ISBN 7–112–04951–2
　TU · 4413 （10454）